高职高专教育“十一五”规划教材

# 微生物发酵制药技术

盛贻林　主编

中国农业大学出版社

# 编 写 人 员


**主　编**　盛贻林　金华职业技术学院

**副主编**　刘春兰　黑龙江农业经济职业学院

　　　　程有普　天津农学院

**参　编**　吴　扬　福建农业职业技术学院

　　　　王　静　沧州职业技术学院

　　　　朱海东　杭州职业技术学院

　　　　毛小环　湖南环境生物职业技术学院

　　　　杨新建　北京农业职业学院

　　　　王雪峰　杭州中美华东制药有限公司

　　　　吴宁苹　浙江金华康恩贝生物制药有限公司

# 出 版 说 明

高等职业教育作为高等教育中的一个类型，肩负着培养面向生产、建设、服务和管理第一线需要的高技能人才的使命。大力提高人才培养的质量，增强人才对于就业岗位的适应性已成为高等职业教育自身发展的迫切需要。教材作为教学和课程建设的重要支撑，对于人才培养质量的影响极为深远。随着高等农业职业教育发展和改革的不断深入，各职业院校对于教材适用性的要求也越来越高。中国农业大学出版社长期致力于高等农业教育本科教材的出版，在高等农业教育领域发挥着重要的作用，积累了丰富的经验，希望充分利用自身的资源和优势，为我国高等职业教育的改革与发展做出自己的贡献。

经过深入调研和分析以往教材的优点与不足，在教育部高教司高职高专处和全国高职高专农林牧渔类专业教学指导委员会的关心和指导下，在各高职高专院校的大力支持下，中国农业大学出版社先后与100余所院校开展了合作，共同组织编写了一系列以“十一五”国家级规划教材为主体的、符合新时代高职高专教育人才培养要求的教材。这些教材从2007年3月开始陆续出版，涉及畜牧兽医类、食品类、农业技术类、生物技术类、制药技术类、财经大类和公共基础课等的100多个品种，其中普通高等教育“十一五”国家级规划教材22种。

这些教材的组织和编写具有以下特点：

**精心组织参编院校和作者。**每批教材的组织都经过以下步骤：首先，征集相关院校教师的申报材料。全国100余所高职高专院校的千余名教师给予了我们积极的反馈。然后，经由高职高专院校和出版社的专家组成的选题委员会的慎重审议，充分考虑不同院校的办学特色、专业优势、地域特点及教学改革进程，确定参加编写的主要院校。最后，根据申报教师提交的编写大纲、编写思路和样章，结合教师的学习培训背景、教学与科研经验和生产实践经历，遴选优秀骨干教师组建编写团队。其中，教授和副教授及有硕士以上学历的占70%。特别值得一提的是，有5%的作者是来自企业生产第一线的技术人员。

**贴近国家高职教育改革的要求。**我国的高等职业教育发展历史不长，很多院校的办学模式和教学理念还在探索之中。为了更好地促进教师了解和领会教育部的教学改革精神，体现基于职业岗位分析和具体工作过程的课程设计理念，以真实工作任务或社会产品为载体组织教材内容，推进适应“工学结合”人才培养模式的课程教材的编写出版，在每次编写研讨会上都邀请了教育部高教司高职高专处、全国高职高专农林牧渔类专业教学指导委员会的领导作教学改革的报告；多次邀请教育部职业教育研究所的知名专家到会，专门就课程设置和教材的体系建构作专题报告，使教材的编写视角高、理念新、有前瞻性。

**注重反映教学改革的成果。**教材应该不断创新，与时俱进。好的教材应该及时体现教学改革的成果，同时也是教育教学改革的重要推进器。这些教材在组织过程中特别注重发掘各校在产学结合、工学交替实践中具有创新性的教材素材，在围绕就业岗位需要进行知识的整合、与实际生产过程的接轨上具有创新性和非常鲜明的特色，相信对于其他院校的教学改革会有启发和借鉴意义。

**瞄准就业岗位群需要，突出职业能力的培养。**这些教材的编写指导思想是紧扣培养"高技能人才"的目标，以职业能力培养为本位，以实践技能培养为中心，体现就业和发展需求相结合的理念。

教材体系的构建依照职业教育的"工作过程导向"原则，打破学科的"系统性"和"完整性"。内容根据职业岗位(群)的任职要求，参照相关的职业资格标准，采用倒推法确定，即剖析职业岗位群对专业能力和技能的需求——→关键能力——→关键技能——→围绕技能的关键基本理论。删除假设推论，减少原理论证，尽可能多地采用生产实际中的案例剖析问题，加强与实际工作的接轨。教材反映行业中正在应用的新技术、新方法，体现实用性与先进性的结合。

**创新体例，增强启发性。**为了强化学习效果，在每章前面提出本章的知识目标和技能目标。有的每章设有小结和复习思考题。小结采用树状结构，将主要的知识点及其之间的关联直观表达出来，有利于提高学生的学习效果和效率，也方便教师课堂总结。部分内容增编阅读材料。

**加强审稿，企业与行业专家相结合，严把质量关。**从选题策划阶段就邀请行内专家把关，由来自于企业、高职院校或中国农业大学有丰富生产实践经验的教授审核编写大纲，并对后期书稿进行严格审定。每一种教材都经过作者与审稿人的多次的交流和修改，从而保证内容的科学性、先进性和对于岗位的适应性。

这些教材的顺利出版，是全国100余所高职高专院校共同努力的结果。编写出版过程中所做的很多探索，为进一步进行教材研发提供了宝贵的经验。我们希望以此为基点，进一步加强与各校的交流合作，配合各校教学改革，在教材的推广使用、修订完善、补充扩展进程中，在提高质量和增加品种的过程中，不断拓展教材合作研发的思路，创新教材开发的模式和服务方式。让我们共同努力，携手并进，为深化高职高专教育教学改革和提高人才培养质量，培养国家需要的各行各业高素质技能型专门人才，发挥积极的推动作用。

**中国农业大学出版社**

2008年6月

# 内容提要

本书是高职高专教育“十一五”规划教材，是生物制药技术专业核心课程教材，主要介绍了微生物发酵制药过程中微生物的营养、菌种的分离和扩大培养、无菌空气的制备、微生物药物的生物合成、发酵工艺控制、微生物药物的分离精制、常见微生物药物的发酵生产和发酵技能实训等内容。

全书以微生物制药工艺流程为主线，按微生物制药工序来编写各章节内容。为适应高职高专教育突出对学生技能培养的要求，编写过程中尽量压缩抽象的理论，充实比较多的生产实际过程的操作方法，同时结合技能实训进行介绍，有利于学生实践技能的提高和处理实际问题能力的培养。

本书适合高职高专院校生物制药技术、生化制药技术和生物技术类等专业学生使用，也可供从事生物制药的教师和生产一线的工程技术人员参考。

# 前　言

发酵技术是利用生物机体、组织、细胞或其所产生的酶来生产传统的、近代的以至现代生物技术产品、生物药物的一门融现代科学与工程为一体的科学技术，已广泛用于医药、农业、轻工业、食品、环保等领域。其中发酵技术在生物制药领域的应用是最有前途和最富有发展潜力的。

微生物发酵制药技术是生物制药技术专业的一门核心课程。它以微生物学、生物化学为基础，同时要以一定的工程学和生化反应设备知识为支撑。目前，国内外的大量抗生素药物、酶类药物、维生素类药物、氨基酸类药物、多糖类药物、生理活性物质都实现了发酵法生产。因此，学习本课程对于掌握相关的生物药物发酵过程的基本理论和实践技能都是至关重要的。

本书是根据国家高等职业教育指导委员会确定的生物制药技术专业课程设置要求，在教育部高教司高职高专处的领导下，在多年使用和参照《生物工艺学》、《抗生素生产工艺》、《发酵工艺原理》的基础上，结合高职高专教育突出对学生技能和素质培养的要求，参考国内外有关资料和生物制药今后的发展方向编写的。

本书主要阐述发酵过程的基本原理和参数控制，对次级代谢产物的合成过程、发酵动力学、发酵过程的参数和控制等作了比较详细的叙述。涉及的发酵药物生产过程有抗生素、维生素、氨基酸、药用酶等。

参加本书编写的有（以章排列先后为序）：王静（绪论、第一章）、程有普（第二、三章）、朱海东（第四、五章）、刘春兰（第六章）、盛贻林（第七章）、吴宁平（第八章第一至四节）、王雪峰（第八章第五节）、毛小环（第九章）、杨新建（第十章）、吴杨（第十一章）。

由于生物技术发展很快，在编写过程中难免会有遗漏，加上编者的水平和时间所限，错误和不足之处在所难免，恳请读者批评指正。

最后感谢中国农业大学出版社的大力支持，感谢各位编者为本书所付出的艰辛努力。

盛贻林

2008 年 4 月

# 目　录

# 绪　论

**知识目标**

- 掌握生物制药的研究内容。
- 掌握微生物药物的分类。

## 一、生物制药的概念和研究内容

生物制药是指利用生物体或生物过程生产药物的过程。人类利用生物制取药物已有数千年的历史。进入近代后，生物制药技术取得了飞速的发展。尤其是20世纪中后叶，传统医药产业和制药技术与分子生物学、基因工程和细胞工程等新兴学科的结合，更使制药产业发生了革命性的变革。

生物制药的研究内容按生物工程学科范围主要分为发酵工程制药、基因工程制药、细胞工程制药和酶工程制药四大类。

1. 发酵工程制药

发酵工程制药是微生物学、生物化学和化学工程学的有机结合，是利用微生物的特定性状，通过现代工程技术在生物反应器中生产药用物质的一种技术，它是生物技术的支柱。发酵工程技术可用于抗生素、氨基酸类药物、核酸类药物、维生素等药物的生产。为了获得高产优质的产品，发酵工程技术中应用了一些新的工艺技术，如利用计算机软件和传感器实现对发酵代谢的调控。通过基因工程技术进行天然菌种的基因改造，可获得具有优良性状的基因工程菌作为发酵菌种。

2. 基因工程制药

基因工程制药主要是通过DNA重组技术，将外源DNA与载体连接形成重组体，然后将重组体转入宿主细胞进行高效表达，获得利用传统技术难以得到的珍贵药品。基因工程药物主要包括重组蛋白药物、多肽药物、反义核酸药物、DNA药物和基因工程抗体等。我国从20世纪80年代初开始基因工程药物的开发研究，主要生产的基因工程药物包括重组人白细胞介素2、重组人颗粒细胞集落刺激因子、人生长激素、重组人干扰素等。

3. 细胞工程制药

细胞工程制药包括动物细胞工程制药和植物细胞工程制药，这二者都是在细胞水平上，通过细胞培养或改变细胞原有性状生产药物。动物细胞工程可采用细胞培养、细胞融合、单克隆抗体等技术生产多种蛋白质类药品，如疫苗、干扰素、单抗等。植物细胞工程主要应用植物组织培养和植物体细胞杂交技术制备细胞因子和重组DNA产品。目前，细胞工程和基因工程两大技术出现了相互渗透，通过基因操作，可获得具有新遗传特性的转基因动、植物体，用于生产转基因药物。

4. 酶工程制药

酶工程制药是指利用酶的催化性质、动力学性质、可固定性质生产一种药物或药物中间体。利用酶的特性进行药物生产，可以克服药物在化学合成过程中出现的许多不可避免的缺点。尤其是固定化技术在制药业上的应用，使人们更加便捷地从发酵液中分离得到氨基酸、抗生素、核酸类药物，简化了生物工程下游技术的操作难度，节约工业化生产成本。

## 二、微生物药物的分类

微生物药物可按生理功能和临床用途来分类，也可按产品类型进行分类。但通常采用其化学本质和化学特征进行分类。主要分为以下6种。

1. 抗生素类药物

抗生素是在低微浓度下能抑制或影响活的机体生命过程的次级代谢产物及其衍生物。目前世界各国实际生产和应用于医疗的抗生素大约有120种，各种半合成衍生物及盐类约230种，其中以$\beta$-内酰胺类、四环素类、氨基糖苷类、大环内酯类为最多，为治疗人类疾病做出了重要贡献。抗生素又分为多种类型：抗细菌抗生素，如青霉素、红霉素、四环素等；抗真菌抗生素，如两性霉素B、制霉菌素、灰黄霉素；抗肿瘤抗生素，如丝裂霉素、诺卡霉素；抗病毒抗生素，如阿糖腺苷、金刚烷胺。这些抗生素都可通过微生物发酵生产。

2. 氨基酸类药物

氨基酸有广泛的用途，尤其是在医疗方面。氨基酸在医疗上可用于制备复方氨基酸输液、治疗性药物和多肽类药物。

复方氨基酸输液可用于改善患者在术前的营养状态，也可作为消化吸收障碍患者的营养原料，还可在临床上作为血浆的代用品。氨基酸在单独使用时也可用于治疗一些疾病，如消化道疾病、呼吸道疾病等。目前工业上生产的多肽类药物在医疗上的应用越来越受到医疗界的重视，如谷胱甘肽(GSH)，其对糖尿病、肝病有一定疗效。

一些常见的氨基酸，如丙氨酸、赖氨酸、组氨酸、谷氨酸等都可以通过发酵法生产，半胱氨酸、丙氨酸、苯丙氨酸、甲硫氨酸等则可采用酶转化法生产。

3. 核苷酸类药物

核苷酸是构成生命的最基本物质，人体中的辅酶Ⅰ(CoⅠ)、辅酶Ⅱ(CoⅡ)、三磷酸腺苷等也都是核苷酸类物质。在临床上，核苷酸类药物可用于治疗恶性肿瘤、病毒感染和遗传性疾病。利用微生物发酵生产的核苷酸类药物有肌苷、鸟苷、次黄嘌呤、5′-腺苷酸(AMP)、辅酶 $Q_{10}$ 等。

4. 维生素类药物

维生素是一类维持正常生命活动所必需的小分子有机化合物，需要量很小，但大都不能自身合成。当人体缺乏维生素时，会出现"维生素缺乏病"。利用微生物发酵法可生产维生素 $B_2$(核黄素)、维生素 D 的前体麦角醇、$\beta$-胡萝卜素等。我国采用新型半合成法，将生物转化法为与化学转化法相结合生产维生素 C。

5. 甾体类激素

甾体类药物一般采用化学合成和微生物转化法相结合的方法生产。如氢化可的松(皮质醇)、醋酸可的松、醋酸泼尼松、雌醇雄酮等。在临床上可用于治疗风湿性关节炎，控制炎症。

6. 治疗酶及酶抑制剂

治疗酶主要有助消化酶、消炎酶、心血管疾病治疗酶、抗肿瘤酶类以及其他酶类。如尿激酶、蛋白酶、超氧化歧化酶、天冬酰胺酶等。

酶抑制剂是 20 世纪 60 年代提出的概念，酶抑制剂随其抑制酶的特性不同而呈现出不同的活性，可用于降血压、抗肿瘤、降血糖。

由微生物产生的酶抑制剂有两种不同的概念。一种是抑制抗生素钝化酶的抑制剂，叫作钝化酶抑制剂。如抑制 $\beta$-内酰胺酶抑制剂，包括克拉维酸、硫酶素、橄榄酸、青霉烷砜、溴青霉烷酸等，这类酶抑制剂可以和相应的抗生素同时使用，以提高抗生素的作用效果。另一种酶抑制剂是能抑制来自动物体的酶的抑制剂，其中有些可以降低血压，有的可以阻止血糖上升，如淀粉酶抑制剂能在服用糖时达到阻止血糖浓度增加的目的。

## 三、微生物发酵制药业的现状及发展趋势

1. 微生物发酵制药的发展简史及现状

微生物发酵制药的历史悠久。早在我国宋朝时期，民间就已经开始利用天花

病人的痘痂接种，预防天花病。这比西方人应用牛痘接种进行免疫要早大约800年；到18世纪，英国的乡村医生E. Jenner为一个小男孩接种牛痘，成功地预防了天花。此后，科学家们又发明了能预防和治疗各种疾病的疫苗和类毒素。微生物药物在免疫学上的应用取得了巨大的成果。

微生物药物的发展应该从1928年英国医生Fleming发现第一个抗生素——青霉素开始，但当时人们认为动物试验结果不能指导人的医学实践。直到Florey对青霉素进行了提纯，并且利用5%的粗制品对小鼠进行化疗试验，取得了惊人的成功，才使人们转变了原有的观念。20世纪40年代，美国科学家Waksman和Woodruff报道了他们发现的第一个抗生素——放线菌素。1940年，科学家们完成了青霉素的药理和临床研究。由于第二次世界大战的爆发，1941年，美国辉瑞制药公司开始介入青霉素的试验性生产，使用了生产柠檬酸已经非常成熟的通入无菌空气并进行搅拌的深层发酵法。这种方法给发酵工业带来了革命性的变化。在此之后，链霉素、氯霉素、多霉素、红霉素的相继发现使制药业走进了抗生素时代。

20世纪60年代，开始了筛选无抗菌活性的生理活性物质研究，并筛选出大量具有明显生理活性的化合物，许多化合物已成为重要的临床药物。随着细菌耐药性的出现，一些半合成抗生素已成为当前研究的热点内容。

20世纪70年代，人们又将固定化酶和固定化细胞技术应用于微生物发酵制药业，对细胞进行连续发酵，使发酵生产规模达到了前所未有的鼎盛时代。

20世纪80年代，细胞融合技术和基因工程相继问世。人们通过细胞融合和基因重组技术获得了大量的“工程菌”，这些新的菌株经过发酵生产后能大量合成天然微生物不能产生的药物或产量很少的特殊产品。近年来，人们又将计算机引入到发酵生产过程中，通过在线控制提高生产效率。

国外有人估计，全球微生物发酵产业（包括酒类在内）目前总产值为3 000亿～5 000亿美元，其中有关药品（如抗生素、氨基酸和维生素等）的发酵产品产值为1 000亿～2 000亿美元。

实际上目前国际市场上销售的绝大多数基因工程药品（其中包括$\alpha$干扰素、$\beta$干扰素、白介素、人生长激素、EPO、人胰岛素和各种单克隆抗体等）也是一种发酵产品，只不过这些药品均利用重组基因大肠杆菌发酵生产，而非原生微生物菌种。

迄今为止，科学家利用发酵法已能生产数以百计的药品，如维生素类、氨基酸类、有机酸类（如柠檬酸、苹果酸等）以及蛋白质/酶类、糖脂类、香料等工业产品。

我国微生物发酵工业起步较晚。1953年，我国第一家青霉素生产厂——上海第三制药厂才建成投产。1958年，我国最大的抗生素制药企业——华北制药厂在石家庄建成投产，主要产品为青霉素、链霉素、土霉素和红霉素等。随后在全国各地建立了多家制药厂。20 世纪 70 年代，我国成功地研究出维生素 C"两步发酵法"，此技术处于国际领先水平。此外，我国在甾体激素药物的微生物转化、有机溶剂的发酵生产方面都取得了长足的发展。另外，据不完全统计，国内目前有 300 多家单位从事生物工程研究，50 多家生物工程技术开发公司，有 200 余家现代生物医药企业，其中有 60 余家已投入生产。至 2006 年 4 月，我国批准上市的生物药物已达到了 35 种（表 0-1），基本上涵盖了国外已有的生物药物品种。

**表 0-1　2006 年 4 月前我国批准上市的 35 种生物技术药物**

（《生物技术制药》，周珮，2007）

| 批准年份 | 药　品 | 批准年份 | 药　品 |
|---|---|---|---|
| 1989 年 | 干扰素 IFN-α，1b | 2000 年 | 人碱性成纤维细胞生长因子（Bfgf） |
| 1992 年 | INF-α，2a | | 表皮生长因子（EGF） |
| 1994 年 | 白介素 2（IL-2） | | EGF 衍生物 |
| 1995 年 | 乙肝疫苗（酵母） | | 霍乱疫苗（bBS-WC） |
| 1996 年 | INF-α，2b | 2001 年 | 抗 IL-8 鼠源单抗乳胶剂 |
| | 粒细胞集落刺激因子（G-CSF） | 2003 年 | 白介素 11（IL-11） |
| | 乙肝疫苗（CHO） | | 肿瘤细胞核嵌合抗体注射液［131 Ⅰ］ |
| 1997 年 | 粒细胞巨噬细胞集落刺激因子（GM-CSF） | | 重组葡激酶（r-SAK） |
| | 促红细胞生成素（EPO） | 2004 年 | 重组人 p53 腺病毒注射液 |
| | 重组链激酶（r-SK） | | 抗 EGFR 人源化单抗 |
| 1998 年 | INF-γ | 2005 年 | 重组人脑利钠肽 |
| | 125SerIL-2 | | ［131 Ⅰ］美妥昔单抗注射液 |
| | 生长激素（GH） | | 重组人血管内皮抑素 |
| | 痢疾疫苗 | | 重组人 5 型腺病毒注射液（H101） |
| | 牛碱性成纤维细胞生长因子（bFGF）融合蛋白 | | 重组人肿瘤坏死因子 α（rhTNFα）（rhTNFα） |
| 1999 年 | 125AlaIL-2 | | 重组人血小板生成素（rhTPO） |
| | 人胰岛素 | 2006 年 | 重组 TNFR-Fc 融合蛋白 |
| | Anti-CD3 鼠源单抗 | | |

2. 微生物发酵制药的发展趋势

①与细胞工程和基因工程等现代生物技术相结合，获得新来源。生物药物的来源主要为微生物、动物和植物，由于物种有限，生物药物的来源趋于匮乏，急需寻

找一些新物种，以满足现代制药业的需求。近年来，随着细胞融合技术和基因重组技术的发展，人们将一些外源基因转入到微生物细胞中，通过发酵进行产物表达，可以获得大量珍贵药材。开发的工程菌和新型微生物用以生产多种新型药物，治疗糖尿病、肝炎、心血管疾病、肿瘤等疑难病症。

②发酵工艺改进。随着人们对发酵过程认识的不断深入，各种自动化仪表被引入到发酵参数的测量和控制中来。这不但使各种数据的测量和调控更加准确，而且还大大提高了发酵水平。特别是高性能计算机的普及和新型生物传感器的应用，更有助于人们对发酵过程的分析和控制。

③分离纯化技术发展。分离纯化是下游技术中的关键性操作单元，直接影响到生物药物的质量和产量。进入21世纪，一些先进分离技术在工业上的应用显著提高了产品的质量和收率。如膜分离技术和亲和层析技术等。

## 本章小结

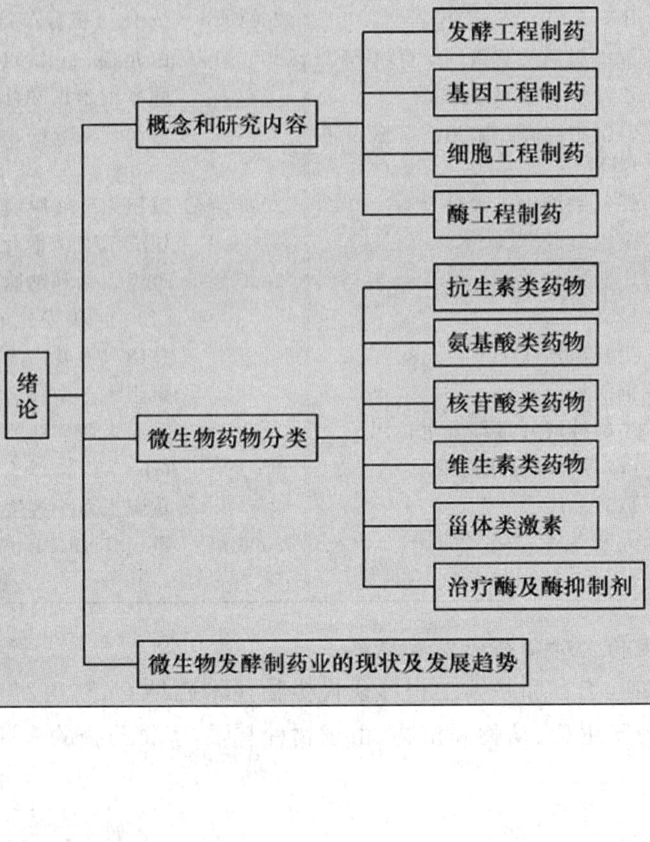

## 复习思考题

1.生物制药的主要研究内容有哪些？

2.通过调查，了解一下当地利用微生物发酵技术生产生物药物的企业有哪些，主要产品包括什么。

# 第一章　微生物药物的产生菌

**知识目标**

- 熟悉主要的药物产生菌。
- 掌握新药产生菌的分离、选育方法。
- 掌握药物产生菌的保藏方法。

**技能目标**

- 会进行药物产生菌的分离和突变株的筛选。
- 能够对药物产生菌进行保藏。

## 第一节　常用药物产生菌

在发酵工业中，要求所使用的微生物易于培养，产物生成量高且易于分离提取。放线菌、细菌、真菌是发酵制药工业中常用的微生物。

### 一、放线菌

放线菌是介于细菌和丝状真菌之间而又更近似于细菌的一类原核微生物。放线菌在自然界中的分布很广，存在于土壤、湖泊、河流、空气、动植物体中，其中以土壤和淡水中居多。放线菌适宜生长在排水较好、肥沃的中性或微碱性土壤中。据测定，每克上述土壤中放线菌孢子数可达 $10^7$ 个。

放线菌的形态多样，由分枝状菌丝组成，绝大多数为单细胞，无隔膜。细胞壁中的主要成分为肽聚糖，革兰氏染色为阳性。

放线菌最突出的特征之一是能产生大量的、种类繁多的抗生素。在已报道的数千种微生物产生的抗生素中，约有 80%以上是由放线菌产生的。在工业微生物与深层发酵技术的研究领域内对放线菌的研究最多，相关发酵技术也最成熟。能引起人类疾病的放线菌并不多，个别如龋齿放线菌可引起龋齿，而为人类做出了重要贡献的放线菌则主要是抗生素产生菌，如红霉素链霉菌。现介绍几种制药工业中常用的放线菌。

1. 链霉菌属

链霉菌属是放线菌中最大的一个属，也是抗生素的主要生产菌。链霉菌在培养基上生长出菌丝体，营养阶段的菌丝常无横隔，单细胞。向基质表面和内部伸展的菌丝称为基内菌丝或营养菌丝。由基内菌丝伸向空间的、较粗的、颜色较深的菌丝称为气生菌丝。成熟时，气生菌丝转化形成孢子丝。如图 1-1 所示。

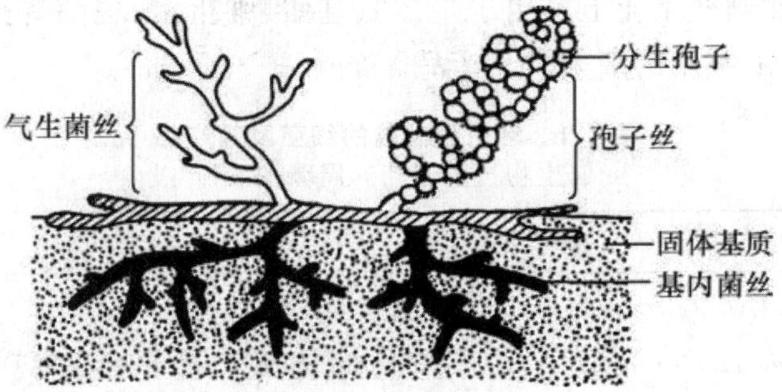


**图 1-1　链霉菌的一般形态和构造**

(《农业微生物》，周奇迹，2006)

各类链霉菌经发酵后可代谢生成链霉素、四环素、红霉素、氯霉素、土霉素、卡那霉素、新生霉素、丝裂霉素等多种抗生素。

2. 诺卡氏菌属

诺卡氏菌属的菌丝有横隔，只有基内菌丝而无气生菌丝。在培养基上形成的菌落呈多样化，一般比链霉菌属形成的菌落小，有些表面崎岖多皱、致密、干燥；有些则平滑，无光或发亮呈水浸状。大多数诺卡氏菌属为好氧型腐生菌，少数为厌氧型寄生菌。

诺卡氏菌属菌主要分布在土壤中，现已报道 100 余种，能产生 30 余种抗生素。如抗结核菌和地中海诺卡氏菌均能产生利福霉素，此外还有间型霉素、瑞斯托菌素等。

3. 小单孢菌属

小单孢菌属菌丝较细，无横隔，不形成气生菌丝，只在基内菌丝上长出孢子梗，顶端着生一个球形或长圆形的孢子。在培养基上形成的菌落比链霉菌菌落小，且颜色多样，菌落表面覆盖一层孢子堆。

小单孢菌属菌多分布于土壤和湖底泥土中，也是产生抗生素较多的一个属。如棘孢小单孢菌能产生庆大霉素，有的能产生氯霉素。

## 二、细菌

细菌是一类个体微小、结构简单、种类繁多的原核微生物。细菌大小通常以微米来表示。杆状、球状和螺旋状是细菌最基本的3种形态。细菌的细胞结构分为基本结构(如细胞壁、细胞膜、核糖体、细胞质等)和特殊结构(如鞭毛、荚膜、芽孢、气泡等)两部分。大多数的细菌采用二分裂的方式进行繁殖,少数细菌可采用不等二分裂、出芽繁殖、三分裂或多分裂的方式形成子代细胞。

目前,细菌在制药工业上可用于生产氨基酸、维生素、辅酶等药物。表1-1列出了在制药工业上常用的细菌及其产品。

**表1-1 常用于制药的细菌及其产品**

(《生物技术制药》,周珮,2007)

| 菌种属名 | 产物或功能 |
|---|---|
| 大肠杆菌(*Escherichia*) | 氨基酸、6-APA |
| 短杆菌属(*Brevibacterium*) | 氨基酸、核苷酸类、辅酶A、维生素$B_{12}$、$\alpha$-酮戊二酸 |
| 节杆菌属(*Arthrobacter*) | 氨基酸、核苷酸类、甾体转化 |
| 棒状杆菌属(*Corynebacterium*) | 氨基酸、核苷酸类、甾体转化 |
| 小杆菌属(*Microbacterium*) | 氨基酸 |
| 赛氏杆菌属(*Serratia*) | 氨基酸、核苷酸类、甾体转化 |
| 好气芽孢杆菌属(*Bacillus*) | 氨基酸、核苷酸类、甾体转化、维生素$B_{12}$、抗生素类 |
| 变形杆菌属(*Protheus*) | 氨基酸、核苷酸类 |
| 产气杆菌属(*Aerobacter*) | 氨基酸、核苷酸类 |
| 假单孢菌属(*Pseudomonas*) | 氨基酸、核苷酸类、甾体转化、维生素C、6-APA |
| 小球菌属(*Micrococcus*) | 氨基酸、核苷酸类、甾体转化 |
| 黄色孢杆菌属(*Xanthomonas*) | 氨基酸、核苷酸类、甾体转化 |
| 无色杆菌属(*Achromobacter*) | 氨基酸、核苷酸类 |
| 丙酸杆菌属(*Propionibacterium*) | 维生素$B_{12}$ |
| 乳酸杆菌属(*Lactobacillus*) | 抗癌类药物 |

## 三、真菌

真菌是一类具有典型细胞核结构的真核微生物。与细菌相比,真菌的大小、形态、结构和化学组成均有很大的差异。构成真菌营养体的基本单位是菌丝。真菌的菌丝又分为无隔膜菌丝和有隔膜菌丝两大类，这些菌丝可分化形成一些特殊的形态，如子座、吸器、子囊果等。真菌既可通过无性孢子进行无性繁殖，也可借助有性孢子进行有性繁殖。

真菌的种类繁多，按 Ainsworth 于 1966 年提出的分类系统，将真菌独立为真菌界，下分为真菌门和粘菌门。真菌门下设 5 个亚门，分别为鞭毛菌亚门、半知菌亚门、接合菌亚门、子囊菌亚门和担子菌亚门。

在发酵制药工业中涉及的真菌主要是霉菌和酵母菌。霉菌的菌丝粗而长，因此形成的菌落较为疏松，呈绒毛状或絮状；酵母菌为单细胞生物，呈圆形或卵圆形，菌落湿润、黏稠，易挑起。利用酵母菌体，可提取核苷酸、细胞色素、凝血质、核黄素等贵重药物。

表 1-2 列出了制药工业上常用的一些真菌及其产品。

**表 1-2 常用于制药的真菌及其产品**

| 所属亚门 | 菌种属名 | 产 物 |
|---|---|---|
| 接合菌 | 根霉(*Rhizopus*) | 甾体激素、酶制剂、延胡索酸 |
| | 梨头霉属(*Absidia*) | 甾体激素 |
| 子囊菌 | 酿酒酵母(*Saccharomyces cerevisiae*) | 酒精、辅酶 A |
| | 卵形酵母(*Sacc. rouxii*) | 麦角甾醇 |
| | 阿氏假囊酵母(*Eremothecium ashbyii*) | 核黄素(维生素 $B_{12}$) |
| 担子菌 | 牛肝菌属(*Boletus*) | 提取抗癌物 |
| | 灵芝属(*Ganoderma*) | 作为药材 |
| 半知菌 | 曲霉属(*Aspergillus*) | 柠檬酸、甾体激素、抗生素 |
| | 青霉属(*Penicillium*) | 青霉素、灰黄霉素、延胡索酸、葡萄糖酸 |
| | 头孢霉属(*Cephalosporium*) | 头孢霉素、头孢菌素 C |

## 第二节 制药微生物的育种

从自然界分离所得的野生菌种，不论是产量还是品质，都难以适应工业化生产的要求，因此需要对微生物菌种进行改良。微生物的诱变育种，是以人工诱变手段诱发微生物基因突变，改变遗传结构和功能，通过筛选，从多样的变异体中筛选出产量高、性状优良的突变株，并且找出能发挥这个突变株的最佳培养基和培养条件，使其在最适的环境条件下合成有效产物。工业微生物育种过程分为 4 个阶段：菌种选育，菌种筛选，菌种保藏，菌种的退化和复壮。

## 一、菌种的选育

微生物的种类和数量虽然庞大，但不是所有的微生物都可以作为菌种用来进行发酵生产。只有那些遗传性状稳定，易于基因操作，安全性高，发酵周期短且产量高，对所用培养基要求低，代谢产物便于分离的微生物才能作为菌种使用。对制药微生物的选育包括自然选育和人工选育，其中人工选育又可分为诱变育种、杂交育种和基因工程育种。

1.自然选育

自然选育在生产过程中利用微生物自然突变而进行优良品种的选育。对于自然选育来说，菌种的自发突变频率极低，变异过程缓慢，所以获得优良菌种的可能性较小。为了获得新的菌种，开始从一些特殊环境（被污染的水域、一些极端环境、海洋等）中分离微生物。分离微生物新种的具体过程大体可分为采样、增殖、纯化和性能测定等步骤。

从土壤中分离微生物的具体步骤：①取离地面 5～15 cm 处的土壤；②取土样 1 g，放入带有玻璃珠的 99 mL 无菌水中，振荡 5～10 min，使土样充分打散，制成 $10^{-2}$ 土壤悬液；③用无菌移液管吸取土壤悬液 1 mL，放入 9 mL 无菌水中，即为 $10^{-3}$ 稀释液，如此重复，可依次制成 $10^{-6}$～$10^{-3}$ 的稀释液；④取 $10^{-4}$，$10^{-5}$，$10^{-6}$ 三个稀释度的稀释液各 1 mL，分别接入平皿中；⑤将培养基倒入培养皿中，轻轻摇动，使培养液与菌液充分混匀，待琼脂凝固后即可；⑥将接种好的平板倒置，于28～30 ℃恒温培养。

自然选育的主要作用是对菌种进行分离纯化，淘汰衰退的菌株。一般菌种的自然选育流程为：将斜面菌种制成悬液，悬液倒入平皿培养，挑取单菌落，单菌落培养（初筛），摇瓶发酵，菌种保藏，将保藏菌种接种在培养基上进行复筛，摇瓶种子培养，摇瓶培养，高产菌株复选，高产菌株验证，放大实验，得到的菌株保藏并进行再次选育。

2.诱变育种

诱变育种是指利用物理或化学诱变剂处理均匀分散的微生物细胞群，使其突变率大幅度提高，然后采用简便、快速和高效的筛选方法，从中挑选少数符合育种目的的突变株。诱变育种虽然能提高诱变效果，但要想获得一株理想的菌株则需要经过多次诱变筛选。

诱变育种中常用的诱变剂种类及其性质、作用机理和主要生物学效应见表 1-3。

近年来，除了使用传统的诱变剂之外，还开发出一些新型的诱变剂，如激光、微波、高能电子流等，这些诱变剂在诱变育种中均取得了良好的效果。

**表 1-3　诱变因子的分类**

(《现代应用生物技术》,刘仲敏等,2004)

| 类别 | 名　称 | 性质 | 作用机理 | 主要生物学效应 |
| --- | --- | --- | --- | --- |
| 物理诱变因子 | 紫外线(UV) | 非电离辐射 | 使被照射物质的分子或原子中的内层电子提高能级 | ①DNA 链和氢键断裂<br>②DNA 分子内(间)交联<br>③嘧啶水合作用<br>④形成胸腺嘧啶二聚体<br>⑤造成碱基对转换<br>⑥修复后造成差错或缺失<br>X 射线 |
| | X 射线<br>γ 射线<br>快中子<br>离能电子流<br>β 射线(He) | 电离辐射 | 使被照射物质分子或原子发生电子跃迁,使内外层失去电子或获得电子 | ①DNA 链断裂<br>②碱基受损<br>③造成碱基对转换<br>④引起染色体畸变<br>⑤修复后造成差错或缺失 |
| 化学诱变因子 | 氮芥(NM)<br><br>乙烯亚胺(EI)<br>硫酸二乙酯(DES)<br>甲基磺酸乙酯(EMS)<br>亚硝基胍(NTG)<br>亚硝基甲基脲(NMU) | 烷化剂<br>(双功能基)<br>(单功能基)<br>(单功能基)<br>(单功能基)<br>(单功能基)<br>(单功能基) | 碱基烷化作用 | ①DNA 交联<br>②碱基缺失<br>③染色体畸变<br>④碱基对转换或颠换 |
| | 亚硝酸($HNO_2$) | 脱氨基诱变剂 | 碱基脱氨基作用 | ①DNA 交联<br>②碱基缺失<br>③碱基对转换 |
| | 5-氟尿嘧啶(5-FU)<br>5-溴尿嘧啶(5-BU) | 碱基类似物 | 代替正常碱基掺入到 DNA 分子中 | 碱基对转换 |
| | 吖啶橙、吖啶黄 | 移码诱变剂 | 插入碱基对之间 | 移码突变 |
| 生物诱变因子 | 噬菌体<br>转座因子 | 诱发抗性突变 | 转导、转化及转座等引起的诱发突变 | 传递遗传信息 |

3. 杂交育种

杂交育种是将两个基因型不同的亲株通过杂交遗传物质重新组合,从中筛选出新的遗传型的个体的过程。

杂交育种虽然不像诱变育种那样广泛应用,但通过杂交育种,可以使菌种克服生活力衰退的趋势,而且杂交后的菌种对诱变剂更加敏感,两个亲本株的性状集中在重组体中,形成新个体。

原核微生物可通过接合、转化和转导的杂交方式进行遗传物质的交换,真核微生物则通过有性生殖和准性生殖的杂交方式，分别进行整套染色体高频率重组和整套染色体低频率重组。

杂交育种是一个重要的微生物育种手段，比起诱变育种，它具有更强的方向性或目的性。

4.基因工程育种

基因工程是一种DNA体外重组技术，它是将人工方法获得的一段外源DNA分子用某一限制性内切酶切割后，与载体DNA连接，然后导入到某一受体细胞中复制、转录和翻译，从而使受体细胞表达出外源基因所编码的遗传性状的崭新的育种技术。与传统育种方法不同的是，基因工程育种不但可以完全突破物种间的障碍，实现真正意义上的远缘杂交，而且这种远缘既可跨越微生物之间的种属障碍，又可实现动物、植物、微生物之间的杂交，是一种新型的育种方法。目前，基因工程产品主要是一些短肽和小分子蛋白质，对一些受多个基因控制的发酵产物，基因工程育种还不能完全取代传统的育种方法。

## 二、菌种的筛选

微生物通过诱变育种处理后，在众多的突变体中会存在正突变型、负突变型和稳定型。对于这些不同类型的突变体，要进行分离筛选，从中选出优良菌种，再经过数代的诱变选育，才能得到一个优良的菌株。

对于整个菌种选育过程来说，诱变只是完成了其中的一小部分工作，对大量的菌株进行筛选并获得理想的优良菌株才是一项浩大的工程。

进行筛选时既可以采用传统的随机筛选，也可以根据产生菌的生物合成途径或遗传机制来设计筛选有效突变型的方法。但无论采用哪种方法，都要求该方法简便高效、准确可靠。如具有杀线虫活性的阿维菌素高产菌株的筛选，一般使用高效液相的方法进行活性的检测，每台仪器每天可检测30～40个样品，但如果改为薄层层析的方法进行检测，每天可检测上百个样品，成倍地提高了筛选的数量。

1.随机筛选

通常采用的方法有：

(1)摇瓶筛选法　该法主要是将诱变后的菌株接种在平板上培养，随机挑选菌落，每一个菌落移入一个斜面，待长好后再放入摇瓶中进行振荡培养，根据测定产物活性的高低决定取舍。进行摇瓶发酵培养是依靠摇动代替发酵罐的搅拌作用，使培养基和菌体能充分与氧接触，是需氧型微生物模拟生产发酵理想的试验手段。

利用摇瓶筛选进行初筛和复筛时需要注意，若使用两台以上摇床，要求每个摇床的控制条件要完全一致，只有这样，试验的结果才具有可比性。

(2)琼脂块筛选法　此方法是将经诱变处理后的突变体接种在固体培养基上，培养至产生微小单个菌落时，将菌落连所在琼脂培养基一同用玻璃打孔器打下，将打下的琼脂块放入灭菌的空培养皿中，再将培养皿转入保持一定湿度的小室中继续恒温培养。当培养天数与液体发酵的天数相同时，可把琼脂块转移到生物效价测定培养基上继续培养。培养后，根据抑菌圈的大小判定生物效价的高低，选出适宜的菌株。此菌株可进行摇瓶发酵筛选。

这种琼脂块筛选法实际上是摇瓶初筛前的一种预筛，是初筛的一部分。

2. 理性化筛选

(1)筛选前体或前体结构类似物抗性突变株　前体是能够直接被菌体用来合成代谢产物而自身的分子结构没有显著改变的物质。前体分为两种，一种是能够通过细胞自身合成的但不能大量积累的内源性前体，这种前体可添加也可不必添加在发酵培养基中；另一种是不能靠细胞自身合成而必须在培养基中加入的外源性前体。在进行发酵的过程中，加入一定量的前体物质或前体结构类似物，可以诱导产物的生成，提高产物的产量，但这些物质也会对菌体产生一定的毒性。筛选前体或前体结构类似物的抗性突变株，可以消除前体对产生菌的毒性作用，提高代谢产物的产量。

(2)筛选营养缺陷型突变株　在初级代谢时，若发酵产物与另一物质(常为氨基酸、核苷酸等初级代谢产物)为同一代谢途径的中间代谢物，当这种物质大量合成时，就会抑制发酵产物的产量。此时，就可能筛选该物质的营养缺陷型突变株，避免反馈抑制作用的出现，提高发酵产物的产量。

在次级代谢时，可以通过筛选初级代谢产物的营养缺陷型来提高次级代谢产物的产量。例如，氯霉素是莽草酸途径合成的，同样经莽草酸途径合成的还有初级代谢产物芳香族氨基酸。当芳香族氨基酸合成过量时，形成的反馈抑制就会影响氯霉素的生物合成。同时芳香族氨基酸的生物合成还与氯霉素的生物合成使用共同的前体。通过诱变处理，阻断由莽草酸至芳香族氨基酸的生物合成途径，菌体不能合成芳香族氨基酸，从而避免了芳香族氨基酸对莽草酸生物合成的反馈调节，进而合成大量的氯霉素。

除了以上两种理性化筛选方法之外，还有许多的理性化筛选方法也应用于育种的实践中。但这些突变株有时会发生变异，在传代的过程中会造成一些低发酵活力的菌体占主导地位。因此，要经常地进行自然分离和诱变育种，这样才能保持菌种的纯正，保证生产的正常进行。

## 三、菌种的保藏

1. 菌种保藏的目的

经过诱变筛选、分离纯化等一系列工作得到的优质菌种，为了使其能长期保持存活、生产性能稳定、不污染杂菌、不退化、不死亡、便于生产和科研使用,就要采用各种保藏技术妥善保存。

2.菌种保藏的原理

菌种的保藏主要是根据微生物的生理、生化特性,人工创造条件(如干燥、低温、缺氧、缺乏营养等)使微生物代谢活动处于不活泼状态,使其存活且得以延续。在进行保藏时最好是选用菌种的休眠体,如芽孢、孢子。通过保藏可以减少微生物的新陈代谢,降低菌种变异的几率。

3.菌种保藏的方法

由于各种微生物遗传特性不同,故采用的保藏方法也不相同。选择保藏方法时,要求这种方法能保持原菌的优良性状,并且此法通用性要强,操作简便易行。菌种保藏的方法很多,常用的有以下几种。

(1)斜面低温保藏法　斜面低温保藏法也称定期移植保藏法,它是最早使用而且现今仍然普遍使用的方法。具体说法是:将菌种接种在适宜的斜面培养基上,待其充分生长后置于4 ℃冰箱中保存,每隔一段时间移植一次,利用低温来降低微生物的新陈代谢,使菌种在短期内保持不变。

一般霉菌、放线菌半年转接一次,细菌、酵母菌每3个月转管一次。斜面低温保藏法是一种短期、过渡的保藏方法,操作简单,但保藏时间短,转接次数多,且经过多次转接后,菌种的遗传性状容易发生变化。

(2)石蜡封存保藏法　将除去水后的液体石蜡倾倒入或用移液管转入培养成熟的菌种斜面上,液体石蜡要高出斜面1 cm左右,加塞后低温保藏。采用液体石蜡可以隔绝菌体与氧气的接触,防止培养基上水分的散发,降低细胞的新陈代谢。利用此法进行菌种的保藏,保藏期约为1年。

但石蜡保藏法不适于那些利用石蜡为碳源的微生物,如毛霉、根霉、分支杆菌。这种方法简便易行,但石蜡油管的转接和搬运都不方便,且部分工业生产菌株也不易用此法保藏,因容易造成生产能力的下降。

(3)固体曲保藏法　固体曲保藏法主要采用麸皮、麦粒或大米制成固体培养基,灭菌后接入菌种,待菌种产生大量孢子后干燥,低温保存。采用此法时需注意水量的控制。

固体曲保藏方法适用于部分放线菌和霉菌的保藏,保藏期为1～3年。中国科学院微生物研究所采用麸皮保藏法保藏曲霉如米曲霉、黑曲霉、泡盛曲霉等,其保藏期可达数年至数十年。

(4)沙土管保藏法　这是国内常采用的一种方法。将孢子或芽孢掺入到无菌的沙土管(沙土比例为(1～2)∶1,混合均匀)中,经真空干燥后放入干燥器内置于4 ℃ 冰箱中,可保存1～10年。

沙土管保藏法操作简便，移接方便，适合于产孢子的放线菌、霉菌以及产芽孢的细菌。但此法菌种的存活率低，变异率高。

(5)冷冻干燥保藏法 冷冻干燥保藏法是目前常用的较理想的一种方法。将菌悬液放入盛有保护剂的安瓿中，在低温下迅速冻结，然后真空下使水分升华，使其成为完全干燥的固体菌块。安瓿熔封，低温避光保存。

冷冻干燥保藏法能够保持细胞结构的完整，而且此法同时具备了干燥、低温、缺氧的菌种保藏条件，菌种在此环境下不易发生变异或死亡，因而保藏期较长，一般为5～10年。

常用的保护剂为脱脂牛奶或血清，主要作用为保持细胞结构，推迟膜变性，避免细胞死亡。同时保护剂还可以起支持作用，使微生物疏松地固定在上面。

(6)液氮低温保藏法 液氮低温保藏法适用于几乎所有的微生物和动、植物细胞，特别是那些不产孢子的、不适于用其他方法保藏的微生物。向菌液中加入保护剂(5%～10%的甘油或二甲亚砜)，将混合后的悬液注入安瓿，密封。经检验后无裂缝的安瓿放入专用冷冻温度控制仪，以每分钟降低1 ℃的速度从0 ℃降至－35 ℃，然后放入液氮中。液氮的温度为－196 ℃，远低于微生物新陈代谢作用停止的温度(－130 ℃)，因而液氮能长期保藏菌种，保藏期一般可达到15年以上。

液氮低温保藏法操作简便易行，但需购置液氮设备，要经常补充液氮，保藏费用较高，而且也不便取出冻干管。

菌种是一个国家的重要资源，世界各国都对菌种的保藏极为重视，许多国家都建立了专门的菌种保藏机构。如中国农业微生物菌种保藏管理中心(ACCC)、中国医学微生物菌种保藏管理中心(CMCC)、美国典型菌种保藏中心(ATCC)、日本技术评价研究所生物资源中心(NBRC)等。

## 四、菌种的退化和复壮

### 1.菌种的退化

当菌种培养一段时间后，会发现菌落和细胞形态发生改变，微生物原有的典型形态特性逐渐减少，如苏云金芽孢杆菌的芽孢和伴孢晶体变得小而少；菌体的生长缓慢，生产能力下降，如枯草杆菌“7658”生产$\alpha$-淀粉酶能力减低，抵抗不良环境条件的能力减弱。菌种出现的这些表现称为退化。

菌种出现退化的原因有很多，如基因突变、连续传代、环境不良或污染了杂菌。一旦在菌种保藏期间出现了退化现象，应及时采用有效的方法复壮。

### 2.菌种的复壮

广义的复壮是指在菌种的生产性能尚未衰退之前就有意识地进行纯种的分离和生产性能的测定，使菌种的生产能力逐步提高。狭义的复壮则是一种消极的措施，它是指在菌种已发生退化的情况下，通过纯种分离和测定生产性能的方法，从退化菌种中找出尚未衰退的菌种，恢复菌种原有的典型性状。

菌种进行复壮时，可采取如下措施：

（1）纯种分离　通过纯种分离，可以把退化菌种中仍保持原有典型性状、还未发生变异的细胞分离出来，这些细胞经过扩大培养，就可以恢复原菌株的典型性状。常用的菌种分离纯化方法有很多，一类较粗放，如利用琼脂平板划线分离法或表面涂布法等获得的“菌落纯”水平；另一类较精细，通过单细胞分离达到“菌株纯”的水平。其中后一种方法应用较广。

（2）寄主复壮　此法主要针对寄生型微生物，当其出现退化现象时，可接种到相应的昆虫或动、植物寄主体内，再重新分离提高菌种的活力。如长期经人工培养的杀螟杆菌，会发生毒力减弱、杀虫率降低的现象，这时可将退化的菌株接种到菜青虫的幼虫中，从病死的虫体中分离新的菌株。

（3）选择合适的培养条件　将保藏后的菌种接种在保藏前所用的同一培养基上，有利于菌种恢复原有的性状，但经多次传代后，菌种的一些特性会发生变化，培养基上的营养成分就不再适于菌株的培养了。此时，可以通过改变营养成分、酸碱度或培养温度进行退化菌株的培养，达到复壮的目的。

## 本章小结

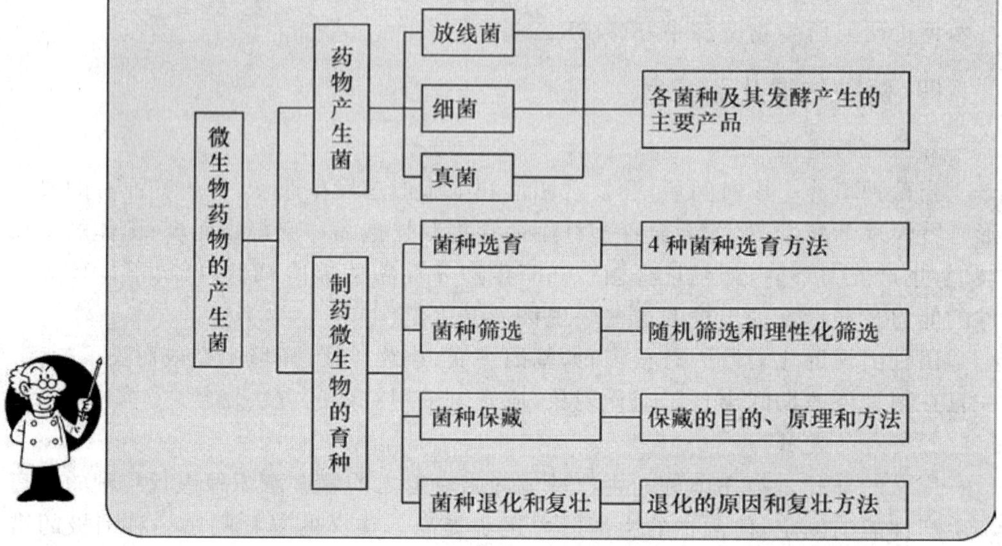

## 复习思考题

1. 常用的制药微生物有哪些？试列举出各产生菌发酵生产的 2 或 3 种主要药物。

2. 常见的微生物育种方法有哪些？

3. 如何对突变体进行筛选？

4. 菌种保藏常用的方法有哪些？进行保藏时应注意什么问题？

5. 菌种为什么会出现退化？如何防止退化现象的出现？

# 第二章　培　养　基

**知识目标**

- 了解培养基的主要类型。
- 理解设计培养基应遵循的原则。
- 掌握培养基的主要成分及影响培养基质量的因素。

**技能目标**

- 会对培养基加以选择。

培养基是人们供给产生菌生长繁殖和生物合成各种代谢产物所需要的、按一定比例配制的多种营养物质的混合物。培养基不仅为微生物提供了必需的营养物质，而且也为微生物的生长创造了必要的生长环境。生产中培养基的组成及配比是否合适，对微生物生长繁殖、产物的生物合成、产品的分离精制乃至产品的质量、产量都有重要影响。在发酵生产中，采用的生产工艺不同，使用的培养基有所差异；菌种不同，培养基的组分要做相应调整；对于同一菌种的不同培养阶段，由于各阶段营养要求的差异，各阶段培养基组分也不尽相同。因此生产中人们要根据菌种特性、微生物生长发育阶段、发酵产物特点等因素合理配制使用不同成分及配比的培养基，为微生物提供适宜的营养物质，以满足菌体生长和合成产物的需求。

## 第一节　培养基的成分

在微生物发酵制药的生产和科研工作中，使用的培养基种类很多，其原料主要包括碳源、氮源、无机盐和微量元素、水、前体和生长因子等几大类。

### 一、碳源

凡是构成微生物细胞和代谢产物中碳素的营养物质均称为碳源。碳源是工业发酵中使用的主要原材料之一，它既是构成菌体细胞和代谢产物的主要元素，又是提供微生物生命活动中所需能源的原料。微生物发酵生产中，常用的碳源包括碳水化合物(各种糖类)、油脂、有机酸和醇、碳氢化合物等。

由于微生物的生理特性不同，每一种微生物所能利用的碳源亦不完全相同。细菌、放线菌、霉菌、酵母菌容易利用葡萄糖、蔗糖、乳糖、麦芽糖、糊精、淀粉等作为自己的碳源。葡萄糖是工业发酵最常用的单糖，由淀粉加工制备而成，产品包括固体粉状葡萄糖、葡萄糖糖浆(含有少量的双糖)，是碳源中最容易利用的糖，几乎所有的微生物都能利用，因此葡萄糖常作为培养基的一种主要成分，并且作为加速微生物生长的一种有效的糖。但葡萄糖过多会使菌体呼吸加速，导致培养基溶氧不足，葡萄糖不完全氧化积累的丙酮酸、乳酸、乙醇等酸性中间产物使培养基 pH 值下降，影响微生物的生长和产物的合成。工业发酵中使用的蔗糖和乳糖既有纯制产品，又有含此二种糖的糖蜜和乳清。糖蜜有甘蔗糖蜜和甜菜糖蜜之分，是制糖厂生产糖时的结晶母液，为蔗糖厂的副产物，富含蔗糖、氮素化合物、无机盐和维生素等，它是微生物工业的价廉物美的原料。糊精、淀粉及其水解液等多糖也是常用的碳源。玉米淀粉及其水解液常用于抗生素、氨基酸、核苷酸、酶制剂等发酵工业，马铃薯、小麦、燕麦淀粉等用于有机酸、醇等生产中。用淀粉作碳源可克服葡萄糖代谢过快的弊病，同时淀粉来源丰富，价格低廉，因而在发酵工业中得以广泛使用。

有些微生物(如霉菌和放线菌)有比较活跃的脂肪酶，能利用油脂作碳源。一般说来，在培养基中糖类缺乏或发酵至某一阶段，菌体可以利用油脂，油脂还有消沫作用。菌体利用油脂时，先在脂肪酶的作用下，将油脂水解为甘油和脂肪酸，然后通过溶解氧的参与将其进一步氧化为 $CO_2$ 和 $H_2O$。因而利用脂肪作为碳源时，耗氧量较糖代谢大，必须提供充足的氧气，否则易导致有机酸积累，使发酵液的 pH 值降低，影响发酵生产。常用的油脂包括豆油、菜油、葵花子油、猪油、鱼油、棉籽油等。

某些有机酸(或有机酸盐)、醇也可作为微生物碳源，如甘油在抗生素和甾类转化的发酵生产中是很好的碳源，山梨醇是生产维生素 C 的重要中间体。生产中一般使用有机酸盐，有机酸盐被氧化产生的能量可用于菌体的生长繁殖及代谢产物的合成，发酵过程中产生的碱性物质还可以调节发酵液的 pH 值。

近年来，将乙醇、石油、烷烃等碳氢化合物作为微生物发酵的原材料也在研究和推广之中，有些已取得了较好的效果。用这些化工产品作为微生物的碳源，发酵液纯度较高，发酵产物的回收与精制成本较低。此外，在疫苗生产中，人们还常用牛血清蛋白、牛肉汁等蛋白质作为培养基的碳源。

## 二、氮源

氮源是微生物发酵生产中使用的主要原料之一，其主要功能是构成微生物细胞物质（氨基酸、蛋白质、核酸等）和含氮代谢产物，在培养基中碳源不足的情况下，氮源也可以作为微生物的补充碳源。常用的氮源包括有机氮源和无机氮源两大类。

1.有机氮源

黄豆饼粉、花生饼粉、棉籽饼粉、玉米浆、蛋白胨、酵母粉、鱼粉、菌丝体和酒糟等都是常用的有机氮源，它们除了含有丰富的蛋白质、多肽和游离的氨基酸以外，往往还含有少量的糖类、脂肪、无机盐、维生素及某些生长因子等，是微生物较为理想的营养物质。放线菌、细菌、霉菌体内含有蛋白酶，能够利用多种动植物性蛋白作为氮源，直接将游离氨基酸或其他有机化合物的碳架用来合成生命所需的蛋白质或其他细胞物质，因而在有机氮源的培养基中生长速度快，产生大量菌丝。但是微生物对氨基酸的利用是有选择性的，如培养基中加入缬氨酸，可以提高红霉素的发酵单位；螺旋霉素发酵中，培养基里加入 *L*-色氨酸可显著提高螺旋霉素的产量，而加入 *L*-赖氨酸对螺旋霉素的生物合成则起到抑制作用。有机氮源除了作为菌体生长繁殖的营养外，有的还是菌体合成次级代谢产物的前体。如 $\alpha$-氨基己二酸、半胱氨酸和缬氨酸是合成青霉素和头孢菌素的主要前体，玉米浆中含有的苯乙胺和苯丙氨酸是合成青霉素 G 的前体，色氨酸是合成硝吡咯菌素和麦角碱的前体等。

由天然原料加工制得的有机氮源成分较为复杂，加上产地、加工方法的不同，氮源成分不尽相同，氨基酸种类及含量差异较大。因此，在选择有机氮源时要注意品种、产地、加工方法等因素对其质量的影响，要考虑它们与菌体生长及代谢产物生物合成的相关性。

黄豆饼粉是发酵生产中最常用的有机氮源，通常根据油脂含量的多少将其分为三类：全脂黄豆饼粉（含油脂 18%以上）、低脂黄豆饼粉（含油脂 9%以下）和脱脂黄豆饼粉（含油脂 2%以下）。棉籽饼粉也是应用较广泛的有机氮源，在青霉素等产品的生产中应用效果很好。

玉米浆是一种很容易被微生物利用的良好氮源，富含氨基酸、还原糖、磷、微量元素及生长素等，是玉米淀粉生产中的副产物，其固体物质含量在 50%以上。玉米浆中含有的磷酸肌醇对红霉素、青霉素、链霉素、土霉素的生产有积极的促进作用。

蛋白胨、酵母粉、鱼粉等也是发酵工业常用的有机氮源。蛋白胨多由动物组织和植物经酸或酶水解制备，由于加工原材料及加工方法不同，蛋白胨所含成分差异较大，使用蛋白胨时要注意品种及其使用效果。酵母粉（或酵母浸汁）主要由啤酒酵母或面包酵母加工制得，其质量因酵母品种而异。商品鱼粉含有60%左右的粗蛋白，12%左右的油脂，4%～5%的氯化钠。

发酵生产中也有使用蚕蛹粉、石油酵母、菌体蛋白等作为有机氮源的，有的还利用农副产品及工业下脚料作为氮源以降低生产成本。尿素也是常用的有机氮源，但其成分较为单一，不具备其他有机氮源的特点，在青霉素及谷氨酸生产中常被采用。

2. 无机氮源

无机氮源通常作为微生物的辅助氮源，常用的有铵盐、硝酸盐、氨水等，微生物对它们的吸收利用一般较有机氮源快，故无机氮源又称迅速利用的氮源。铵盐中的氮可被微生物直接利用合成细胞中的含氮物质，而硝酸盐中的氮只有经过还原成氨后才能被利用，因而铵盐的利用较硝酸盐要快。无机氮源被菌体迅速利用后还常伴有酸性或碱性物质的产生。凡是代谢后能产生酸性物质的营养成分叫生理酸性物质（如硫酸铵），而代谢后产生碱性物质的营养成分叫生理碱性物质（如硝酸盐、乙酸钠等）。在培养基中加入适量的生理酸性物质或生理碱性物质，对稳定和调节发酵过程的pH值有积极作用。氨水作为一种容易被利用的无机氮源，在抗生素生产中得以广泛使用。氨水碱性较强，使用时要防止局部过碱，应加强搅拌，并少量多次地加入。

## 三、无机盐和微量元素

各种微生物在生长繁殖和产物合成中都需要无机盐和微量元素，如磷、硫、铁、镁、钙、锌、钴、钾、钠、锰、氯等，其中许多金属离子对微生物生理活性的作用与其浓度相关，低浓度时作为酶的激活剂对细胞生长及产物合成有促进作用，而高浓度时常常表现为抑制作用。不同菌种或同一菌种的不同生长阶段对无机盐和微量元素的需求量是有差异的，最适浓度应根据菌种的生理特性和发酵工艺条件来确定。

配制培养基时，镁、磷、钾、硫、钙、氯等元素常以盐的形式（如硫酸镁、磷酸二氢钾、磷酸氢二钾、碳酸钙、氯化钾等）加入，钴、铜、铁、锰、锌、钼等元素由于在菌体生长繁殖及产物合成过程中需求量很少，而培养基原料中一般都含有较为丰富的微量元素，故通常不需在复合培养基中单独加入。

1. 磷

磷是核酸和蛋白质的必要成分，是许多辅酶和高能磷酸键的组成元素，也是氧化磷酸化反应的必需元素。在代谢调节方面磷起着重要的作用，它既能促进菌体的基础代谢，又能影响许多代谢产物的生物合成。磷是发酵生产中一种限制性营养成分，如链霉素、四环素生产中，产物的合成速率均受发酵液中磷酸盐浓度的调节，因而在配制培养基时必须加入一定量的磷酸盐。但过量的磷酸盐会抑制产物的合成。在谷氨酸生产中，磷浓度过高使6-磷酸葡萄糖脱氢酶的活性受到抑制，代谢向合成缬氨酸方向转化，即使菌体生长再旺，谷氨酸产量也不高。值得一提的是，当培养基中钙盐过多时，可溶性磷与钙结合产生磷酸钙沉淀，影响磷酸盐的吸收。因此当培养基中磷和钙均要求较高浓度时，可将两者分别消毒或逐步补加。常用的磷酸盐有磷酸二氢钾、磷酸氢二钾及其钠盐。磷酸盐也是重要的缓冲剂，可缓冲发酵过程中pH值的变化。

2. 硫

硫是含硫氨基酸的组成成分和某些辅酶的活性基，如辅酶A、硫锌酸、谷胱甘肽等。在某些抗生素（如青霉素、头孢菌素）分子中，硫为其组成元素，所以在这些抗生素生产培养基中，应加入硫酸钠、硫代硫酸钠等含硫化合物作为硫源。

3. 铁

铁是细胞色素、细胞色素氧化酶、过氧化物酶的组成成分，是微生物有氧代谢必不可少的元素。工业上多使用碳钢制作的发酵罐，发酵液中即使不加任何含铁化合物，铁离子的浓度也可达到30 μg/mL左右，加之天然培养基原料中的铁，使得发酵培养基一般不需另加铁化合物。在发酵培养基中铁离子的含量对多种代谢产物的生物合成有较大的影响，如青霉素发酵中，最适宜的铁离子（$Fe^{2+}$）含量为20 μg/mL以下；当发酵培养基中的铁离子（$Fe^{2+}$）含量为6 μg/mL时，不影响青霉素的生物合成；当$Fe^{2+}$含量达到60 μg/mL时，青霉素产量下降30%；当$Fe^{2+}$浓度达到300 μg/mL时，产量下降90%。在四环素、麦迪霉素等发酵中，$Fe^{2+}$含量高对产物的生物合成也有很强的抑制作用，对抗生素产量影响很大。因此，铁制发酵罐在正式投产之前，需用稀硫酸铵或稀硫酸溶液预处理几次，再用未接种的培养基运转几批，进一步去除罐壁上的铁离子，才能正式投入生产。当然也有对铁离子有特殊需要的，例如青霉菌Q176生产大量青霉素时，所需铁离子比正常生长所需高出100倍。由此可见，准确控制发酵液中铁离子的含量，对产物的合成有重大意义。

4. 镁、锌、钴、锰

镁、锌、钴、锰等微量元素是某些酶的辅酶或激活剂。镁离子在氨基糖苷类抗生素生产中还能够提高卡那霉素、新生霉素和链霉素等产生菌对自身所产生的抗生素的耐受能力，促进合成的抗生素向培养液中释放。锌是链霉素发酵生产中的必需元素，对菌体生长和链霉素的生物合成有促进作用。微量的锌对青霉素发酵也有促进作用，但过量时会产生抑制作用。钴是维生素 $B_{12}$ 的组成元素，许多产品生产时，培养基中都要加入一定量的钴（0.1～10 μg/mL），以刺激产物的合成。如在庆大霉素发酵培养基中加入一定量的氯化钴（4～8 μg/mL），能使抗生素的产量成倍地增加。钴浓度过大时会产生毒性。锰对于羧化作用是必需的，糖代谢中许多酶的活性都与锰有关。

5. 钠、钾、钙

钠、钾、钙等离子也是微生物发酵所必需的成分。钠离子有维持细胞渗透压的功能，含量高时对细胞生命活动会产生一定的影响。钾离子也与细胞渗透压及膜透性有关，它还是许多酶的激活剂，可促进糖代谢。钙离子不仅能调节细胞膜透性，而且还能调节培养液中磷酸盐的含量。工业生产中应用的轻质碳酸钙难溶于水，几乎呈中性，但它能与代谢产生的酸起反应，形成中性化合物和二氧化碳（从培养基中逸出），因而碳酸钙对发酵液的 pH 值有一定的调节作用。在配制培养基时，应先用碱将 pH 值调至近中性，再将 $CaCO_3$ 加入，以免 $CaCO_3$ 在酸性条件下被分解。

6. 氯

某些嗜盐菌的发酵生产需要氯离子，对于含氯代谢物（如金霉素和灰黄霉素等）的发酵，除了从天然原料和水中摄取氯离子之外，还需加入约 0.1%氯化钾作为补充。

总之，无机盐及微量元素对菌体的生长发育和抗生素的生物合成影响很大，在选择培养基时，应根据菌体的特性来确定它们的用量。

## 四、前体

前体是指加入到发酵培养基中的能够直接被微生物在生物合成过程中结合到产物分子中去而自身结构没有显著变化的一类小分子物质。前体能够明显提高产品的产量，在一定条件下还能控制菌体合成代谢产物的流向。如在青霉素发酵培养基中加入苯乙酸或苯乙酰胺，青霉素 G 的含量可高达青霉素总产量的 99%以上，青霉素的总产量也明显提高。但培养基中前体物质的浓度超过一定量时，将对菌体的生长产生毒副作用。生产中常采用少量多次加入的办法，减少前体的毒性，提高前体的利用率。生物合成所需要的前体物质，有些是微生物自身合成的，如合成青霉素分子的缬氨酸和半胱氨酸。而有些前体物质微生物自身不能合成或合成量很少，需要在发酵过程中从外界加入，如合成青霉素 G 的苯乙酸，合成青霉素 V 的苯氧乙酸，合成红霉素大环内酯环的丙酸盐等。这些外源性前体也是培养基的重要组分。生产中常用的前体物质如表 2-1 所示。

表 2-1 发酵生产中常用的几种前体物质

| 产物 | 前体 | 产物 | 前体 |
|---|---|---|---|
| 青霉素 G | 苯乙酸及有关衍生物 | 灰黄霉素 | 氯化物 |
| 青霉素 O | 烯丙基-巯基乙酸 | 放线菌素 $C_3$ | 肌氨酸 |
| 青霉素 V | 苯氧乙酸 | 维生素 $B_{12}$ | 钴化物 |
| 链霉素 | 肌醇、精氨酸、甲硫氨酸 | 胡萝卜素 | *β*-紫罗兰酮 |
| 金霉素 | 氯化物 | *L*-色氨酸 | 邻氨基苯甲酸 |
| 溴四环素 | 溴化物 | *L*-异亮氨酸 | *α*-氨基丁酸、*D*-苏氨酸 |
| 红霉素 | 丙酸、丙醇、丙酸盐 | *L*-丝氨酸 | 甘氨酸 |

## 五、促进剂和抑制剂

促进剂是指那些既不是营养物质又不是前体却能提高产物产量的添加剂。常用的促进剂种类很多,作用机制不尽相同。如巴比妥药物能够增加链霉素产生菌的抗自溶能力,增加抗生素的积累,对链霉素生物合成的酶系统产生刺激作用;发酵培养基中加入酵母甘露聚糖可诱导 *α*-甘露糖苷酶的产生,促使甘露糖链霉素转化为链霉素;将聚乙烯醇、聚丙酸钠等表面活性剂加入培养基可以改变发酵液的物理条件,增加细胞渗透性。

在发酵过程中加入抑制剂会抑制某些代谢途径的进行,同时会使另一代谢途径活跃,从而获得人们所需的某种产物或使正常代谢的某一代谢中间产物积累起来。如在四环素的生产中,发酵培养基中加入溴化钠和 2-巯基苯并噻唑能抑制金霉素的生物合成,同时增加四环素的产量。生产中常用的一些抑制剂如表 2-2 所示。

表 2-2 生产中常用的一些抑制剂

| 产物 | 被抑制的产物 | 抑制剂 |
|---|---|---|
| 利福霉素 B | 其他利福霉素 | 巴比妥药物 |
| 链霉素 | 甘露糖链霉素 | 甘露聚糖 |
| 去甲基链霉素 | 链霉素 | 乙硫氨酸 |
| 四环素 | 金霉素 | 溴化物、硫脲、巯基苯并噻唑、硫脲嘧啶 |
| 去甲基金霉素 | 金霉素 | 磺胺化合物、乙硫氨酸 |
| 头孢霉素 C | 头孢霉素 N | *L*-蛋氨酸 |

## 六、生长因子

生长因子是指那些对微生物生长不可缺少的微量有机物质,微生物不能通过普通的碳源、氮源合成这些物质,需另外添加,包括维生素、氨基酸、嘌呤碱和嘧啶碱及其衍生物等。绝大多数微生物的生长不需添加生长因子，而营养缺陷型菌株由于缺少了合成生长因子的某种酶，需要在培养基中添加某些生长因子才能生长。微生物所需的生长因子因菌种、培养条件而异。

1. 维生素

维生素是微生物必不可少的代谢调节物质，多为一些酶的辅助因子。不同微生物所需要的维生素种类不尽相同，有些菌种缺少合成一种或多种维生素的能力，需由外界提供这些维生素才能生长。微生物对维生素的需求量较低，一般是 1～50 μg/L，有的甚至更低。

2. 氨基酸

*L*-氨基酸是组成蛋白质的主要成分，细菌的细胞壁合成还需要 *D*-氨基酸。若微生物缺乏合成某种氨基酸的能力，就需另外补充，一般补充量为 20～50 μg/mL，可直接加入所需的氨基酸，也可加入含有所需氨基酸的小肽。

3. 碱基及其衍生物

碱基包括嘌呤碱和嘧啶碱，主要用于构建核酸和某些辅酶。生物体内的碱基可通过代谢途径合成，也可通过食物获取。有些微生物可利用核苷、游离碱基为生长因子，而有些微生物只能利用游离的碱基。核苷酸一般不能用作生长因子，但有些微生物既不能合成碱基，又不能利用外源碱基，需提供核苷或核苷酸才能生长。

### 七、水分

水是微生物细胞的重要组成成分，它不仅能够直接参与胞内某些生化反应，而且还是细胞内化学反应和营养物质传递过程中的传递介质。水能有效地吸收微生物代谢所释放的热量并将其迅速散发出去，因此水对细胞内的温度有很好的调节作用。可以说水对微生物的生长繁殖以及产物的合成极其重要。在配制培养基时，要考虑水质对发酵的影响，如水的硬度过大会引起培养基某些营养成分的沉淀等。

## 第二节 培养基的类型

培养基种类繁多，分类方法不一。按培养基的组成成分可分为合成培养基和天然培养基(复合培养基)。合成培养基所用原料化学成分明确、稳定，多用于研究和育种，不适于大规模生产。天然培养基的原料是一些天然动植物产品，如黄豆饼粉、蛋白胨等，这种培养基的特点是营养丰富、价格低廉、适于工业生产。按培养基的物理状态可分为固体、半固体和液体培养基。固体培养基比较适合于菌种的培养和保存，也广泛应用于有子实体真菌的生产，如香菇、黑木耳、白木耳等；液体培养基80%～90%是水，有利于氧和物质的传递，是发酵工业大规模使用的培养基。按培养基的特殊用途可将其分为鉴别培养基、分离纯化培养基、基本培养基、加富培养基以及测定生理生化特性的培养基等。按培养基的生产用途可分为孢子培养基、种子培养基和发酵培养基。

## 一、孢子培养基

孢子培养基是供菌种繁殖孢子用的，常采用固体培养基。对这类培养基的要求是能使菌体迅速生长，产生较多优质的孢子，且不易引起菌种变异。一般来说，孢子培养基要创造有利于孢子形成的环境条件。首先，培养基的营养不要太丰富，碳源、氮源不宜过多，特别是有机氮源要低一些，否则孢子不易形成；其次，无机盐的浓度要适当，以免影响孢子量和孢子颜色；最后，培养基的pH值要适中，所用原材料的质量要稳定。生产中常用的孢子培养基包括麸皮培养基、小米培养基、大米培养基、玉米培养基以及用葡萄糖（或淀粉）、蛋白胨、牛肉膏和食盐等配制的琼脂斜面培养基。麸皮、小米等物质所含的碳、氮量并不丰富，且含有生长因子及多种微量元素，比较适于孢子的大量形成。大米、小米含氮量少、疏松、表面积大，常用来制备霉菌的孢子培养基。

## 二、种子培养基

种子培养基是供孢子萌发和菌种生长繁殖用的培养基，营养成分要比较丰富、完全、易被菌体利用，氮源和维生素的含量要适当高些，磷酸盐的浓度也可适当高些，而总体浓度以略稀薄为宜，以便达到较高的溶解氧，满足大量菌体生长繁殖之需。配制种子培养基常用的原料有葡萄糖、糊精、蛋白胨、玉米浆、酵母粉、硫酸铵、尿素、硫酸镁、磷酸盐等。为了使培养的种子能够满足发酵的要求，必须将种子培养基和发酵的要求联系起来考虑。最后一级种子培养基的成分最好与发酵培养基的成分接近，使进入发酵培养基的种子能迅速适应、快速生长。

## 三、发酵培养基

发酵培养基是供菌种生长、繁殖和合成产物用的培养基。它既要使种子接种后迅速生长，达到一定的菌体浓度，又要防止菌体过早衰老，还要使菌体能迅速合成所需产物，因此必须从各方面加以考虑和调整。这类培养基的组成应丰富、完全，要注意碳、氮源速效和迟效的相互搭配，少用速效营养，多加迟效营养，碳氮比要适宜。发酵培养基除了要含有菌体生长所必需的元素和化合物外，还要有产物所需的特定元素、前体和促进剂以及稳定 pH 值的缓冲剂等。如果菌体生长和产物合成所需的总的碳源、氮源、磷源等的浓度过高，或菌体生长和产物合成两个阶段所需的最佳条件不同，应考虑采用补加培养基的方式来满足发酵工艺的要求。最后，配制发酵培养基时还应考虑不影响产品的分离纯化及产品的质量。

# 第三节　培养基的设计与选择

## 一、培养基的设计

设计培养基时首先应考虑其组成成分。培养基的组成不仅要满足菌体细胞生长繁殖和合成代谢产物所需要的元素，而且还要能够提供细胞维持活力和合成代谢产物所需要的能量。组成微生物细胞的元素通常包括 C、H、O、N、S、P、Fe、Mg、K 等，设计各种培养基时要充分考虑细胞的元素组成状况，考虑微生物对某些生长因子的特殊需求。此外，培养基和发酵过程中 pH 值的变化、泡沫的形成、氧化还原电位、微生物的形态、传质及传热以至于产品的成本等情况都有一定的联系。因此，培养基设计过程中必须遵循一定的原则。

1. 营养物质应满足微生物生命活动的需要

不同营养类型的微生物对营养的需求差异很大，应根据所培养菌株对各营养要素的不同要求进行设计和配制。

2. 营养物质的浓度及配比要适当

培养基中营养物质的浓度过低，不能满足微生物生长繁殖的需要；浓度太高，则可能抑制微生物的生长。发酵培养基中各原料浓度配比恰当，有利于菌体生长，有利于发挥菌种合成代谢产物的潜力。

3. pH 值适宜

微生物生长繁殖都有其最适 pH 值范围，若微生物在代谢过程中能产生改变培养液 pH 值的代谢产物，则设计时应考虑培养基的 pH 值调节能力。可在培养基中加入磷酸缓冲液、碳酸钙、生理酸性或生理碱性物质等，以保持培养液 pH 值的稳定。

4. 符合培养的目标

培养基的成分直接影响培养的目标，在设计培养基时必须充分考虑培养的目的是获得菌体还是要积累菌体的代谢产物，是实验室培养还是大规模生产等问题。用于培养菌体的培养基营养应更丰富些，尤其是氮源含量要高，碳氮比要低；如果是为了积累菌体的代谢产物，培养基中氮源含量应稍低一些。当然，如果发酵产物是含氮化合物，有时还需提高培养基的氮含量。设计培养基时，还应特别考虑代谢产物是初级代谢产物还是次级代谢产物，若是次级代谢产物，需考虑是否加入特殊元素或特定的前体物质。另外，培养基的黏度、渗透压、原料中杂质含量、灭菌是否容易及彻底、灭菌后营养被破坏的程度等因素对菌体的生长和产物的合成都有一定影响，亦应加以考虑。最后还要注意在一定条件下原料之间不应发生化学反应，否则会影响发酵生产。

5.原料来源广泛，价格合理

在设计大规模生产用的培养基时，需要考虑配制培养基的各种原料来源是否充足，价格是否合理，提倡就地取材，“以粗代精”，“以废代好”，最大限度地降低生产成本。

目前培养基组成的确定，通常是根据菌种的生物学特性和合成产物的特征要求，对碳源、氮源、无机盐、生长因子等营养物以及诱导剂、前体、促进剂、缓冲剂等添加物逐个进行单因子试验，了解这些因子对菌体生长和产物合成的影响，综合各种因素的相互关系，进行正交试验，以确定培养基原料和浓度，得到一个基本适合发酵生产的培养基配方。一般先做摇瓶试验，然后进行小型发酵罐培养，再逐级放大。

微生物药物发酵使用的培养基，大多来源于实验研究和生产实践所取得的结果，目前人们还不能完全从生化反应的基本原理来推断和计算出适于某一发酵生产的最佳培养基配方，但可以通过微生物生长和产物形成的动力学原理，寻找相应的营养物种类、浓度、比例，综合各种相关因素（如产量、纯度、成本等），优化其组合，最后确定最佳培养基配比。

## 二、培养基的选择

选择培养基时，应从培养基的用途、微生物的营养需求、发酵生产的工艺特点及经济效益等多方面加以考虑。

1.液体培养基和固体培养基的选择

液体和固体培养基各有其用途。液体培养基的营养物质以溶质状态溶解于水中，便于微生物接触与利用，有利于微生物的生长和代谢产物的积累。工业生产上，利用液体培养基进行的深层发酵具有效率高，操作方便，利于机械化、自动化，劳动强度低，占地面积小，产量高等优点，因而发酵工业多采用液体培养基进行种子培养及大规模发酵生产。固体培养基常用于微生物菌种的分离、纯化及保存、菌落特征鉴定、活细胞数目测定等方面。

2.根据微生物的营养特点选择培养基

发酵工业中,广泛使用的微生物包括细菌、酵母菌、霉菌和放线菌等四大类,它们对营养物质的要求不尽相同。在实际应用时,应根据微生物的特点设计培养基,对典型培养基的配方要做适当调整。

3.依据生产实践和科学实验的要求选择培养基

生产过程中,从菌种的保藏、种子的扩大培养到发酵生产的各个阶段,其目的、要求不尽相同,所选培养基的成分、配比应做相应的调整;对于同一菌种,由于科学实验和生产实践的要求不同,所用培养基也应有差异。

4.考虑培养基的成本

发酵生产中,所用培养基的原料大多为粮食、油脂、蛋白质等,原料消耗量大,从经济效益方面考虑,培养基的原料应以价廉物美、来源丰富、运输方便、就地取材以及没有毒性等为原则来选取。大规模生产用的培养基原料应尽可能符合:①消耗的每克底物能产生最大量的产物或菌体,即产物或菌体的得率最大;②在发酵液中能形成最大的菌体或产物浓度,以降低产品的分离提纯成本;③原料生成产物的速率最大,设备的生产能力最高;④能够降低或抑制副反应,副产品生成最少;⑤所用原料质量稳定,供应充足;⑥通气、搅拌、精制、废物处理等其他工艺过程较易进行。

# 第四节 影响培养基质量的因素

在工业发酵过程中,常出现生产水平大幅度波动或菌体代谢异常等现象。产生这些现象的原因很多,除了种子质量不稳定、发酵工艺条件控制得不严格外,培养基质量也是一个重要因素。引起培养基质量变化的因素很多,包括培养基组成配比、原材料品种及质量、培养基的配制工艺、灭菌操作等。

## 一、培养基组成配比的影响

培养基组成配比与菌种生产能力关系密切,若某种成分用量不当,则发酵单位低,产物合成受到抑制。培养基中碳氮比的影响尤为明显。氮源过多,会使菌体生长过于旺盛,pH 值偏高,不利于代谢产物的积累;氮源不足,菌体繁殖量过少,影响产量。碳源过多,pH 值偏低;碳源不足,易引起菌体衰老和自溶。碳氮比不当,影响菌体对营养物质的吸收,直接影响菌体的生长繁殖及产物的生物合成。在青霉素发酵培养基中,葡萄糖用量过多,就会抑制青霉菌合成青霉素的次级代谢途径。此外,培养基中生理酸性物质和生理碱性物质的配比亦应适当,否则将导致

pH 值不适宜菌体生长繁殖和产物合成，菌种代谢异常，发酵单位降低。同样的，其他成分配比不当也会对发酵产生不利影响。

## 二、培养基原材料质量的影响

工业发酵中用于配制培养基的原材料多种多样，有些是化学组成一定的单一物质，有些是组成不固定、成分又很复杂的物质，有的是农副产品原料，有的是工业副产物。这些原料来源复杂，加工方法各异，很容易引起培养基原料成分的波动，导致发酵生产水平的波动或菌体代谢异常。用工农业副产物做营养成分时，此现象更加明显。

培养基原材料中有机氮源的质量是引起生产水平波动的重要因素之一。引起有机氮源质量变化的原因包括原材料的品种、产地、加工方法及储藏条件等。抗生素发酵中常用的黄豆饼粉，由于大豆产地不同，对发酵单位影响很大。一般认为中国东北产的大豆质量最好，用于链霉素发酵时，比用华北、江南产的大豆发酵单位要高而且稳定，这可能是由于东北大豆中含硫氨基酸的含量较高（有的高达 4.0%以上）。又如豆饼加工有冷榨法和热榨法两种，不同加工方法制得的豆饼粉主要成分含量不同（表 2-3），应根据需要选用。

**表 2-3 热榨黄豆饼粉和冷榨黄豆饼粉的主要成分及其质量分数** %

| 加工方法 | 水分 | 粗蛋白 | 粗脂肪 | 碳水化合物 | 灰分 |
|---|---|---|---|---|---|
| 冷榨 | 12.12 | 46.65 | 6.12 | 26.64 | 5.44 |
| 热榨 | 3.38 | 47.94 | 3.74 | 22.84 | 6.31 |

玉米浆为常用的有机氮源，由于所用玉米品种、干燥程度、保存时间和玉米浸渍技术的不同，玉米浆的质量有一定差异，特别是浸渍时各种微生物的发酵作用对玉米浆的质量影响更大。乳酸菌和酵母菌可以提高玉米浆的质量，腐败细菌使玉米浆的品质降低。玉米浆中磷含量（一般在 0.11%～0.40%）的变化对某些抗生素发酵影响也很大。

配制培养基所使用的蛋白胨有血胨、肉胨、鱼胨、骨胨、植物胨等。由于制备蛋白胨所用的原料和加工方法不同，使蛋白胨中的氨基酸种类、磷含量有较大差异，质量难以控制，给发酵生产造成困难。

碳源对发酵的影响虽不如氮源的影响显著，但也会因原料的品种、产地、加工方法、成分含量及杂质含量的不同（包括微量元素在内）而引起发酵波动。如不同产地的乳糖，由于含氮物不同，会引起灰黄霉素发酵单位发生波动。用于发酵的制糖工业的废母液，由于原料和生产工艺不同，其杂质成分及含量也不相同，对培养基质量影响显著。例如,使用蛋白质含量较高(0.6%以上)的淀粉来生产葡萄糖时,所得废母液的色泽较深,用于发酵则前期泡沫很多,通气效果下降,引起发酵异常;酸法制糖得到的葡萄糖结晶母液中常含有有毒副产物(如5-羟甲基糠醛)及某些无机离子,必须加以处理(如用亚铁氰化钾沉淀其重金属),才能用于发酵。

油脂的品种很多,用于工业发酵的有豆油、玉米油、米糠油和杂鱼油等。它们的质量各异,特别是杂鱼油的成分较复杂。油脂储藏的温度过高或时间过长会引起质量变化,产生一些对微生物代谢有毒副作用的降解产物,因此必须加以控制。

培养基中使用的无机盐和前体物等化学物质组成明确,有一定的质量规格,较易控制。但有些化学原料,由于杂质含量的变化,也可能对发酵产生影响。如碳酸钙中的氧化钙含量过高,使培养基的pH值偏高或无机磷含量降低,影响抗生素生产。

总之,各种原材料的质量都会影响到培养基的质量,在工业生产中必须严加控制,按质量标准进行分析检验,合乎标准的原材料方能使用。改换原材料品种时,必须先进行小试,甚至中试,不符合质量标准或生产工艺要求的原材料不能随意用于生产。

### 三、水质的影响

水是培养基的介质,水质的变动直接影响培养基的质量。水质的主要参数包括pH值、溶解氧、可溶性固体、污染程度、各种矿物(特别是重金属)的种类及含量等。发酵生产使用的水有深井水、地表水、自来水和蒸馏水。不同来源的水,水质差异很大。深井水的水质因地质结构、水源深度、采水季节及环境条件而不同,地表水的水质与环境污染程度密切相关。因此,必须对水质定期化验检查,特别是地表水的水质,必要时要经过适当处理才能使用。

生产中若对水质要求严格,可在蒸馏水中加入一定量的无机盐,制成发酵工业用水,以消除水质的影响。一般配制孢子培养基用蒸馏水或深井水,配制种子培养基、发酵培养基用深井水或自来水,发酵生产中有的工厂使用地表水。

### 四、灭菌的影响

发酵工业生产中都采用蒸汽灭菌方法杀灭培养基中的有机体。在灭菌过程中,培养基中的营养成分可能产生降解或发生某些化学反应,蒸汽压力越大或灭菌时间越长,营养成分破坏得越多,某些营养成分之间的化学反应愈强,致使菌体需要的营养成分减少,并可能产生对微生物代谢有毒副作用的物质,从而影响菌体的生长或代谢产物的合成。如糖类在高温条件下易被破坏,特别是还原糖与氨基酸、肽类或蛋白质等有机氮源一起加热时,更易产生化学反应;灭菌过程中,培养基中的某些无机盐(如磷酸盐和碳酸钙)之间也可能产生化学反应。为了避免这些情况的发生，应严格控制灭菌操作，力求达到既灭杂菌又减少营养成分的损失，对那些易降解或易发生化学反应的组分应单独灭菌。

## 五、其他因素的影响

1.培养基的pH值

培养基的pH值对菌体生长和产物合成有较大的影响。配制培养基时，为使灭菌后的培养基pH值适于菌体生长，有时需在灭菌前用酸或碱进行调节。工业生产中，培养基pH值的调节应主要通过改变培养基营养物质的浓度比例，特别是生理酸、碱性物质的用量来完成。少量培养基的pH值可用缓冲液加以缓冲。

2.培养基的黏度

含有固体不溶性成分(如淀粉、黄豆粉、玉米粉、花生粉等)较多的培养基黏度较大，这对空气的利用、养分的吸收、各项发酵参数的自动控制都不利，也给目标产物的分离提取造成困难。高黏度培养基也不便于除菌。因此，对颗粒过大的固体成分，一定要先粉碎、过筛处理。也可采用精料发酵或将原料用酶水解，降低大分子物质的含量，从而使培养基的黏度降低。

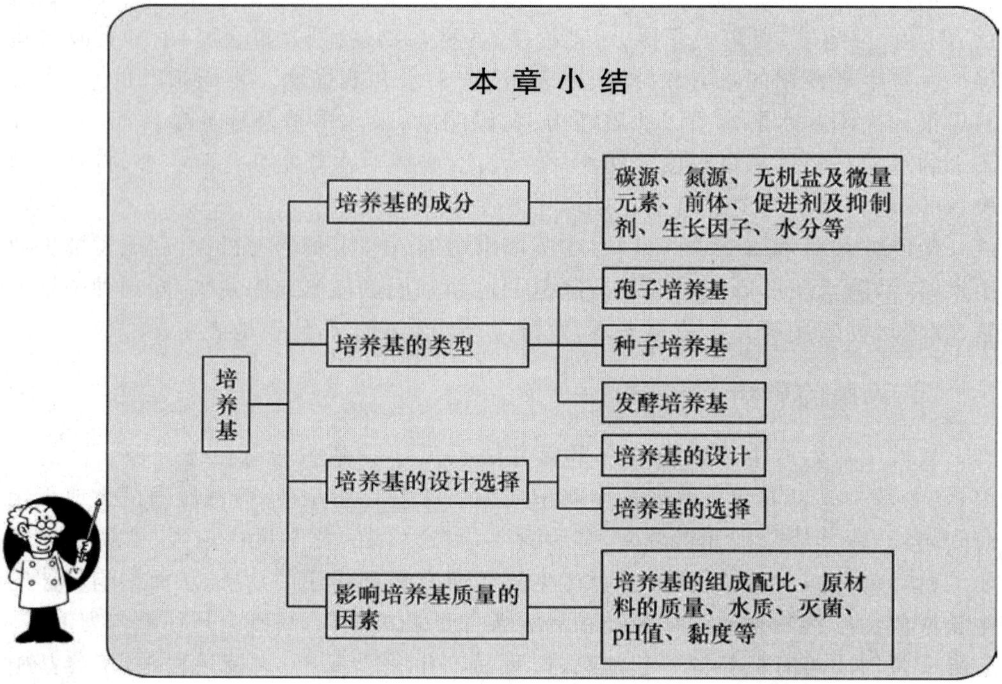

## 复习思考题

1. 培养基有哪些主要成分？各有何作用？
2. 培养基的类型有哪些？
3. 设计培养基时应遵循哪些原则？
4. 影响培养基质量的因素有哪些？
5. 如何对培养基加以选择？

# 第三章 灭 菌

**知识目标**

- 了解常用的灭菌方法。
- 理解湿热灭菌原理。
- 掌握发酵罐及种子罐的空罐灭菌方法。
- 掌握培养基的实罐灭菌和连续灭菌方法。

**技能目标**

- 能进行灭菌操作。
- 会简单计算灭菌时间。
- 能对常见的灭菌问题进行处理。

绝大多数工业发酵是需氧的纯种发酵。在发酵过程中,除大量繁殖产生菌外,不允许其他杂菌生长,这就要求使用的培养基、各种设备和附件以及通入罐内的空气必须经过彻底除菌。污染杂菌不仅消耗培养基中的营养物质,而且还能分泌一些或抑制产生菌生长,或严重改变培养液性质,或抑制产物合成的毒副作用物质,有的还能产生某种酶类破坏代谢产物。污染杂菌还会影响发酵液的过滤、提取,影响成品的质量及收率。因此,做好灭菌工作非常重要。

## 第一节 灭菌的原理和方法

### 一、常用的灭菌方法

灭菌是指用物理的或化学的方法杀灭或除掉物料及设备中所有生命有机体的过程。发酵生产中使用的灭菌方法很多,可分为物理法和化学法两大类。物理法包括加热灭菌(又分成干热灭菌和湿热灭菌两种)、辐射灭菌和过滤介质除菌,化学法主要利用无机或有机化学物质灭菌。

1.化学物质灭菌

甲醛、苯酚、高锰酸钾、新洁尔灭、过氧乙酸、乙醇、漂白粉等化学药剂易与微生物细胞中的某些成分发生化学反应，使蛋白质变性、酶类失活、细胞膜透性发生改变等，导致微生物死亡。化学物质比较适于生产环境或小型器具的灭菌，可采用浸泡、添加、擦拭、喷洒、气态熏蒸等方式进行。由于培养基中蛋白质等营养物质也容易与上述化学药剂发生反应，且药物加入培养基后很难去除，因此化学物质不适于培养基的灭菌。

2.辐射灭菌

辐射灭菌是利用高能量的电磁辐射和微粒辐射来杀灭微生物。用于灭菌的射线包括紫外线、X射线、$\gamma$射线等，其中以紫外线最常用。波长在240～300 nm范围内的紫外线对微生物有高度致死效应，低压水银电弧发射的紫外线对营养细胞和芽孢均有一定的杀灭作用。但紫外线穿透力极低，只能用于表面灭菌。在发酵生产中，紫外线主要用于无菌室、培养间等空间的灭菌。

3.过滤介质除菌

即用过滤的方法阻留微生物达到除菌的目的。主要用于澄清液体及气体的除菌。

4.加热灭菌

(1)干热灭菌　干热灭菌是指在干燥高温条件下，微生物细胞内的各种与温度有关的氧化反应速度迅速增加，导致微生物死亡的过程，包括火焰灭菌和热空气灭菌。火焰灭菌即利用火焰直接将微生物烧死，主要用于金属接种工具、试管口、锥形瓶口、接种移液管和滴管外部及无用的污染物（如称量化学诱变剂的称量纸）或实验动物的尸体等的灭菌。对金属小镊子、小刀、玻璃涂棒、载玻片、盖玻片灭菌时，应先将其浸泡在75%酒精溶液中，使用时从酒精溶液中取出来，迅速通过火焰，瞬间灼烧灭菌。热空气灭菌是利用干热空气在一定设备内对各种用具、物品进行杀菌。生产上常用的灭菌条件为160～170 ℃、1～1.5 h。热空气灭菌的效果不如湿热灭菌，且时间长，耗热量大，主要用于一些要求灭菌后保持干燥的器械、容器。

(2)湿热灭菌　即利用热饱和蒸汽灭菌。蒸汽的热穿透力强，冷凝时释放出大量潜热，在高温和水存在时，微生物细胞中的蛋白质发生不可逆的凝固性变性，使微生物在短时间内死亡。由于湿热灭菌有经济和快速等特点，已被广泛用于工业生产中大量培养基、设备、管路及阀门的灭菌。

## 二、湿热灭菌原理

1. 微生物的耐热性

大多数微生物维持生命活动的温度范围为 5～50 ℃，最适生长的温度范围为 25～27 ℃。在低温状态下微生物通常只是代谢作用减弱，菌体处于休眠状态，其生命活动依然存在。然而，当环境温度超过维持生命活动的最高限度时，微生物就会死亡。杀死微生物的极限温度称为致死温度。在致死温度下，杀死全部微生物所需要的时间称为致死时间。在致死温度以上，温度越高，致死时间越短。微生物的营养体、芽孢和孢子的结构不同，对热的抵抗力也不同。一般无芽孢的营养菌体在 60 ℃下保温 10 min 即可全部被杀死，而芽孢在 100 ℃下保温数十分钟乃至数小时才能被杀死。某些嗜热细菌在 120 ℃下可耐受 20～30 min。微生物对热的抵抗力常用“热阻”来表示。热阻是指微生物在某一种特定条件（主要是温度和加热方式）下的致死时间。相对热阻是指某一微生物在某条件下的致死时间与另一微生物在相同条件下的致死时间的比值。表 3-1 列出了几种微生物在湿热灭菌条件下的相对热阻。可以看出，细菌芽孢较其他类型的微生物对湿热的热阻大得多。因此，在设计灭菌操作时常以能否杀死热阻大的细菌芽孢为指标，只有杀死了芽孢，才可认为是彻底灭菌。

**表 3-1 微生物对湿热的相对热阻(与大肠杆菌比较)**

| 微生物 | 相对热阻 |
|---|---|
| 营养细胞和酵母 | 1.0 |
| 细菌芽孢 | 3 000 000 |
| 霉菌孢子 | 2～10 |
| 病毒和噬菌体 | 1～5 |

2. 微生物的热死规律

微生物的热死是指微生物受热失活。研究表明，在一定温度下微生物的热死遵循分子反应速度理论。在微生物受热失活的过程中，微生物不断地被杀死，活菌数不断减少，其死亡速率与任何瞬间残存的活菌数成正比。这就是“对数残留定律”，可用下式来表示：

$$\frac{dN}{dt} = -KN \tag{3-1}$$

式中：$N$——培养基中残留活菌数，个；

$t$——受热时间，s；

$K$——比死亡速率常数，相当于反应速率常数，1/s，与灭菌温度、菌种特性有关；

$\frac{dN}{dt}$——菌的瞬时变化速率（死亡率），个/s。

若开始灭菌（$t=0$）时培养基中活菌数为 $N_0$，将式（3-1）积分可得：

$$\ln \frac{N}{N_0} = -K \cdot t \tag{3-2}$$

$$t = \frac{1}{K}\ln \frac{N_0}{N} = \frac{2.303}{K}\lg \frac{N_0}{N} \tag{3-3}$$

其中 $N$ 为灭菌结束（灭菌时间为 $t$）时培养基中残留的活菌数。此式表明，灭菌时间 $t$ 取决于污染程度（$N_0$）、灭菌程度（残留菌数 $N$）和 $K$ 值。在培养基中有各种各样的微生物，不可能逐一加以考虑，如果将全部微生物菌作为耐热的细菌芽孢来计算灭菌的温度和时间，就得加长灭菌时间及提高灭菌温度。工程灭菌时通常将芽孢细菌和细菌的芽孢数之和作为计算的依据。根据式（3-3），若要达到彻底灭菌（$N=0$），则需要的灭菌时间 $t$ 为无限大，这在生产上是不可行的。实际设计时常采用 $N=0.001$（即在 1 000 批次灭菌中只有 1 批是失败的）来计算灭菌时间。

将存活率 $N/N_0$ 对灭菌时间 $t$ 在半对数坐标纸上绘图，得出的残留曲线为一直线，其斜率的值即为比死亡速率常数 $K$。图 3-1 为大肠杆菌在不同温度下的残留曲线。可以看出，温度升高时，$K$ 值越大，微生物越容易热死；$K$ 值越小，微生物越不易热死。因此 $K$ 值是微生物耐热性的一种表示。不同微生物在相同条件下的 $K$ 值不同，$K$ 值越小，该种微生物的热阻越大。

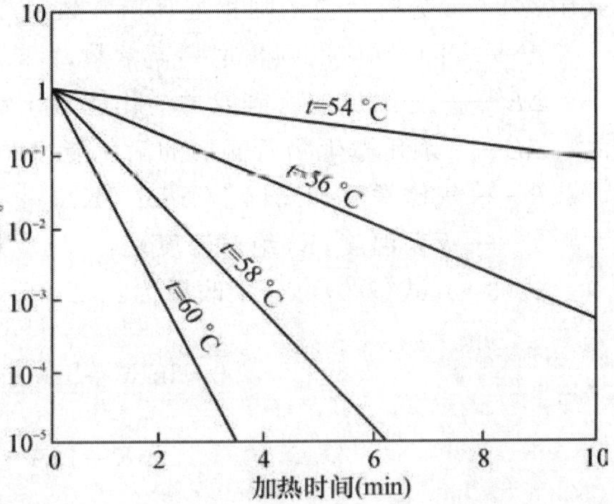


**图 3-1　大肠杆菌在不同温度下的残留曲线**

应该指出的是，并不是所有的微生物都始终符合对数残留定律。将某些微生物的 $N/N_0$ 对灭菌时间 $t$ 在半对数坐标纸上标绘，得到的残留曲线有时不为直线。这种现象常见于细菌芽孢的受热死亡。对这一类热死动力学的研究，目前虽有多种模型，但应用起来往往比较麻烦。考虑到工程上求灭菌时间都留有余地，不必十分精确，故实际应用中任何微生物的灭菌时间均可按式（3-3）求得。

3.培养基灭菌温度的选择

用湿热法对培养基灭菌时，伴随着杂菌的死亡，培养基的营养成分也受到影响。在高压加热情况下，氨基酸和维生素等生长因子极易被破坏。因此在生产中必须选择一个既能达到灭菌要求又能将培养基营养成分的破坏减至最小的灭菌温度。

绝大多数培养基营养成分的破坏可看作是化学动力学中的一级分解反应，其方程为：

$$\frac{\mathrm{d}c}{\mathrm{d}t}=K'c \tag{3-4}$$

式中：$c$——对热不稳定物质的浓度，mol/L；

$t$——分解反应时间，s；

$K'$——分解速度常数，1/s，与温度和反应物种类有关。

由于营养物质的分解反应与菌体的死亡反应均属于一级动力学反应，因而分解速度常数 $K'$ 和比死亡速率常数 $K$ 一样，与温度的关系都可以用阿累尼乌斯方程式表示：

$$K'=A'\cdot\exp(-\Delta E'/RT) \tag{3-5}$$

$$K=A\cdot\exp(-\Delta E/RT) \tag{3-6}$$

式中：$A'$——分解反应的阿累尼乌斯常数，1/s；

$A$——死亡反应的阿累尼乌斯常数，1/s；

$\Delta E'$——分解反应所需要的活化能，J/mol；

$\Delta E$——杀死微生物所需要的活化能，J/mol；

$R$——气体常数，8.314 J/(mol·K)；

$T$——灭菌温度，K(绝对温度)。

式(3-5)、式(3-6)可分别改写为：

$$\ln K'=\ln A'-\frac{\Delta E'}{RT} \tag{3-7}$$

$$\ln K=\ln A-\frac{\Delta E}{RT} \tag{3-8}$$

根据上面的方程式，以 $\ln K$(或 $\ln K'$)对 $1/T$ 作图，则绘出的图形为一直线，依据直线的斜率和截距可求得 $\Delta E(\Delta E')$ 和 $A(A')$ 的值。实际测得，杀死微生物营养体的 $\Delta E$ 一般为 200～270 kJ/mol，杀死微生物芽孢的 $\Delta E$ 为 400 kJ/mol 以上，而酶类及维生素分解的$\Delta E'$值约为 80 kJ/mol。表 3-2 列出了一些微生物和维生素的活化能值，可以看出杀死微生物所需要的活化能$\Delta E$要大于营养成分被破坏的活化能$\Delta E'$。

**表 3-2　杀死某些细菌芽孢和分解一些热敏性营养物质所需要的活化能**

| 细菌芽孢 | $\Delta E$(kJ/mol) | 营养物质 | $\Delta E'$(kJ/mol) |
|---|---|---|---|
| 嗜热脂肪芽孢杆菌 | 283 | 叶酸 | 70.3 |
| 枯草芽孢杆菌 | 318 | 维生素 $B_{12}$ | 96.3 |
| 肉毒杆菌 | 343 | 维生素 $B_2$ | 8.8 |
| 腐败厌氧菌 | 303 | 葡萄糖 | 100.5 |

灭菌时，温度由$T_1$升至$T_2$，菌体死亡速度常数$K$和营养成分分解的速度常数$K'$相应发生变化，$K$值由$K_1$变为$K_2$，$K'$值由$K'_1$变为$K'_2$，有：

$$\ln K_1=\ln A-\frac{E}{RT_1};\quad \ln\Delta K_2=\ln A-\frac{\Delta E}{RT_2}$$

两式相减得：

$$\ln\frac{K_2}{K_1}=\frac{\Delta E}{R}\left(\frac{1}{T_1}-\frac{1}{T_2}\right)\tag{3-9}$$

相应地，

$$\ln\frac{K'_2}{K'_1}=\frac{\Delta E'}{R}\left(\frac{1}{T_1}-\frac{1}{T_2}\right)\tag{3-10}$$

上两式相除可得：

$$\frac{\ln\frac{K_2}{K_1}}{\ln\frac{K'_2}{K'_1}}-\frac{\Delta E}{\Delta E'}\tag{3-11}$$

由于$\Delta E>\Delta E'$，因此$\ln\frac{K_2}{K_1}>\ln\frac{K'_2}{K'_1}$。即随着温度的升高，灭菌反应速度常数增加的倍数大于营养成分破坏反应速度常数增加的倍数。也就是说，随着温度的升高，菌体死亡速率的增加要远远大于营养成分被破坏速率的增加。由此可见，达到相同的灭菌效果，提高灭菌温度可以明显缩短灭菌时间，还可减少因受热时间长使营养成分遭到破坏的损失。这就是在灭菌时要尽量采用高温快速灭菌法的道理。实验中将芽孢杆菌和维生素 $B_2$ 放在一起灭菌，当温度升至 118 ℃、加热 15 min 时，99.99%的细菌芽孢被杀死，维生素 $B_2$ 的破坏率为 10%；而 120 ℃下加热 1.5 min，细菌芽孢的死亡率仍为 99.99%，维生素的破坏率仅为 5%。

采用高温快速灭菌得到的培养基质量较好，温度愈高灭菌时间愈短，营养成分的破坏率愈小。但温度增加会使压力升高，这必然要求增加设备的厚度(设备的厚度与压力成正比)。因此，实际选择灭菌温度还要从设备的大小、操作方式(是间歇还是连续)、生产条件(工厂锅炉所能供给的压力)等几方面综合考虑。

# 第二节　培养基和发酵设备的灭菌过程

生产中多使用热饱和蒸汽进行湿热灭菌，为保证灭菌效果，要求所使用的总蒸汽压力在(3.0～3.5)×$10^5$ Pa以上。根据灭菌方式，可将湿热灭菌分为空罐灭菌、实罐灭菌和连续灭菌三种。一般培养基的灭菌可采用实罐灭菌或连续灭菌，发酵设备的灭菌可采用实罐灭菌或空罐灭菌。

## 一、灭菌前的准备工作

灭菌前首先要做好必要的准备工作。发酵罐放罐或种子罐移种后，将空气进气阀关闭，排气阀打开，放尽罐压，打开入孔盖，用高压水(压力大于3.0×$10^5$ Pa)冲洗罐内壁、内件及搅拌，清除罐内堆积物。水排尽后，关闭罐底阀，微开空气进气阀以通入少量空气。然后，于磁力搅拌开关处挂上安全警示牌，在有人监护的情况下下罐检查。检查罐内各焊缝、空气环形分布管、出料管、接种管、温度计套管、视镜等处是否有杂物堆积，是否被腐蚀或穿孔，以及搅拌叶及轴底瓦的紧固情况。消除罐内死角，擦净视镜。若发现分过滤器冒烟，应先拿小动物做试验，确定是否有CO存在，以确保工作安全。罐内检修完毕，将入孔盖盖上并上紧。检查压力表，看常压下表的指针是否回零，不回零的应更换。开大空气阀，关闭排气阀升压，当压力升至0.1 MPa后检查入孔盖和搅拌机械的密封、各法兰的严密度以及压力表的灵敏度和准确度，符合要求后关闭空气进气阀，开启排气阀放压。接着检查接种阀、罐底阀的胶皮垫，看是否需要更换。最后关闭冷却水的进水阀及回水阀，打开冷却水管上吹口及放水阀，准备灭菌。发酵罐或种子罐的蛇管及夹套也要定期用8.0×$10^5$ Pa的水试漏。

## 二、培养基及发酵设备的灭菌

### (一)空罐灭菌

空罐灭菌又称空消，是指将饱和蒸汽通入未加培养基的发酵罐或种子罐内，进行罐体湿热灭菌的过程。空罐灭菌时，罐内死角少，蒸汽传热效率高，而且空罐灭菌的罐压、罐温可稍高于实罐灭菌，保温时间也可适当延长，灭菌效果好。对于较长时间没有使用的发酵罐、染菌罐或发酵罐更换菌种时都要进行空消。采用培养基连续灭菌工艺，发酵罐及附属设备事先也要经过空消。

1. 发酵罐的空罐灭菌

灭菌时先要排尽罐内空气。考虑到空气密度比蒸汽密度大，蒸汽应从罐顶通入，罐内空气从底部排出。用蒸汽保压灭菌 30 min 后，压出罐内冷凝水，然后关紧排气阀，继续闷罐 30 min。闷消时可稍进蒸汽和适量排气，保持罐压不变。闷消结束后，打开排气阀门，排除罐内蒸汽，之后从已消毒的空气分过滤器引入无菌空气，以排除蒸汽，顶住罐压，最后开冷却水冷却，保压接受连消好的培养基(或其他物料)。灭菌过程中总蒸汽压力不应低于$(3.0\sim3.5)\times10^{5}$ Pa，维持罐压$(2.5\sim3.0)\times10^{5}$ Pa，罐温 125～130 ℃。整个过程要始终保证蒸汽的畅通，使各有关阀门、管道均能彻底灭菌。

染菌罐，特别是染芽孢杆菌的罐，需进行空消，必要时加甲醛熏蒸，以保证灭菌彻底。采用甲醛熏消时，先在罐内加水至漫过空气分布管，然后加入罐容积万分之一左右的甲醛，盖紧罐盖，从罐底进行蒸汽加热，使水中甲醛同蒸汽一并挥发。当各排气口有甲醛外逸时，关闭排气阀，闷消保压 30 min 后排出罐底冷凝水，开启各排气阀，继续通蒸汽保压 30 min。灭菌结束后适当加大进风量，延长吹干时间，把甲醛气吹净，然后进料。

2. 种子罐的空罐灭菌

从取样管、空气管等处将蒸汽引入罐内，放松接种口帽 1～2 圈，视蒸汽压力状况预热 30～50 min。当罐温、罐压升至规定范围时开始保温计时，保温 30 min 后，在保温过程中转动接种帽 3 或 4 次，使蒸汽从接种帽的不同方向喷出。随时调整空气管蒸汽阀和罐排气阀的开度，以保证灭菌温度和压力。保温结束后关闭相关阀门，旋紧接种口帽，待罐压降至 0.08 MPa，开空气阀通入无菌空气。调节排气阀，控制罐压 0.05～0.08 MPa，待进料。

**(二)实罐灭菌**

实罐灭菌又称分批灭菌，是将饱和蒸汽直接通入装有配制好的培养基的发酵设备中进行灭菌的一种方法，简称实消。该法不需要专门的灭菌设备，投资少，操作简单，灭菌效果可靠。但实罐灭菌与发酵不能同时进行，设备利用率较低；灭菌过程需要的时间较长，培养基营养成分破坏较多。该法多用于中小型发酵罐和种子罐的灭菌。

实罐灭菌是将培养基在配料罐中配好后，通过专用管道输入已清洗的发酵罐中，然后才开始灭菌的。为了保证灭菌效果，应注意待灭菌培养基的质量。原料切忌结块，配料时应开动搅拌器，将各种粉饼块打碎、搅拌均匀。若淀粉含量超过

4%，应先行水解。配料罐出口处要装有筛板过滤器（筛孔直径≤0.5 mm），以免培养基中的块状物及异物进入发酵罐。平时要注意配料罐的清洗及灭菌。实罐灭菌前应将输料管路内的污水放掉并冲洗干净，再用泵将待灭菌培养基输送至发酵罐。罐盖上面的玻璃视镜用橡皮垫盖好，避免灭菌时沾冷水炸裂。进料后开动搅拌器防止料液沉淀，然后通入蒸汽开始灭菌。实罐灭菌过程如图 3-2 所示，首先打开各排气阀，将蒸汽引入夹套或蛇管预热，当罐温升至 80～90℃后，逐渐关小排气阀门。之后将蒸汽从进气口、排料口、取样口等直接通入罐中（如有冲视镜管也要一同进汽）升温、升压。目前，多数生产单位采用不预热而直接进蒸汽的方法，逐渐提高罐温、罐压。当罐温上升至 118～120 ℃，罐压维持在（0.9～1.0）×$10^5$ Pa（表压）后，保温 30 min 左右。在保温阶段，凡进口在培养基液面下的各管道以及冲视镜管都应不断通入蒸汽，在液面上的其余各管则应排放蒸汽，这样才能保证灭菌彻底，不留死角。灭菌过程中要不时地搅拌，以利于泡沫破裂。保温结束后关闭排气阀、进汽阀，关闭夹套下水道阀，开启冷却水回水阀。当罐压低于过滤器压力时，开启空气进气阀引入无菌空气，以保持罐压。注意引入无菌空气前的罐压一定要低于分过滤器压力，否则将使培养基（或物料）倒流而污染过滤器。最后引入冷却水使培养基温度迅速降至所需温度，保压待种。

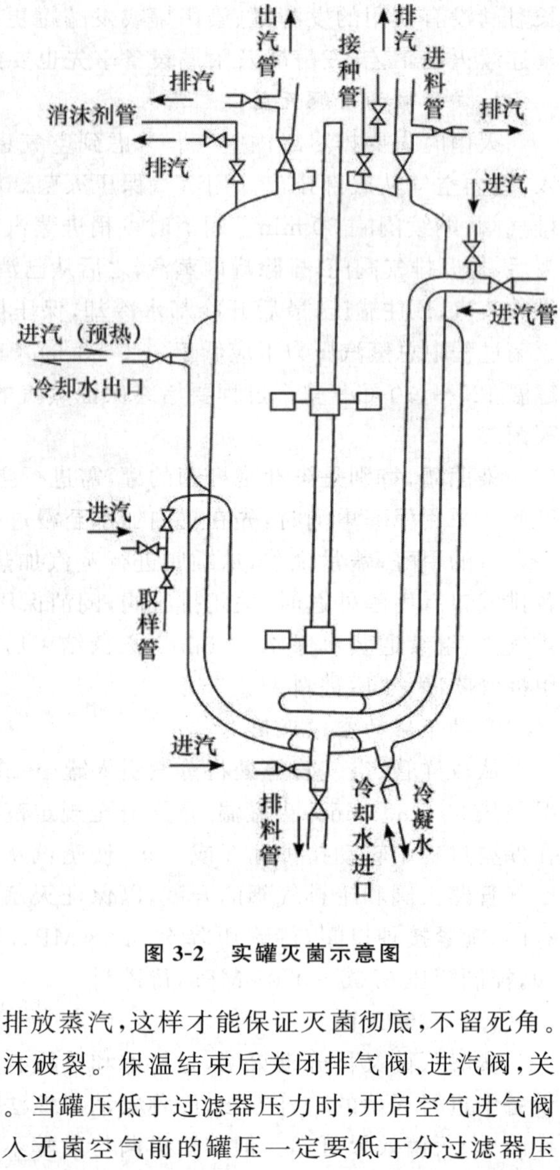


图 3-2 实罐灭菌示意图

灭菌过程中，各路蒸汽进口要始终畅通，保持均匀进汽，严防短路及堵塞；排汽要畅通，排汽量不宜过大，以利节约。进、排汽流量要控制适当，总蒸汽压力（指蒸汽总管的压力）不应低于（3.0～3.5）×$10^5$ Pa，使用压力（指通入罐中时的蒸汽压力)不低于 $2\times10^5$ Pa,以保持压力的稳定,防止大量泡沫冒顶或逃液。要严防高温高压闷罐,否则易造成培养基营养成分破坏和 pH 值升高。灭菌时罐温、罐压要相互对应(表 3-3),控制时原则上以温度为主、压力为辅。

实罐灭菌前,空气过滤器应先行灭菌,并在实消结束前将过滤介质吹干待用。灭菌过程中要严格检查罐体、管道、法兰、轴封、阀门等有无渗漏、穿孔、堵塞、死角等问题。加强管理,坚决避免阀门忘开、忘关或开关次序搞错等操作不当事件的发生。

**表 3-3 实罐灭菌时饱和蒸汽压力与温度的对应关系**

| 蒸汽压力(绝压)($\times10^5$ Pa) | 温度(℃) | 蒸汽压力(绝压)($\times10^5$ Pa) | 温度(℃) | 蒸汽压力(绝压)($\times10^5$ Pa) | 温度(℃) |
|---|---|---|---|---|---|
| 1.0 | 99.09 | 2.2 | 122.63 | 3.0 | 132.88 |
| 1.033 | 100.00 | 2.3 | 124.18 | 3.1 | 134.00 |
| 1.5 | 110.79 | 2.4 | 125.46 | 3.2 | 135.03 |
| 1.7 | 114.57 | 2.5 | 126.79 | 3.3 | 136.14 |
| 1.8 | 118.01 | 2.6 | 128.08 | 3.4 | 137.18 |
| 2.0 | 119.62 | 2.7 | 129.30 | 3.5 | 138.19 |
| 2.033 | 120.10 | 2.8 | 130.56 | 3.6 | 142.02 |
| 2.1 | 121.16 | 2.9 | 131.78 | | |

**(三)连续灭菌**

连续灭菌是将培养基在发酵罐外,通过专用灭菌装置,连续不断地加热,维持保温和冷却后,送入已灭菌的发酵罐内的工艺过程,又称连消。其加热、保温、冷却三阶段是在同一时间、不同设备内进行的,需设置加热器、维持设备及冷却设备等。灭菌在流动过程中完成,灭菌温度高,时间短,因而培养基受破坏较少;灭菌不在发酵罐内进行,发酵罐的利用率高;连消过程不排气,热能利用较合理,适于自动化控制。但连消需要的设备多,投资大,中小型发酵生产企业应用较少。

培养基灭菌前,发酵罐、加热器、维持设备、冷却设备等均应事先灭菌,组成培养基的耐热性物料和不耐热性物料应在不同温度下分开灭菌,以减轻其受热破坏程度。连消葡萄糖培养基时,葡萄糖和氮源应分开进行。连消开始时通常先消水,后消糖水,再消水,而后消氮源,最后再消水,以补充消后总体积和冲洗设备。将磷酸盐放在糖水里一起消,有利于同糖结合促进代谢。碳酸钙必须和磷酸盐分开消,可配在氮源中灭菌。培养基连续灭菌过程中,要求蒸汽供应平稳,蒸汽压力高于 $4.0\times10^5$ Pa(表压)。

根据灭菌过程中使用的设备及工艺,可将连续灭菌分为三种形式。

1. 由连消塔、维持罐和冷却器组成的灭菌系统

该灭菌系统包括了最基础的连消设备,是我国 20 世纪 80 年代以前广泛使用

的连续灭菌方式，由于所用设备简单，操作方便，目前仍有一些厂家使用。其灭菌流程如图 3-3 所示。

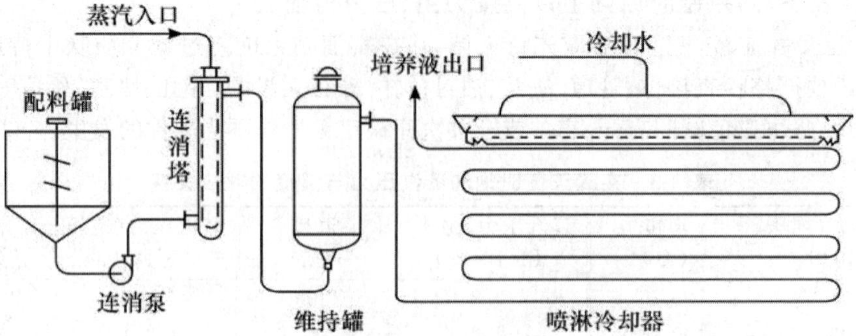


图 3-3 连消塔-喷淋冷却连续灭菌流程

首先在配料罐中将配好的培养基预热到 60～75 ℃，然后用连消泵将其输入连消塔，与塔内饱和蒸汽迅速接触、混合，在 20～30 s 内将培养基温度升至灭菌温度(一般以 126～132 ℃为宜)，送入维持罐，自维持罐的底部进入，逐渐上升，然后从罐上部侧口处流出罐外。培养基在维持罐内要持续保温灭菌 5～7 min，罐压维持在 $2.0\times10^5$ Pa 左右。培养基由维持罐流出后进入喷淋冷却器，冷却到 40～50 ℃，输送至已空消的罐内，保压待种。灭菌时要求培养基输入的压力和总蒸汽压力接近，否则培养基的流速不均匀，影响灭菌效果。灭菌成败的关键在于维持罐内的温度及时间是否符合要求。若培养基流速过快，在维持罐内停留时间过短，则会导致灭菌不彻底；但若培养基流速过慢，营养成分的破坏就会增加。一般控制培养基输入连消塔的速度小于 0.1 m/s。

该灭菌系统使用的设备包括：

(1)配料罐　主要作用是预热料液，避免料液与蒸汽温度相差过大产生水汽撞击而影响灭菌效果，配料罐使用前后应用水清洗，热天还需定期用甲醛消毒。

(2)连消塔　也称加热器，主要作用是使高温蒸汽与料液迅速接触混合，并使后者温度很快提高到灭菌温度。系统中所用的塔式加热器(图 3-4)由一根多孔的蒸汽导入管和一根外套管组成。导入管上的小孔与管壁成 45°夹角开设，导管上的小孔上稀下密，以便蒸汽能均匀地从小孔喷出。操作时料液由塔的下端进入，并使其在内外管的环隙内流动，蒸汽从塔顶通入导管经小孔喷出后与物料激烈地混合而加热。由于此种加热器的蒸汽导入管小孔加工比较困难，设备较高，加之操作时噪声较大，目前已很少使用。

(3)维持罐　其作用是使料液在灭菌温度下保持一定时间，达到灭菌目的。传统维持罐为圆筒形立式密闭容器，见图 3-5。操作时关闭阀门 2，开启阀门 1，使培养基在罐内由下而上地通过，当来自加热设备的培养基进料完毕后，在维持罐中剩下的一罐料应继续保温一段时间后，再关闭阀门 1，开启阀门 2，利用蒸汽的压力将培养基由罐底压出。目前新型维持罐的进料管已不从维持罐上部进罐，而从维持罐外底封头焊接缝附近进罐，并对进料管末端有意识封闭，把开口处对准罐中心向下，从而有利于进料管的定期清洗。

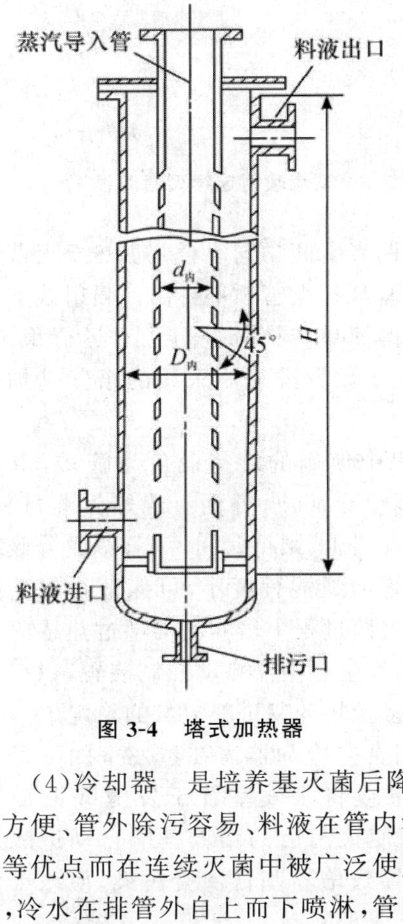


图 3-4　塔式加热器

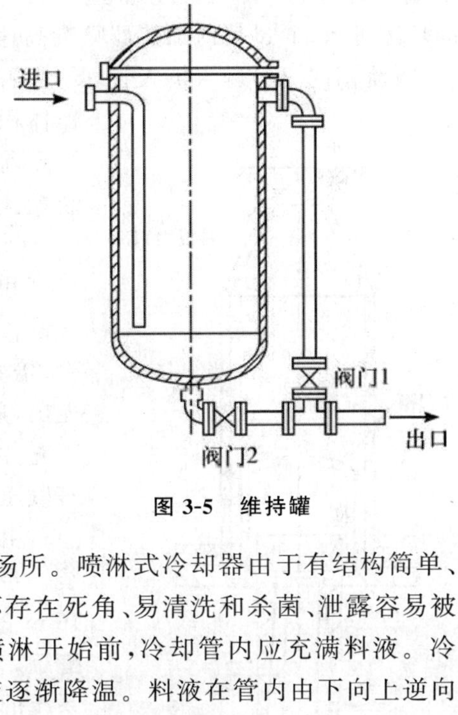


图 3-5　维持罐

(4)冷却器　是培养基灭菌后降温的场所。喷淋式冷却器由于有结构简单、检修方便、管外除污容易、料液在管内流动不存在死角、易清洗和杀菌、泄露容易被发现等优点而在连续灭菌中被广泛使用。喷淋开始前，冷却管内应充满料液。冷却时，冷水在排管外自上而下喷淋，管内料液逐渐降温。料液在管内由下向上逆向流动，冷却后输送至无菌发酵罐内。冷却水开放时，应避免突然冷却造成负压而吸入外界空气。

2. 蒸汽喷射连续灭菌系统

灭菌工艺流程如图 3-6 所示。待灭菌的培养基原料介质用泵打入喷射加热器，加热蒸汽以较高的速度从喷嘴喷出，借高速流体的抽吸作用与培养基直接混合加热升温至预定灭菌温度（140 ℃）后进入管式维持器保温一段时间（2～3 min）进行灭菌。灭菌后的培养基经膨胀阀进入真空闪急冷却器，使培养基瞬间冷却至70～80 ℃，最后流入无菌发酵罐冷却至培养温度备用。

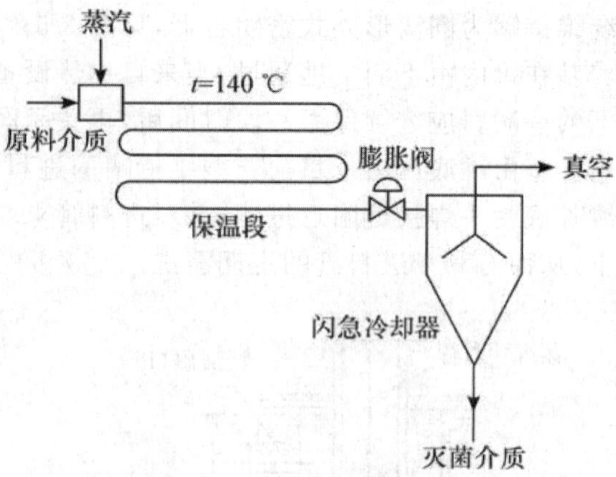


图 3-6 蒸汽喷射连续灭菌流程

该系统使用的加热器为喷射式加热器（图 3-7）。培养基从加热器的下端中管进入，蒸汽从进料管周围的环隙进入，通过喷射加热器喷嘴高速喷出，两者瞬间均匀混合并加热至灭菌温度，经折流帽（挡板）进入扩大管，受热后的培养基从扩大管顶部排出。喷射式加热器体积小，结构简单，操作时噪声小，运行稳定，是目前国内大多数发酵工厂采用的培养基加热装置。

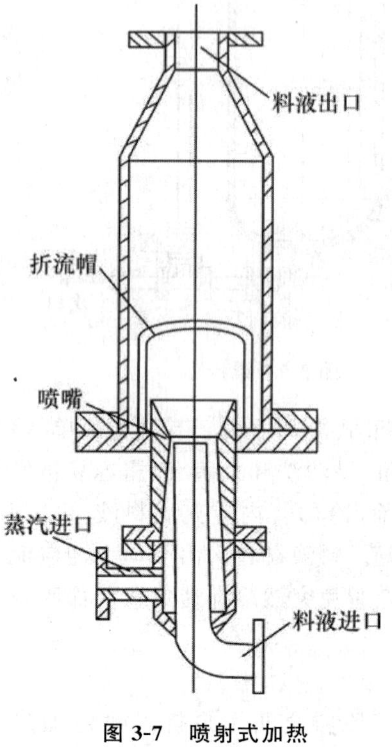


图 3-7 喷射式加热

灭菌过程中使用的维持设备为管式，由 U 形管和水平管组合而成，外面有绝热保温材料。该设备简单，阀门少，维持时间短，营养成分破坏少，培养基在管内返混程度小，可保证物料先进先出，避免了灭菌过程中培养基局部过热或灭菌不充分的现象发生。但需自动控制装置，以保证蒸汽压力、流量及培养基进料流量的稳定。

由于使用真空冷却器需在蒸发室的下面安装一台出料泵或将蒸发室置于发酵罐液面上 10 m 的高度，使灭菌后的培养基能自动进入发酵罐，有可能导致培养基再次受污染，使该灭菌系统的工业化受到限制。

3. 由热交换器组成的灭菌系统

图 3-8 为由热交换器组成的灭菌系统的连续灭菌流程。待灭菌的培养基首先进入第一个热交换器（残热回收器），由灭过菌的培养基在

20～30 s内将其预热至90～120 ℃，然后进入第二个热交换器(加热器)，用蒸汽很快加热到140 ℃，之后进入维持管内保温30～120 s。灭过菌的培养基经热量回收后进入第三个热交换器(冷却器)冷却20～30 s，最后送入空消过的发酵罐内备用。该系统中的热交换器有板式和螺旋板式两种，螺旋板式热交换器流道宽，流速快，比较适合含固形悬浮物的培养基的灭菌；板式热交换器流道较狭窄，对黏稠的培养基流动阻力较大，适于含少量固形悬浮物的培养基的灭菌。由于板式热交换器的传热系数大，流程利用合理，可节省大量的蒸汽和冷却水，因而得以推广使用。

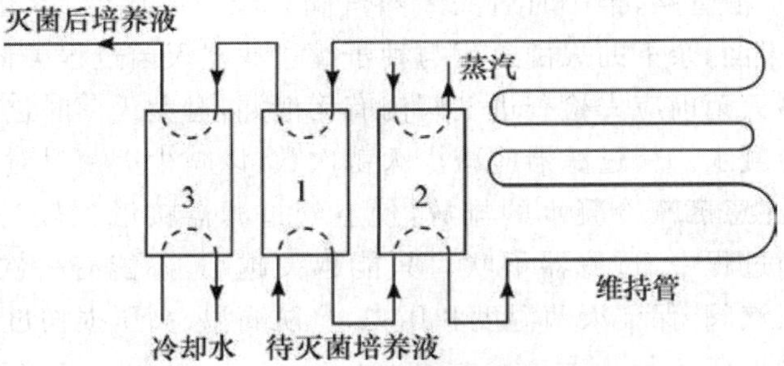


图3-8　薄板热交换器连续灭菌流程

## 三、发酵罐附属设备、空气过滤器及管路等的灭菌

### (一)发酵罐附属设备的灭菌

发酵罐附属设备包括补料罐、计量罐和油(消沫剂)罐等，这些设备的灭菌可采用实罐灭菌或空罐灭菌的方式。采用空罐灭菌时从有关管道通入蒸汽，使罐内蒸汽压力达到$1.5\times10^5$ Pa，保温45 min，灭菌过程从有关阀门、边阀排出空气，并使蒸汽通过达到死角灭菌，灭菌完毕关闭蒸汽后，待罐内压力低于蒸汽过滤器压力时，通入无菌空气，保持罐压$1.0\times10^5$ Pa。补料罐的实罐灭菌条件应视物料性质而定，如糖水罐灭菌时表压$1.0\times10^5$ Pa(120 ℃)，保温30 min左右，灭菌温度不宜过高，否则糖料易炭化。油(消沫剂)罐灭菌，表压$(1.5\sim1.8)\times10^5$ Pa，保温60 min。

### (二)空气过滤器的灭菌

排出过滤器中的空气，从过滤器上部通入蒸汽，并从上、下排气口排汽，灭菌后用无菌空气将过滤介质吹干备用。灭菌时，总蒸汽压力为$(3\sim3.5)\times10^5$ Pa。总过滤器保温灭菌时间为1.5～2 h，吹干时间为2～4 h；中小型过滤器一般保温45～60 min，吹干需1～2 h。

(1)种子罐及发酵罐的空气过滤器灭菌　关闭精过滤器前空气阀，放尽过滤器压力后，打开精过滤器，检查滤芯是否需要更换。安装滤芯，开启过滤器下吹口并缓慢开启消空气精过滤器用的蒸汽阀，升压灭菌。灭菌后先缓慢关闭过滤器下吹口，再关蒸汽阀。当压力降到 $0.3\times10^5$ Pa 时，微开精过滤器前空气阀，升压至 $1.0\times10^5$ Pa。微开过滤器下吹口，待过滤器基本冷却干燥后，将过滤器前空气阀打开，关闭下吹口。

(2)消沫剂及补料系统空气过滤器及空气管路的灭菌　关闭过滤器前空气阀，放尽压力，打开精过滤器，检查滤芯后，滤芯先不安装。安好过滤器空盖，开待消过滤器用蒸汽阀，空消管路，半小时后关闭蒸汽阀。压力放尽后，拆开过滤器安装滤芯，进行过滤器灭菌，余下的灭菌过程与种子罐过滤器灭菌过程类似。

空气过滤器灭菌前应先检查进气阀门有无泄漏，避免灭菌时进入压缩空气，产生假压或大量冷凝水。精过滤器应减少灭菌次数，以减少灭菌时对过滤器的损伤。灭菌开始时，要注意蒸汽冷凝水的排放，使空气过滤器接触到较为干燥的饱和蒸汽。在整个灭菌过程中，过滤器下吹口只能越关越小，不能有一次的突然开大动作。及时调节蒸汽阀，保证灭菌温度和压力，严防高温、高压损伤过滤器滤芯。

#### (三)管路的灭菌

管路灭菌所用蒸汽压力一般为$(3\sim3.5)\times10^5$ Pa，灭菌保温时间 1 h。灭菌后，应通入无菌空气或醪液，以防外界空气入侵。通常补料管路、消沫剂管路可与补料罐及油罐一同灭菌，移种及补料管路用后要用蒸汽冲净，防止杂菌繁殖。

## 第三节　常见灭菌问题的分析及处理

### 一、影响培养基灭菌的因素

温度是影响培养基湿热灭菌的最重要因素，此外，培养基的成分、pH 值、培养基中颗粒的大小以及泡沫等因素也影响着灭菌的效果。

(1)培养基成分　油脂、糖类及一定浓度的蛋白质增加微生物的耐热性，高浓度有机物包于细胞周围形成一层薄膜，影响热量的导入，灭菌温度要高些；高浓度的盐类、色素会削弱微生物的耐热性，有利于灭菌的进行。

(2)pH 值　pH 值对微生物的耐热性影响很大。pH 值在 6.0～8.0 范围内，微生物最耐热；pH＜6.0，氢离子极易渗入微生物细胞内，使细胞的生理反应发生改变，促使微生物死亡。所以培养基 pH 值愈低，灭菌所需的时间愈短。

(3)培养基中颗粒的大小　培养基中的颗粒愈小，灭菌愈容易；颗粒过大将导致灭菌困难。一般含有小于 1 mm 的颗粒对培养基灭菌影响不大，而大于 1 mm 的颗粒则对灭菌效果产生不利影响,必须过滤除去。

(4)泡沫 培养基发泡沫对湿热灭菌极为不利,因为泡沫中的空气导热系数最小,形成隔热层,使传热困难,潜伏在空气中的微生物很难被杀死。对易产生泡沫的培养基灭菌时,可加入少量消泡剂。对有泡沫的培养基进行连续灭菌时更应注意。

## 二、灭菌过程中常见的问题及处理方法

(1)灭菌后培养基质量差 主要是由于在较高温度下长时间灭菌,导致营养成分分解或养分间发生化学反应,产生沉淀或有毒物质。如葡萄糖等碳水化合物的醛基与氨基酸等含氨基化合物的氨基发生反应,生成了对菌体有毒性的物质;磷酸盐与碳酸钙、镁盐、铵盐等发生反应,产生沉淀或形成络合物,使磷酸及铵离子的利用率降低;维生素、激素等物质在高温下易被分解、破坏、失活。因此,为了保证灭菌后培养基的质量,要控制好灭菌温度及灭菌时间、调整好原料的灭菌顺序等。

(2)空气突然中断 应尽快关闭各空气进气阀,防止发酵液等倒流入空气过滤器内。处理顺序为:发酵罐→种子罐→补料罐→消沫剂罐→计量罐。同时将罐排气阀关闭。

(3)蒸汽压力变化 灭菌时如遇蒸汽压力突然升高,罐温超过规定值,可适当缩短灭菌时间;如遇蒸汽压力突然下跌,一时上不来,温度下降到规定范围以下,可适当延长灭菌时间,以确保灭菌彻底。

(4)空气过滤器压差过大 灭菌时若空气过滤器前后两个压力表的压力差大于0.03 MPa,说明过滤器的滤芯损坏或被浸湿,应停止灭菌,拆开检查,将滤芯更换或吹干,再重新灭菌。

(5)饱和蒸汽温度与压力不对应 灭菌前,若空罐灭菌的蒸汽温度高于对应压力下饱和蒸汽温度或物料连续灭菌的蒸汽温度超过对应压力下饱和蒸汽温度20 ℃以上,则应开启蒸汽增湿系统,使过热蒸汽变为饱和蒸汽后再用于灭菌。

(6)消后培养基带菌 消后培养基染菌的原因很多,统计表明(表3-4),设备损坏、密封不严以及空气过滤系统带菌等是造成染菌的主要原因。

**表3-4 染菌原因及出现的概率** %

| 染菌原因 | 概率 | 染菌原因 | 概率 |
|---|---|---|---|
| 种子被污染 | 8 | 培养基灭菌不彻底 | 9 |
| 接种时罐压为零 | 1 | 设备与管道灭菌不彻底 | 3 |
| 空气过滤系统带菌 | 18 | 补料过程造成染菌 | 5 |
| 发酵液逃逸 | 2 | 设备损坏或不严密 | 26 |
| 人为操作失误 | 9 | 原因不明 | 19 |

因此要防止消后培养基带菌，应首先防止空气过滤系统带菌，需从提高空气进口的空气洁净度、除尽压缩空气中夹带的油和水、保持过滤介质的除菌效率等方面做起。同时，还应重视蒸汽质量，严格控制蒸汽中的含水量，灭菌过程中蒸汽压力不可大幅度地波动。对于设备，应确保发酵罐及附属设备无渗漏、无死角，凡与物料、空气、下水道连接的管件阀门保证严密不漏，蛇管和夹套要定期试漏。工艺上，做好发酵罐放罐后的检查和清洗工作，清理罐内残渣，去除罐壁上的污垢，清除空气分布管、温度计套管等处堆积的污垢及罐内死角。灭菌时要保持蒸汽畅通，使有关阀门、管道彻底灭菌。要防止端面轴封漏气、搅拌填料箱及阀门渗漏等，蛇管和夹套要按设计规定的压力定期试压。实消时应避免培养基中的块状物及异物进入罐内，灭菌过程中要确保料液的温度及其在维持罐中停留的时间符合灭菌要求。对黏稠培养基的连续灭菌，必须降低料液的输送速度，防止冷却时堵塞冷却管。发酵过程中加入发酵罐的物料一定要保证无菌才能进罐。种子培养应严格按操作规程执行，认真进行无菌试验，严格卫生制度等。

## 本章小结

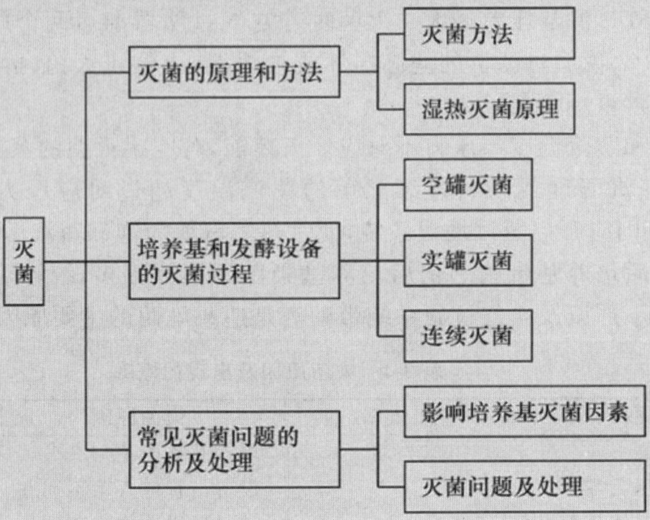

## 复习思考题

1. 名词解释：致死温度、致死时间、相对热阻、空消、实消、连消。

2. 试分析工业生产中采用高温瞬时灭菌的依据。

3. 有一发酵罐，内装 40 $m^3$ 培养基，在 121 ℃温度下实罐灭菌。原污染程度为每毫升培养基中含有耐热细菌芽孢 $2\times10^5$ 个，121 ℃时灭菌速率常数为 1.8/min。求灭菌失败几率为 0.001 时所需的灭菌时间。

4. 简述发酵罐和种子罐的空罐灭菌过程。

5. 如何对培养基进行实罐灭菌？

6. 连续灭菌可分为哪三种形式？简述其过程。

7. 如何对空气过滤器进行湿热灭菌？

8. 根据影响培养基灭菌的因素说明如何提高灭菌质量。

# 第四章　种子的扩大培养

**知识目标**

- 理解种子的制备过程。
- 了解影响种子质量的因素。
- 掌握种子的质量标准。
- 掌握种子异常情况的分析与处理方法。

**技能目标**

- 能熟练地进行种子的扩大培养。
- 能解释影响种子质量的原因。
- 能处理种子培养过程中的异常现象。

种子的制备是指由保藏的菌种开始，经过不断的扩大培养，使菌体数量达到能够满足生产中发酵罐或者是实验室摇瓶发酵接种量的需要所涉及的菌种培养的过程。

目前工业规模的发酵罐容积已经达到几十立方米或者几百立方米，假如按照10%的接种量计算，就要制备体积从几立方米到几十立方米不等的种子，所以种子的制备是发酵生产上一个重要的环节。种子的制备也是发酵生产的第一道工序，该工序不仅要使菌体的数量增加，还要使培养出的生产种子具有优良的质量，满足生产指标的要求。因此提供发酵产量高、生产性能稳定、数量足够而不被其他杂菌污染的生产种子是对种子制备工艺的基本要求。

适合于工业化发酵生产的种子必须满足以下条件：

①生长活力强，移种至发酵罐后能迅速生长，延滞期短；

②菌体的生理特性及生产能力稳定；

③菌体总量及浓度能满足发酵罐接种量的要求；

④无杂菌污染。

生产种子的制备与培养条件因生产品种和菌种的不同而异。例如细菌、酵母菌、放线菌或霉菌，它们的生长速度、产孢子能力、营养要求、培养温度、需氧量等方面各不相同，因此应根据菌种的生理特征，选择合适的培养条件以获得代谢旺盛、数量足够的种子。

发酵生产上所谓的种子制备包括两个不同的概念，广义上的种子制备是指从斜面菌种开始到发酵罐接种之前的所有生产过程，包括了在斜面上制备孢子或细胞的过程，在摇瓶中培养菌丝或者菌体的过程以及在种子罐培养种子的过程。狭义的种子制备仅指种子罐种子的培养过程。以抗生素发酵生产的种子制备过程为例，其种子的制备一般包括在固体培养基上生产大量孢子的制备过程和在液体培养基中培养大量菌丝的种子制备过程。

## 第一节　固体孢子制备

固体孢子是生产种子的一种形式，在抗生素生产中选用哪一种种子形式进罐完全取决于菌种的遗传特征。一般繁殖能力强、孢子数量多的菌种可用固体孢子进罐。从特定的角度来说，固体孢子进罐优于菌丝进罐。因为分生孢子处于半休眠状态，细胞内的代谢活动降低到最低点。进种子罐后，每个个体都从同一水平起步生长繁殖，因此可以取得同步生长或接近同步生长的状态，后代菌丝繁殖也比较一致。进罐前的固体孢子如能在水中浸泡数小时，使进罐后有利于孢子发芽，更能取得同步生长的效果。

### 一、孢子制备的过程

孢子的扩大繁殖可经过斜面培养基生长或谷物固体培养基生长，需视菌种特性和生产工艺的需要而定。

1. 霉菌孢子制备

霉菌孢子的制备多数采用大米、小米、麦麸之类的自然培养基，其优点是培养基简单易得、成本低，这些农产品中的营养物质比较适合霉菌的孢子繁殖，而且这类培养基的比表面积大，获得孢子数量要比营养琼脂斜面多。

霉菌孢子一般的制备过程为：将保存的菌种接种到斜面上，待孢子成熟后制成孢子悬浮液接种于大米等培养基中，25～28 ℃培养 4～14 天，待孢子成熟后，放置 4 ℃冰箱中保存备用；如果将大米孢子在真空条件下除去水分，使其含水量降至 10%以下，此大米孢子可连续使用更长时间，有利于生产的稳定。真空干燥适合于能产生大量孢子的菌种，不产生孢子的菌种经真空干燥后容易死亡。

2.放线菌孢子制备

放线菌的孢子多数采用琼脂斜面培养基来制备，培养基中含有适合产孢子的营养成分，如麸皮、蛋白胨和一些无机盐类物质等。一般情况下，干燥和限制营养可直接或间接诱导孢子的形成。

放线菌的发酵生产的工艺流程基本可用以下两种流程表示：

①沙土管→母斜面→子斜面→种子罐→发酵罐

②沙土管→母斜面→摇瓶菌丝→种子罐→发酵罐

采用哪一种形式的种子接入种子罐进行培养，视菌种特性而定。现以四环素生产菌种的斜面孢子制备为例介绍固体孢子直接进罐的方法。

四环素类抗生素产生菌的分生孢子繁殖迅速，孢子数量多。每只茄瓶斜面的生长周期为 3～4 天，孢子总量可以达到 50 亿～100 亿个，能够满足进罐的种子工艺，因此采用斜面孢子制成孢子悬液直接进罐的种子工艺。

(1)斜面培养基　麸皮 3.2%，磷酸氢二铵 0.015%，硫酸镁 0.015%，琼脂 2.2%，磷酸二氢钾 0.01%，装量 60 mL。麸皮是培养基的主要原料，其质量对斜面培养基的质量起决定性作用，必须严格控制。麸皮的制备是选用优质小麦，用自来水洗后再用蒸馏水冲洗，去水后盖湿布使充分且均匀地吸水；用湿布闷盖 2～3 h 后，晾干多余的水分，标准是外干内潮；用石磨磨 2 或 3 遍，成片状。用 20 目筛筛除面粉，麸皮便可晾干备用。

(2)斜面孢子培养　接种斜面后于 35 ℃恒温培养 100 h。培养室内的空气湿度不得低于 30%，以保证菌丝和孢子的正常生长。湿度不足会使菌丝生长缓慢，孢子繁殖数量少；湿度过大则使菌丝疯长，菌丝层长得很厚，产生大量呼吸水，外观呈湿润光秃的菌丝，不长孢子。

培养成熟的斜面孢子每瓶加无菌水 40～50 mL，制成孢子悬液，合并在一个茄瓶中，用压差法接种到种子罐中，接种数量为每立方米种子液含有 500 亿个孢子。生产备用的斜面孢子冷藏，保存期不超过 1 个月。

3.细菌孢子制备

细菌的菌种一般保藏在冷冻干燥管内，产芽孢的芽孢杆菌有的也保存在沙土管中。细菌的斜面培养基多采用碳源限量而氮源丰富的配方，牛肉膏、蛋白胨是常用的有机氮源。其发酵生产的工艺流程为：




**图 4-1　细菌发酵生产工艺流程**

细菌的培养温度多为 37 ℃,也有部分为 28 ℃。培养时间随菌种的不同而异,一般为 1～2 天,也有的 5～6 天甚至 10 多天。

## 二、孢子制备的技术要点

1. 霉菌类

母斜面上的菌落要求分散,以便于挑选理想的菌落。挑单菌落种子斜面时,要挑取菌落中央部位的孢子。斜面制备大米孢子时,孢子悬液的浓度要适当,接种完毕后,把大米等固体培养基与孢子悬液混合均匀,待孢子生长成熟后,在真空下将水分含量抽至 10%以下,密封后置 4 ℃冰箱中备用。

2. 放线菌类

灭菌后的琼脂培养基在放凉且未凝固时摆成斜面,如有不溶解的原材料,应轻轻摇匀,但不要产生气泡。待斜面凝固后置 28～37 ℃培养 2～3 天,经检查无杂菌和无冷凝水后备用。根据放线菌种类的不同,取适量沙土管菌种或母斜面上的菌落划线接种到琼脂斜面培养基上,调整到合适的温度,经过 5～7 天培养,待孢子成熟后方可使用。

第一次从沙土管或者冻干管中接出的菌种往往生长缓慢,菌落稀少。这是由于菌种长期在低温下保藏,尚未完全从休眠中恢复,同时有一些菌种死亡所致,可选用第一次长好的斜面上(称为子斜面),经过培养后,斜面上的菌落数量多,孢子丰满,孢子量大。

3. 细菌类

灭菌后的琼脂培养基在放凉且未凝固时摆成斜面。待斜面凝固后置 37 ℃培养 2～3 天,经检查无杂菌和无冷凝水后备用。根据品种不同,取适量菌种直接接种在斜面上,如果要分离单菌落也制成菌悬液,然后再接种在斜面上。

# 第二节　液体种子制备

液体种子的制备是将固体培养基上培养好的孢子或菌体转入到液体培养基中培养,使其繁殖成大量菌丝或菌体的过程。种子制备所使用的培养基和工艺条件,要有利于孢子发芽和菌丝的繁殖。生产种子的制备包括了摇瓶种子制备和种子罐种子制备。

## 一、摇瓶种子制备

将斜面种子或米孢子接种入装在锥形瓶内的液体营养培养基中,在摇床上进行振荡培养所获得的液体种子，称作摇瓶种子。摇瓶种子可以在摇瓶中传代，第一代称作“母瓶”，第二代就叫做“子瓶”。母瓶或子瓶可以作用生产上种子罐的种子，也可以作为摇瓶发酵试验用的种子。

1. 工艺流程

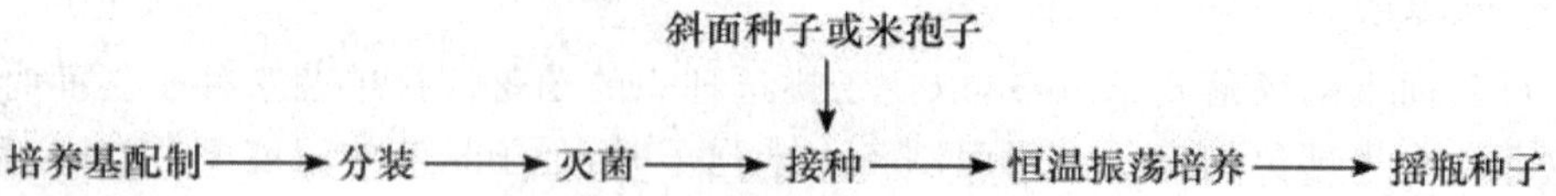


**图 4-2　摇瓶种子制备流程**

2. 培养基配制

摇瓶种子以培养具有活性的营养菌体为目的，摇瓶相当于微缩了的种子罐，其培养基配方和培养条件与种子罐相似，培养基成分要求比较丰富和完全，并易被菌体分解利用，氮源丰富有利于菌丝生长，原则上各种营养成分不宜过浓，子瓶培养基浓度比母瓶略高，更接近种子罐的培养基配方。

另外，摇瓶种子在培养过程中不便于调节 pH 值，故在培养基成分的选择时应考虑培养过程中 pH 值的稳定，这可以通过生理酸、碱性物质的平衡搭配及加入磷酸盐、碳酸钙之类的缓冲性物质来实现。培养基灭菌之前用棉塞裹上牛皮纸包扎好，置高压蒸汽锅内灭菌。灭菌结束后要缓慢降压至锅内压力为零方可打开锅盖，以免培养基沸腾冲湿塞子。

3. 接种

摇瓶种子的接种可以采用斜面种子挖块法或米孢子粒计数接入法，但是这两种接种法难以掌握一致的接种量，可能影响种子质量的稳定。因此，对于接种量比较敏感的菌种，最好采用菌悬液接种法，即用无菌蒸馏水将斜面种子或米孢子粒上的细胞或孢子洗下，制成细胞或者孢子悬液，然后按照一定体积或者一定细胞（孢子）数接种至摇瓶种子培养基中。

4. 培养

摇瓶种子在恒温摇床上进行培养。摇床分旋转式和往复式，抗生素工厂一般采用的是旋转式，同时为了使摇瓶中的水分蒸发量保持稳定，恒温室也应控制一定的湿度。可根据菌种不同的生长特性控制在其最适的温度和湿度环境下，同时设定一定的摇床转速，保证摇瓶种子具有较合适的溶解氧。

5. 保存

摇瓶种子应当在培养成熟后立即使用。如果暂时不用，可置 4 ℃冰箱中保存，保存期最好不要超过 3 天。经过保存的摇瓶种子一般不用做生产种子，可用于摇瓶发酵实验或小型发酵罐实验。

### 二、种子罐种子制备

种子罐的作用是使接入种子罐内数量有限的孢子(菌体)发芽、生长并繁殖成大量菌体,满足接种发酵罐的需要。种子罐种子的制备工艺过程因菌种不同而异,一般可分为一级种子、二级种子、三级种子。

孢子或者摇瓶菌丝接入到体积较小的种子罐中,经过培养后形成大量的菌丝,该种子称为一级种子,把一级种子转入到发酵罐内发酵,称为二级发酵。如果将一级种子接入到体积较大的种子罐内,经过培养形成更多的菌(丝)体,这样制备的种子称为二级种子,将二级种子转入到发酵罐内发酵,称为三级发酵。依此类推,使用三级种子的发酵称为四级发酵。

种子罐的级数主要取决于菌种的性质、菌体生长速度及发酵罐的容积。对于生长速度慢的菌种常常采用较多的发酵级数,如生产链霉素的灰色链霉菌,因菌种生长慢采取了四级发酵。同样的菌种,发酵罐的体积越大,需要的种子也越多,故需要较多级数的种子扩大培养,才能达到接种量的要求。

## 第三节　种子质量的控制与分析

种子质量是影响发酵生产水平的重要因素。种子质量的优劣,主要取决于菌体本身的遗传特性和培养条件两个方面。只有同时具备了优良的菌种和良好的培养条件才能获得高质量的种子。

### 一、影响孢子质量的因素及其控制

孢子质量的优劣对发酵产量和产品质量有着很大的影响。影响孢子质量的因素很多,主要有培养基、培养温度、湿度、培养时间、接种量等,这些因素相互联系、相互影响,因此必须全面考虑各种因素,认真加以控制。

1. 培养基

构成孢子培养基所需的各种原材料,其产地、品种、加工方法以及用量对孢子质量都会产生一定的影响,原材料质量不稳定常常造成生产过程中孢子质量的不稳定。原材料产地、品种和加工方法的不同,会导致培养基中微量元素和其他营养成分含量的变化。例如,由于产蛋白胨所用的原材料及生产工艺的不同,蛋白胨的微量元素含量、磷含量、氨基酸组分均有所不同,而这些营养成分对于菌体生长和孢子形成有重要作用。例如在土霉素的生产中,配制产孢子斜面培养基用的麸皮,因小麦产地、品种、加工方法及用量的不同对孢子质量产生很大的影响。

配制培养基时需要用到大量的水，因此水质的影响也不能忽视。地区的不同、季节的变化和水源的污染，均可成为水质波动的原因。为了避免水质波动对孢子质量的影响，可在蒸馏水或无盐水中加入适量的无机盐，供配制培养基使用。例如在配制四环素斜面培养基时，有时可以在无盐水内加入 0.03% $(NH_4)_2HPO_4$，0.028% $KH_2PO_4$ 及 0.01% $MgSO_4$，确保孢子质量，提高四环素发酵产量。

不同菌种的最适宜的孢子培养基配方是不同的。一般放线菌类的固体孢子培养基含少量的有机氮源有助于菌的生长；霉菌类喜偏酸性环境生长，要求碳源较多；细菌则多配制成无糖组分或者碳源限量而氮源丰富的培养基。另外，制备培养基时要严格控制灭菌后的培养基质量。斜面培养基使用前，需在适当温度下放置一定的时间，使斜面无冷凝水呈现，水分适中有利于孢子生长。

菌种在固体培养基上可呈现多种不同代谢类型的菌落，氮源品种越多，出现的菌落类型也越多，不利于生产的稳定。斜面培养基上用较单一的氮源可减少某些不正常型菌落的出现；而对分离筛选的平板培养基则需加入较复杂的氮源，使多种菌落类型充分表现，以利筛选。

2. 培养条件

(1)温度　微生物的生长温度和最适温度是不同的。微生物生长有一个较宽的温度范围，但是，要获得高质量的孢子，其最适温度区间很狭窄。一般来说，提高培养温度，可使菌体代谢活动加快，缩短培养时间，但是，菌体的糖代谢和氮代谢的各种酶类对温度的敏感性是不同的。例如，土霉素产生菌龟裂链霉菌斜面最适温度为 36.5～37 ℃，如果高于 37 ℃，则孢子成熟早，易老化，接入发酵罐后就会出现菌丝对糖、氮利用缓慢，氨基氮回升提前，发酵产量降低等现象。培养温度控制低一些，则有利于孢子的形成。因此需严格控制孢子斜面的培养温度。可以先将龟裂链霉菌斜面放在 36.5 ℃培养 3 天，再放在 28.5 ℃培养 1 天，所得的孢子数量比在 36.5 ℃培养 4 天所得的孢子数量增加 3～7 倍。

(2)湿度　制备斜面孢子培养基的湿度对孢子的数量和质量有较大的影响。空气中相对湿度高时，培养基内的水分蒸发少；相对湿度低时，培养基内的水分蒸发多。例如，在我国北方干燥地区，冬季由于气候干燥，空气相对湿度偏低，斜面培养基内的水分蒸发得快，致使斜面下部含有一定水分，而上部易干瘪，这时孢子长得快，且从斜面下部向上长。夏季空气相对湿度高，斜面内水分蒸发得慢，这时斜面孢子从上部往下长，下部常因积存冷凝水，致使孢子生长得慢或孢子不能生长。表 4-1 土霉素生产菌种龟裂链霉菌的试验表明，相对湿度在 40%～45%时孢子数量最多，且孢子颜色均匀，质量较好。

表 4-1 不同相对湿度下龟裂链霉菌孢子的生长情况

| 相对湿度(%) | 斜面外观 | 活孢子计数(亿/支) |
| --- | --- | --- |
| 16.5～19 | 上部稀薄,下部稠,略黄 | 1.2 |
| 25～36 | 上部薄,中部均匀发白 | 2.3 |
| 40～45 | 一片白,孢子丰富,稍皱 | 5.7 |

在一定条件下培养斜面孢子时,需根据不同的地方采取不同的湿度控制,通常在北方相对湿度控制在40%～45%,而在南方相对湿度控制在35%～42%,所得孢子质量较好。而不同的菌种对湿度的要求又有所不同,一般来说,真菌对湿度要求偏高,而放线菌对湿度要求偏低。在培养箱培养时,如果相对湿度偏低,可放入盛水的平皿,提高培养箱内的相对湿度。为了保证新鲜空气的交换,培养箱每天宜开启几次,以利于孢子生长。现代化的培养箱是恒温、恒湿并可换气的,不用人工控制。

(3)培养时间 孢子的培养时间一般选择在孢子成熟阶段时终止培养,此时显微镜下可见到成串孢子或游离的分散孢子,如果继续培养,则进入斜面衰老菌丝自溶阶段,表现为斜面外观变色、发暗或黄、菌层下陷,有时出现白色斑点或发黑。白斑表示孢子发芽长出第二代菌丝,黑色显示菌丝自溶。孢子的培养时间对孢子质量有重要影响,过于年轻的孢子经不起冷藏,如土霉素菌种斜面培养4.5天,孢子尚未完全成熟,冷藏7～8天菌丝即开始自溶。而培养时间延长半天(即培养5天),孢子完全成熟,可冷藏20天也不自溶。过于衰老的孢子会导致生产能力下降,孢子的培养时间应控制在孢子量多、孢子成熟、发酵产量正常的阶段终止培养。

(4)接种量 制备孢子时的接种量要适中,接种量过大或过小均会对孢子质量产生影响。因为接种量的大小影响到在一定量培养基中孢子的个体数量的多少,进而影响到菌体的生理状态。凡接种后菌落均匀分布整个斜面、隐约可分菌落者为正常接种。接种量过小则斜面上长出的菌落稀疏,接种量过大则斜面上菌落密集一片。

一般传代用的斜面孢子要求菌落分布较稀,适于挑选单个菌落进行传代培养。接种摇瓶或进罐的斜面孢子,要求菌落密度适中或稍密,孢子数达到要求标准。一般支高度为20 cm、直径为3 cm的试管斜面,丝状菌孢子数要求达到$10^7$个以上。

接入种子罐的孢子接种量对发酵生产也有影响。例如,青霉素产生菌之一的球状菌的孢子数量对青霉素发酵产量影响极大,若孢子数量过少,则进罐后长出的球状体过大,影响通气效果;若孢子数量过多,则进罐后不能很好地维持球状体。

除了以上几个因素需加以控制之外,要获得高质量的孢子,还需要对菌种质量加以控制。用各种方法保存的菌种每过1年都应进行1次自然分离,从中选出形态、生产性能好的单菌落接种孢子培养基。制备好的斜面孢子，要经过摇瓶发酵试验，合格后才能用于发酵生产。

## 二、影响种子质量的因素及其控制

种子质量影响因素较多，主要有孢子质量、培养基、培养条件、种龄和接种量等。摇瓶种子的质量主要以外观颜色、效价、菌丝浓度或黏度以及糖氮代谢、pH值变化等为指标，符合要求方可进罐。

种子的质量是发酵能否正常进行的重要因素之一。因为种子制备不仅是要提供一定数量的菌体，更为重要的是要为发酵生产提供适合发酵、具有一定生理状态的菌体。种子质量的控制将以此为出发点。

1. 培养基

种子培养基的原材料质量的控制类似于孢子培养基原材料质量的控制。种子培养基的营养成分应适合种子培养的需要，一般选择一些有利于孢子发芽和菌丝生长的培养基，在营养上易于被菌体直接吸收和利用，营养成分要适当地丰富和完全，氮源和维生素含量较高，这样可以使菌丝粗壮并具有较强的活力。

另外，培养基的营养成分要尽可能地和发酵培养基接近，以适合发酵的需要，这样的种子一旦移入发酵罐后就能比较容易地适应发酵罐的培养条件，尽量缩短延滞期。发酵的目的是为了获得尽可能多的发酵产物，其培养基一般比较浓，而种子培养基以略稀薄为宜。种子培养基的 pH 值要比较稳定，以适合菌的生长和发育。pH 值的变化会引起各种酶活力的改变，对菌丝形态和代谢途径影响很大。

2. 培养条件

种子培养应选择最适温度。培养过程中通气搅拌的控制很重要，各级种子罐或者同级种子罐的各个不同时期的需氧量不同，应区别控制，一般前期需氧量较少，后期需氧量较多，应适当增大供氧量。在青霉素生产的种子制备过程中，充足的通气量可以提高种子质量。例如，将通气充足和通气不足两种情况下得到的种子都接入发酵罐内，它们的发酵单位可相差 1 倍。但是，在土霉素发酵生产中，一级种子罐的通气量小一些对发酵有利。通气搅拌不足可引起菌丝结团、菌丝黏壁等异常现象。生产过程中，有时种子培养会产生大量泡沫而影响正常的通气搅拌，此时应严格控制，甚至可考虑改变培养基配方，以减少发泡。

对青霉素生产的小罐种子，可采用补料工艺来提高种子质量，即在种子罐培养一定时间后，补入一定量的种子培养基，结果种子罐随罐体积增加，种子质量也有所提高，菌丝团明显减少，菌丝内积蓄物增多，菌丝粗壮，发酵单位增高。

3. 种龄

种子培养时间称为种龄。在种子罐内，随着培养时间延长，菌体量逐渐增加。但是菌体繁殖到一定程度，由于营养物质消耗和代谢产物积累，菌体量不再继续增加，而是逐渐趋于老化。由于菌体在生长发育过程中，不同生长阶段的菌体的生理活性差别很大，接种种龄的控制就显得非常重要。

在工业发酵生产中，一般都选在生命力最旺盛的对数生长期，菌体量尚未达到最高峰时移种。如果种龄控制不适当，种龄过于年轻的种子接入发酵罐后，往往会出现前期生长缓慢、泡沫多，发酵周期延长以及因菌体量过少而菌丝结团，引起异常发酵等；而种龄过老的种子接入发酵罐后，则会因菌体老化而导致生产能力衰退。在土霉素生产中，一级种子的种龄若相差 2～3 h，转入发酵罐后菌体的代谢就会有明显的差异。最适种龄因菌种不同而有很大的差异，同一菌种的不同罐批培养相同的时间，得到的种子质量也不完全一致，因此最适的种龄应通过多次试验，特别要根据本批种子质量来确定。

4. 接种量

移入的种子液体积和接种后培养液体积的比例称为接种量。发酵罐的接种量的大小与菌种特性、种子质量和发酵条件等有关。不同的微生物其发酵的接种量是不同的。如制霉菌素发酵的接种量为0.1%～1%，肌苷酸发酵接种量1.5%～2%，霉菌的发酵接种量一般为 10%，多数抗生素发酵的接种量为 7%～15%，有时可加大到 20%～25%。

接种量的大小与该菌在发酵罐中生长繁殖的速度有关。有些产品的发酵以接种量大一些更有利，采用大接种量，种子进入发酵罐后容易适应，而且种子液中含有大量的水解酶，有利于对发酵培养基的利用。大接种量还可以缩短发酵罐中菌体繁殖至高峰所需的时间，使产物合成速度加快。

但是，过大的接种量往往使菌体生长过快、过稠，造成营养基质缺乏或溶解氧不足而不利于发酵；接种量过小，则会引起发酵前期菌体生长缓慢，使发酵周期延长，菌丝量少，还可能产生菌丝团，导致发酵异常等等。但是，对于某些品种，较小的接种量可以获得较好的生产效果。例如，生产制霉菌素时用 1%的接种量，其效果较用 10%更好，而 0.1%接种量的生产效果与 1%的生产效果相似。

近年来，生产上多以大接种量和丰富培养基作为高产措施。如谷氨酸生产中，采用高生物素、大接种量、添加青霉素的工艺。为了加大接种量，有些品种的生产采用双种法、倒种法，甚至以种子液和发酵液混合作为发酵罐的种子，混种进罐。以上三种接种方法运用得当，有可能提高发酵产量，但是其染菌机会和变异机会也随之增多。

## 三、种子质量标准

不同产品、不同菌种以及不同工艺条件的种子质量有所不同，况且，判断种子质量的优劣尚需要有丰富的实践经验。发酵工业生产上常用的种子质量标准大致有如下几个方面。

1. 种子的生长状况

种子培养的目的是获得健壮和足够数量的菌体。因此，菌体形态、菌体浓度以及培养液的外观，是种子质量的重要指标。菌体形态可通过显微镜观察来确定，以单细胞菌体为种子的质量要求是菌体健壮、菌形一致、均匀整齐，有的还要求有一定的排列或形态。以霉菌、放线菌为种子的质量要求是菌体粗壮，对某些染料着色力强、生产旺盛。菌体的浓度也是种子质量的重要指标，生产上常用离心沉淀法、光密度法和细胞计数法等进行测定。种子液外观如颜色、黏度等也可作为种子质量的粗略指标。

2. 营养物质含量与 pH 值变化

种子液的糖、氮、磷含量的变化和 pH 值变化是菌体生长繁殖、物质代谢的反映，不少产品的种子液质量以这些物质的利用情况及变化为指标。

3. 产物生成量

种子培养阶段是以菌体的生长繁殖为主要目的，虽然并不产生或仅产生少量的发酵产物，但高产的菌种常常在种子生长繁殖阶段就表现出一定的发酵产量。因此种子液中产物的产量也可作为判定种子质量的指标。

4. 特殊酶活力

测定种子液中某种酶的活力，作为判断种子质量的标准，是一种较新的方法。如土霉素生产的种子液中的淀粉酶活力与土霉素发酵单位有一定的关系，因此种子液淀粉酶活力可作为判断该种子质量的依据。

另外，合格的种子应确保无任何杂菌污染，这也是判断种子质量的重要标准。

## 四、种子异常分析

在生产过程中，种子质量受各种各样因素的影响，种子异常的情况时有发生，会给发酵带来很大的困难。种子异常往往表现为菌种生长发育缓慢或过快、菌丝结团、菌丝黏壁三个方面。

1. 菌种生长发育缓慢或过快

菌种在种子罐生长发育缓慢或过快和孢子质量以及种子罐的培养条件有关。生产中，通入种子罐的无菌空气温度较低或培养基的灭菌质量较差是种子生长、代谢缓慢的主要原因。

2. 菌丝结团

在液体深层培养条件下，繁殖的菌丝并不分散舒展而聚成团状形成菌丝团。这时从培养液的外观就能看见白色的小颗粒，菌丝聚集成团会影响菌的呼吸和对营养物质的吸收。如果种子液的菌丝团较少，种子液投入发酵罐后，在良好的条件下，少量的菌丝团可以在发酵罐中逐渐消失。如果菌丝团较多，种子液移入发酵罐后往往形成更多的菌丝团，影响发酵的正常进行。菌丝结团和搅拌效果差、接种量小有关，一个菌丝团可由一个孢子生长发育而来，也可由多个菌丝体聚集一起逐渐形成。

3. 菌丝黏壁

所谓菌丝黏壁是指在种子培养过程中，由于搅拌效果不好，泡沫过多以及种子罐装料系数过小等原因，使菌丝逐步黏在罐壁上。其结果使培养液中菌丝浓度减少，最后就可能形成菌丝团。菌丝黏壁的原因是搅拌效果不好，搅拌时泡沫过多，以及种子罐的装料系数过小等。以真菌为产生菌的种子培养过程中，发生菌丝黏壁的机会较多。

## 第四节　柠檬酸发酵生产中的种子扩大培养技术

1. 柠檬酸发酵生产中的二级扩大培养流程

柠檬酸的生产方法是采用黑曲霉作为菌种的深层发酵法。黑曲霉属于半知菌纲，一般只进行无性繁殖，由孢子发芽开始到新孢子形成、成熟，为一个生活周期。随着国内柠檬酸发酵生产规模的不断扩大，三角瓶麸曲孢子培养方式已经不能满足大型发酵罐的孢子需求量。因此，目前国内柠檬酸发酵生产中的菌种扩大培养普遍采用二级扩大培养流程，如图 4-3 所示。

**保藏菌种 ——→ 斜面活化 ——→ 三角瓶麸曲培养 ——→ 种子罐培养 ——→ 发酵罐**

**图 4-3　黑曲霉发酵生产柠檬酸的菌种扩大培养流程**

2. 黑曲霉二级扩大培养的控制要点

(1)斜面菌种的培养　斜面培养基以多含碳源、少含氮源为原则，可选择蔡氏-多氏琼脂培养基、蔡氏琼脂培养基、蔗糖合成琼脂培养基、麦芽汁琼脂培养基、米曲汁琼脂培养基等。培养条件必须有利于菌种的繁殖和孢子生长。挑取孢子接种于斜面培养基后，置于 35 ℃培养 7～8 天，长满成熟的黑褐色孢子后可转接到三角瓶麸曲中。

(2) 麸曲三角瓶培养　以 60 目筛子去除新鲜麸皮的细粉，按质量加入 1.0～1.3 倍的水与麸皮拌匀，然后分装入 1 000 mL 三角瓶中，每个 1 000 mL 三角瓶装湿麸皮 40～50 g，用 8 层纱布封扎瓶口，于 121 ℃灭菌 40～60 min，趁热摇散，冷却至 35 ℃培养 1 天，未发现染菌即可使用。

每个三角瓶中接入 1～2 环斜面菌种孢子，于 30～32 ℃下培养 16～20 h，白色菌落盖满曲层表面时应该摇瓶一次，使培养基混匀、疏松，然后继续培养。几个小时后，可看到培养基结块，但未产生孢子，此时开始将培养基温度控制在(35±1)℃，每隔 12～24 h 摇瓶一次，待孢子长出后停止摇瓶。麸曲布满黑褐色孢子时，取样镜检无异常即可转接到种子罐中。

(3)种子罐培养

①培养基　种子罐培养属于生产车间的培养阶段，其培养基营养原料主要来源于农产品、工业生产的副产品、工业级原料等，每个工厂需根据菌种特性、原料种类、培养工艺等因素的不同而采取不同的种子罐培养基。若以淀粉为主要原料，可选择如下培养基：淀粉 90～140 g/L，麸皮 20～30 g/L 或者 $(NH_4)_2HPO_4$ 3～5 g/L，自然 pH 值。

②培养条件　包括接种量、培养温度、搅拌转速、通气比、培养时间。

接种量：接种量可按 1 L 液体培养基接入 0.4 g 左右培养成熟的麸曲种子计算，每个三角瓶加入 500 mL 左右无菌水摇匀后，在火焰下接入种子罐，或并瓶后再接入种子罐。

培养温度：(35±1)℃。

搅拌转速：一般为 150～250 r/min，容积大的种子罐的搅拌转速会小一些。

通气比：一般为 0.25～0.35 $m^3/(m^3 \cdot min)$。通气比取决于种子罐氧气传递速率，氧气传递速率大的种子罐通气比小一些。同时，在种子培养过程中随着菌体耗气量的增大，需不断增大通气量。

培养时间：种子培养成熟时间受菌种特性、接种量以及其他培养工艺条件影响，一般在培养 20 h 左右时菌体浓度可达 $1.5\times10^4$ 个/mL 以上，此时菌体的糖化活力很高，可结束培养。

③种子的质量要求　包括种龄、pH 值、镜检情况。

种龄：视培养工艺而定。

pH 值：一般为 2.0～2.5。

镜检情况：菌丝粗壮，结成像菊花状的小菌球体，菌体直径不超过 100 μm；无杂菌，无异常菌丝。

## 本章小结

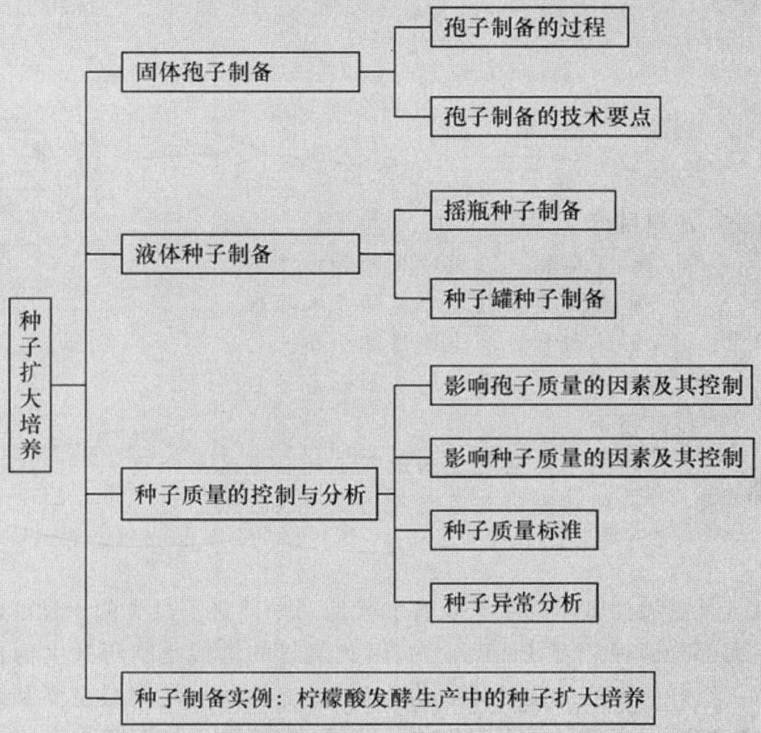

## 复习思考题

1. 简述种子制备的基本过程。
2. 影响孢子和种子质量的因素有哪些？
3. 判断种子质量的指标有哪些,可通过哪些措施提高种子质量？
4. 种子异常的表现主要有哪些？讨论如何避免种子发生异常。

# 第五章　无菌空气的制备

**知识目标**

- 了解空气除菌的目的和方法。
- 理解介质过滤除菌的基本原理。
- 掌握常见的空气过滤介质。
- 掌握无菌空气的基本制备过程。

**技能目标**

- 能根据空气过滤流程选择合适过滤介质。
- 能够进行无菌空气的微生物检测。

氧气是需氧性微生物生长发育和代谢活动所必不可少的。发酵制药生产所使用的绝大部分菌种是需氧性微生物，因此氧气的供给是制药微生物发酵过程的重要因素。空气中氧气的质量分数约为 21%，是自然环境中最主要和最丰富的氧气来源。在发酵生产中一般以空气作为氧源，供给微生物发酵生产所需。实际发酵生产中，通过向发酵罐内通入空气的方式，使氧气溶解在发酵培养液中，满足微生物菌体的摄取需要。

普通空气不仅包括了氮气、氧气、二氧化碳及少量惰性气体，还包含了水蒸气及尘埃粒子，其中夹杂了大量的微生物体如细菌、芽孢、孢子、酵母及病毒等。当这些微生物随空气进入发酵培养液后，在适宜的营养和环境条件下就会大量繁殖生长，消耗营养物质和氧气，破坏正常菌体生长环境甚至分泌代谢物质伤害菌体。后果将导致发酵染菌，使发酵生产受到影响甚至失败。

微生物制药发酵生产所用的空气必须经过除菌处理，成为无菌空气后才能使用。空气除菌的方法包括化学药剂灭菌、辐射灭菌、热灭菌、静电吸附除菌和介质过滤除菌。其中化学药剂灭菌、辐射灭菌和热灭菌的原理都是使菌体失活死亡而达到除菌效果，静电吸附除菌和介质过滤除菌则是通过分离手段，使微生物体与空气分开而达到除菌效果。由于工业大规模发酵生产过程中菌体的生长和代谢需要大量的氧气，相应所需要供给的无菌空气量也十分巨大，并且无菌空气的供给是一个连续过程。化学药剂灭菌、辐射灭菌、热灭菌和静电吸附除菌由于处理规模较小和连续性差而不能达到工业生产的经济性和可行性要求，一般工业发酵生产使用的是介质过滤除菌技术。

## 第一节　过滤除菌的基本原理

介质过滤除菌包括两种类型：深层介质过滤除菌和绝对介质过滤除菌。两种过滤使用的介质类型不同，相应的过滤除菌原理也不一样。

### 一、深层介质过滤除菌原理

空气深层过滤所使用的介质形态包括纤维、颗粒、纸张及滤板等，一般空气深层过滤介质填充得到的过滤层较深，但是填充空隙远大于细菌尺寸大小(约1 μm)。因此深层过滤介质除菌并不是真正意义上的过滤除菌，而是依靠空气气流及微粒与过滤层介质的多种相互作用而截留分离微生物等微粒获得无菌空气。这些作用机制包括扩散截留效应、重力沉降截留效应、惯性冲击截留效应、拦截截留效应以及吸附截留效应等，如图 5-1 所示。

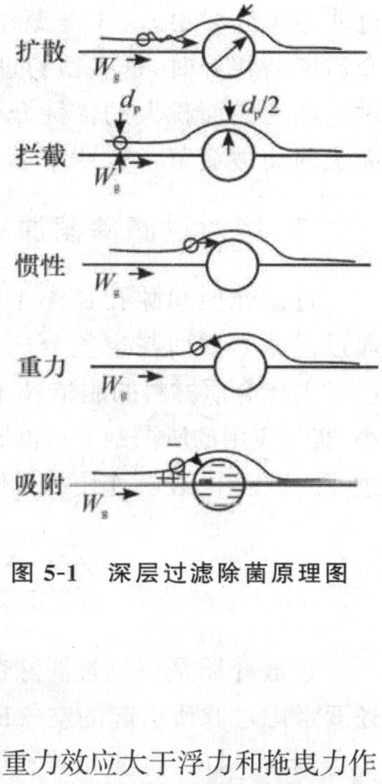


图 5-1　深层过滤除菌原理图

1. 扩散截留效应

由于气体分子热运动的推动作用，微小微粒可产生无规则的线性运动，称为布朗扩散运动。由于填充介质的间隙较小，在进行布朗扩散运动的时候，微生物等微小微粒提高了与填充介质接触的机会，更易被介质所捕获截留。

2. 重力沉降截留效应

微粒在气流中受到重力、气体浮力和拖曳力的作用，当重力效应大于浮力和拖曳力作用时，微粒就会在气流中沉降。当微粒由于重力沉降而与填充介质接触就产生截留效应。一般而言，只有较大颗粒的微粒在缓速流动的气体中才产生比较明显的重力沉降效应。

3. 惯性冲击截留效应

当微粒随气流向纤维或颗粒等介质方向运动时，气流接近介质后受到阻力即改变运动方向，绕过介质而继续向前运动。而微粒由于自身的运动惯性不能及时改变运动方向，直接冲击介质表面而被截留。惯性冲击截留效应是空气深层过滤除菌的重要原理。

影响惯性冲击截留效应的重要因素是气流速度。当气流速度低于一定值时，微粒的惯性力就不足以脱离气流而与介质接触，这个气流速度称为惯性冲击的临界速度。

4. 拦截截留效应

当气流速度低于惯性冲击的临界速度时，微粒仍然能够与介质相接触。此时发挥作用的不是惯性冲击截留效应，而是拦截截留效应。当低速气流接近介质时，气流改变方向绕过介质前进。在介质周边形成一层气流速度更加缓慢的边界滞留区，处于滞留区的微粒由于各种作用，如重力沉降、扩散等与介质接触而被截留。

5. 吸附截留效应

悬浮在空气中微生物和其他微粒具有一定的电荷和极性性质，当干燥空气通过非导体介质时，由于摩擦作用易产生电荷使介质带电。当微生物及其他微粒与介质电荷相异时，这些微粒就容易在这种静电吸附作用下被介质截留。当微粒通过一些比表面积大的活性介质如活性炭等时，由于范德华力的作用，微粒被介质表面吸附而被截留。这些都属于吸附截留效应。

### 二、绝对过滤除菌原理

过滤介质间隙孔径小于微生物尺寸大小，当空气通过过滤介质时，微生物不能通过过滤介质而与空气分离，这种过滤除菌方式称为绝对过滤除菌。

由于介质材料的制造技术限制，过滤介质的间隙不可能完全小于微生物颗粒大小，实际应用的所谓绝对过滤介质材料只能说是接近于绝对过滤。而在这些介质材料过滤的过程中，发挥作用的不仅有绝对过滤的原理，还有上述各种深层介质过滤原理。

## 第二节　常见的过滤介质

过滤介质是空气过滤除菌的核心因素。过滤介质的选择不仅要考虑过滤效果，还要考虑过滤所引起的空气压力损失、耐消毒灭菌情况、运行可靠性、使用和维护成本等因素。好的过滤介质不仅有良好的过滤效果，且由于过滤阻截导致的空气压降损失较小，能够耐受一定周期内消毒灭菌措施，使用维护成本较低，有良好的运行可靠性。

常见的过滤介质依据过滤原理分为深层过滤介质和绝对过滤介质；依据过滤介质形态分为纤维过滤介质、颗粒过滤介质、纸过滤介质、板状过滤介质、膜过滤介质等。以下根据过滤介质形态分别作介绍。

## 一、纤维过滤介质

1. 棉花

棉花是最常见的天然纤维过滤介质。由于棉花纤维细长、疏松而且有一定弹性，作为深层过滤介质能够起到较好的微粒截留作用。但是棉花过滤效果受棉花品质和处理方式影响较大，一般选用新鲜棉花。储存久的棉花纤维硬化、破碎，过滤效果较差。此外，经脱脂处理的棉花弹性不足，纤维易吸水而降低过滤效果，不能在生产中应用。

棉花对空气阻力较大，在实际应用中一般与其他过滤介质夹装装填使用。由于棉花非常易燃，在干燥、高温空气通过时会发生炭化和燃烧。因此在实际空气过滤操作中要注意控制空气温、湿度。

2. 玻璃纤维

玻璃纤维主要是由硅酸盐玻璃通过特殊拉丝工艺制成的超细纤维丝，直径3～20 μm不等。较细的纤维直径有利于过滤效率提高，但由于玻璃纤维结构强度较弱，长时间使用容易因为气流冲击作用而断碎、堵塞，影响过滤效果。在实际使用中，玻璃纤维的装填密度不宜过高，此外散装的玻璃纤维装填工作强度较大，装填过程困难，一般使用预装填的玻璃纤维过滤装置。

## 二、颗粒活性炭过滤介质

活性炭的主要过滤原理是表面吸附截留作用，因此空气过滤使用的活性炭颗粒要求比表面积大，颗粒均匀，结构强度好。这样空气过滤效果好，不易破碎而堵塞过滤孔隙。一般使用的是圆柱状的颗粒活性炭，具有比较好的空气通过效果。活性炭往往与棉花夹装使用，通过多种吸附原理达到复合吸附截留效果，提高对微生物及其他微粒的截留率，如图5-2所示。

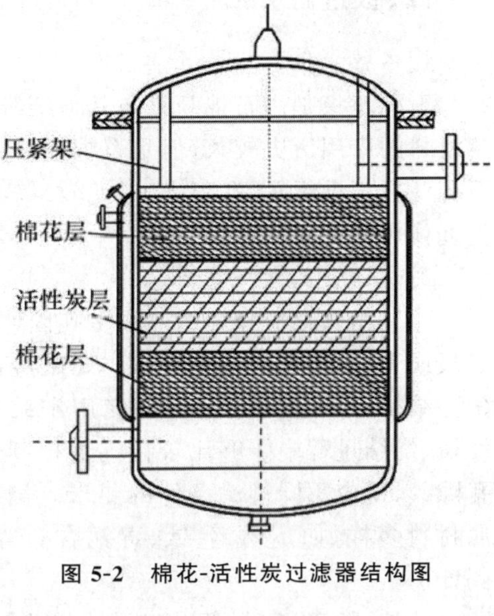


图5-2　棉花-活性炭过滤器结构图

## 三、纸过滤介质

1. 超细玻璃纤维滤纸

以硼硅酸玻璃制成的超细玻璃纤维，直径1～3 μm。以这种超细玻璃纤维制成的超细玻璃纤维滤纸也可用作空气过滤材料。由于材料和加工特性，超细玻璃纤维滤纸孔隙比普通纤维或者颗粒过滤介质更小，过滤效率更高。在高速气流条件下，其过滤主要原理为惯性冲击截留效应；在低速气流条件下，其过滤主要原理为拦截截留和扩散截留效应。

由于超细玻璃纤维滤纸的纤维极细，应对空气冲击和水汽破坏的能力不足，因此需要通过处理增强强度。一般的强度增强方法包括树脂增强、化学纤维配编及复合增强等方法。通过强度增强，超细玻璃纤维滤纸可达到耐气流冲击、耐水汽湿润效果，同时可以适应折叠成型的结构需要。

2. 聚丙烯纤维滤纸

聚丙烯纤维滤纸是一种近年来发展较快的空气过滤材料，它是以超细聚丙烯纤维为原料加工而成的。与超细玻璃纤维滤纸相比，聚丙烯纤维滤纸结构强度好，不易被水汽浸润。在空气阻力方面，空气气流通过聚丙烯纤维的速度是相同直径玻璃纤维速度的 3～6 倍。

聚丙烯纤维滤纸也可以通过复合处理的方式进一步改善过滤效果。

## 四、板过滤介质

1. 石棉滤板

石棉滤板是用石棉纤维与其他纤维材料混合打浆炒制得到的。以石棉作为过滤材料的应用历史较久，但是石棉过滤材料对人体危害较大，目前使用已经较少。石棉滤板纤维粗短，孔隙大，过滤效果较差。但石棉滤板强度好，耐高温水汽侵蚀，重复使用性好。

2. 烧结金属板

金属粉末颗粒经烧结形成多孔固体材料，颗粒间保持适当间隙，制成烧结金属滤板或者滤管用于空气过滤。烧结金属板(管)结构形状稳定，耐高温，使用和维护方便，在烧结过程中能够比较精确地控制烧结孔隙，以适应不同过滤条件的要求。烧结金属材料多样，如不锈钢、钛、青铜合金等，见图 5-3。

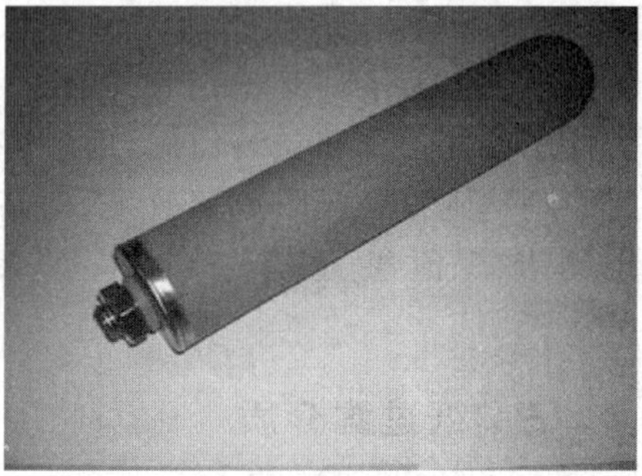

图 5-3　烧结钛金属空气滤管

此外，陶瓷、塑料等材料也可以制成烧结板应用于空气过滤，具有与金属烧结板类似的过滤效果。

## 五、膜过滤介质

膜过滤是接近于绝对过滤原理的过滤方式，也是目前微生物发酵制药工业中应用越来越广泛的空气除菌方式。空气滤膜是由高分子聚合材料制成的具有一定孔隙的薄膜材料，过滤孔隙根据去除微粒尺寸的大小而不同，最高过滤精度可达 0.001 μm，可完全截留病毒、噬菌体、微生物孢子等微小生物体。空气滤膜的应用可以有效控制过滤空气的质量，使用操作简便，往往用于最终空气的精过滤。目前所广泛使用的空气膜过滤材料如下。

1. 聚偏氟乙烯微孔滤膜(PVDF)

聚偏氟乙烯微孔滤膜(PVDF)采用相转化法制成，孔形结构稳定，抗气流冲击性能好。它具有天然疏水性，负静电性强，抗污染性能好；滤芯耐温性高，使用温度≤80 ℃，可反复蒸汽消毒灭菌，灭菌温度(125±2)℃；滤膜的孔隙率为 80%左右，通气量大。

2. 玻纤涂覆氟聚物微孔滤膜(HFGF)

玻纤涂覆氟聚物微孔滤膜是由超细玻璃纤维涂覆高稳定含氟聚合物制成。涂覆氟聚合物的主要目的是以玻璃纤维为基材形成稳定的微孔结构，并提高滤膜的疏水性。玻纤涂覆氟聚合物微孔膜滤膜孔结构形态丰富，孔隙率可达 90%；通气量大，纳污量高；抗张强度大，可耐气流冲击；滤芯耐温性好，使用温度≤90 ℃；可反复蒸汽消毒灭菌。

3. 聚四氟乙烯微孔滤膜(PTFE)

聚四氟乙烯微孔滤膜的微孔具有相互贯通的几何交联的孔结构，孔隙率很高，最高可达 90%。聚四氟乙烯膜是所有已知膜材料中疏水性最强的，其耐温性好，在 142 ℃蒸汽反复灭菌情况下，膜孔结构保持稳定，确保了空气除菌过滤器的绝对可靠。其结构见图 5-4。

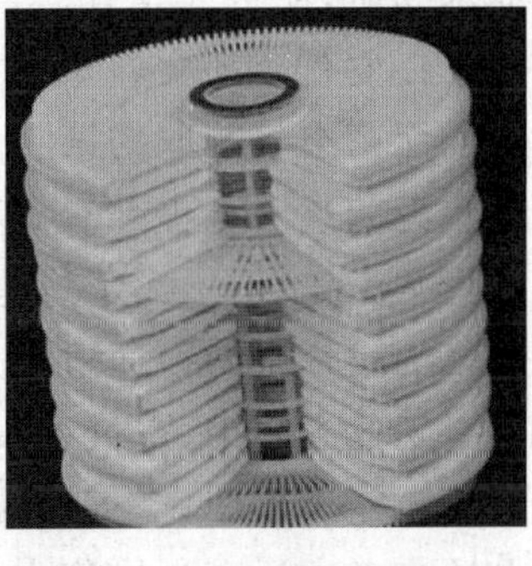

**图 5-4　PTFE 膜滤芯结构剖面**

# 第三节　无菌空气的制备过程

无菌空气的制备是一个比较复杂的过程。为了满足制药微生物发酵生产的要求，需要向发酵罐内连续输送具有适宜气体压强、温度和湿度的无菌空气。为了满足这一要求，空气处理过程不仅要考虑过滤除菌的要求，还要提高空气压力弥补输送和过滤压降损失，并调节空气温、湿度达到适宜条件。在实际生产中，无菌空气的制备包括了空气的预处理过程和过滤除菌过程。常用的空气处理流程如图 5-5 所示。

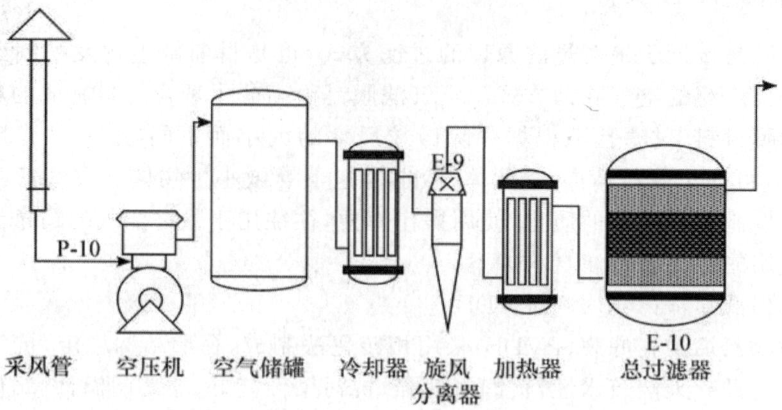


图 5-5 空气处理流程图

## 一、空气的预处理过程

空气预处理的主要目的是采集并压缩空气气体，初步滤除空气中尘埃颗粒和油水物质，使空气具有适合的压力和温、湿度后再进入过滤系统。

1. 空气的采集和压缩

无菌空气制取的第一个步骤就是空气的采集和压缩。采集空气的质量对预处理和无菌过滤流程都有着重要影响。空气中过多的尘埃颗粒不仅影响空气压缩机的正常工作，也增大了过滤系统的处理压力。因此，空气采集位置必须精心选择，采集的空气也必须通过粗过滤装置过滤后才能进入空气压缩机。

工业生产中，空气采集口一般设置距离地面至少 10～15 m。在此高度下，空气对流作用较弱，空气所含的尘埃颗粒和微生物相对较少。在空气采集口的设置上还应考虑远离尘埃集中位置，尽量设置于上风口方向等。

空气自采集口进入空气压缩机前先通过粗过滤装置以去除大的尘埃颗粒。一般使用的是滤袋过滤器。滤袋密闭缝接在进气管路上，通过截留方式拦截尘埃颗粒。由于采集空气流量巨大，因此要求滤袋过滤器过滤效率高、过滤阻力小，减少空气压缩机的吸入负荷。滤袋过滤器所使用的滤布材料目前大都使用高分子纤维滤布或者直接织成高分子无纺布，具有材质稳定、通过性好、使用维护方便等特点，如聚丙烯纤维滤布等。此外还有使用其他纤维或者颗粒材料填充的填料过滤器作为采集空气的粗过滤装置。在滤袋过滤器之前可加入金属丝网以隔离大的颗粒和异物。

为了克服输送和过滤压力损失，并使过滤后空气仍然能够在发酵罐内维持一定压力，需要对采集空气进行压缩。工业发酵生产中，一般使用大型的空气压缩机完成这项工作。通过空气压缩机的压缩，输出空气可达到 0.1～0.5 MPa 压力，输出流量可达 100～10 000 $m^3$/min 不等。通常使用的空压机类型包括涡轮空压机和往复式空压机两种类型。

2. 压缩空气除油水

空气经空压机压缩后，温度上升至 50～60 ℃。过高温度的压缩空气并不适于进入过滤和发酵培养，因此首先需要进行冷却。空气冷却一般使用列管式热交换器。在冷却操作中，冷却媒介如冷冻水、冰盐水等在管内流动，空气在热交换器壳内流动，通过热量交换达到冷却效果。也可以使用翘板式换热器，以强制流动的冷空气来冷却热压缩空气。

冷却后的压缩空气由于温度降低，相对湿度增大，其中包含的水汽和油质形成液体凝结，这些凝结的水滴和油滴会降低后续的气体过滤效率，导致过滤介质受潮失效；油滴还可能会使部分高分子膜过滤材料剥落导致过滤失败：因此需要将油水物质自冷凝的空气中分离开。一般使用的气液分离装置包括两种类型：一种是利用离心力使油水滴沉降的旋风分离器；另一种是根据惯性冲击截留效应拦截油水滴的填料过滤器，一般使用的是丝网过滤器。实际生产中往往联合使用两种分离装置以达到更好的分离效果。

3. 空气再加热

压缩空气经降温、除油水后，温度下降，油水含量大幅减少，但是空气湿度仍然比较大，对过滤系统的功效发挥有严重影响，因此需对空气再加热，以提高温度，降低相对湿度。可以在热交换器内使用热媒介（如蒸汽）对空气进行再加热，也可以使用空压机输送的高温压缩空气与冷却空气进行热量交换，达到经济节能的目的。

通过上述的空气预处理流程，最终获得去除油水，温度适宜的压缩空气进入过滤。

## 二、空气过滤除菌

预处理后压缩空气进入过滤系统过滤除菌。空气过滤除菌一般采用多级过滤装置进行组合过滤，达到最终的无菌要求。在过滤操作中，综合考虑不同过滤介质和过滤原理进行优化组合，以达到最优过滤效果和最佳经济效益。

一般发酵车间设置总过滤器一组，对预处理后压缩空气进行粗过滤。通过总过滤器系统的过滤，可以去除压缩空气中绝大部分的尘粒和相当一部分微生物体。总过滤器的特点是过滤面积大、空气压降低、容尘量大、无需经常维护更换。总过滤器的使用可大幅减少后续分过滤器的除菌除尘压力。

传统总过滤器基本采用深层过滤原理，如多层棉毡与活性炭夹装，预装玻璃纤维过滤器、多叠纤维滤纸过滤器、烧结金属滤管等。随着技术进步和膜材料的大规模生产，目前在空气总过滤装置上越来越多地使用膜过滤装置。

空气经总过滤器过滤后，由总管进入分管，流向各发酵罐。在进入发酵罐之前一般还要经过分过滤器系统。分过滤器系统一般由预过滤器和精过滤器组成。预过滤器一般选择适当精度的膜过滤材料，滤除细小的微粒杂质，从而保护好精过滤器。精过滤器的目的是完全滤除空气可能含有的微生物体，确保进罐空气达到工艺无菌要求。精过滤器一般要求过滤精度达到 0.01 μm，过滤效率达到 99.999 9%。一般选择疏水性强、耐高温消毒和结构强度好的材料，如聚偏氟乙烯微孔滤膜、聚四氟乙烯微孔滤膜等。常用的膜过滤器如图 5-6 所示。

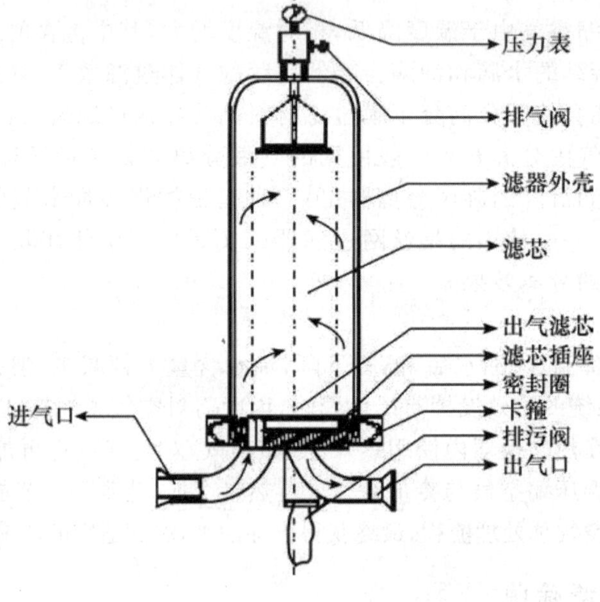


图 5-6 膜过滤器工作结构图

# 第四节 无菌空气的微生物检测

经多级无菌过滤后的压缩空气可以应用于发酵生产，提供微生物液体培养所需要的氧源。但是空气的预处理和无菌过滤过程工艺复杂，流程较长，涉及设备众多，任何环节出现了问题都有可能导致空气过滤后达不到规定的无菌要求而使发酵罐染菌，实际生产中必须定期监测空气的无菌状况，以便及时发现和解决问题。空气洁净度等级指标见表 5-1。

表 5-1 空气洁净度等级表(引自药品生产质量管理规范(1998 年修订)附录)

| 洁净度等级 | ISO 等级 | 尘粒最大允许数(个/m³) | | 微生物最大允许数 | |
|---|---|---|---|---|---|
| | | 0.5 μm 以上尘粒数 | 5 μm 以上尘粒数 | 浮游菌数(个/m³) | 沉降菌数(个/皿) |
| 100 级 | M3.5 | $3.5\times10^{3}$ | 0 | 5 | 1 |
| 10 000 级 | M5.5 | $3.5\times10^{5}$ | $2\times10^{3}$ | $1\times10^{2}$ | 3 |
| 100 000 级 | M6.5 | $3.5\times10^{6}$ | $2\times10^{4}$ | $5\times10^{2}$ | 10 |

空气的微生物检测涉及空气中微生物的采集和所采集微生物的培养,通过对最终培养菌落的计数确定空气中微生物含量水平。一般空气微生物检测方法有平皿沉降法和采样培养法两大类型。平皿沉降法依靠空气中的微生物体自然沉降于琼脂平板上,通过一定时间的收集后培养计数。采样培养法则通过采集装置主动采集空气中微生物粒子,通过培养检测空气中微生物含量水平。采样培养法有多种微生物采样方式,包括撞击法、离心法、滤膜法等,其中撞击法是目前应用最为广泛的采样方式,它通过强制吸入空气,使空气中微生物粒子通过狭缝或筛孔;微生物粒子因惯性作用而撞击在琼脂平皿上,从而被捕获和进行培养。

无菌压缩空气的微生物检测具有一定的特殊性。无菌压缩空气具有一定的压力和气流速度,温度比较高,通常在密闭管路中流动,微生物含量非常少或者近似于无。这些特点决定了无菌压缩空气的采样必须考虑到如下因素:防止采样过程中环境空气对无菌压缩空气的污染;必须有足够大的采样量和防逸漏措施,从而有效和准确富集气体中可能含有的少量微生物;排除因无菌压缩空气的压力、流速和温度导致的采样和培养条件偏差。

实际操作中,考虑到无菌压缩空气的特殊性,一般不采用普通空气微生物的采集方法。采用的方法主要有液体吹气培养法和液体吹气-平皿培养法。

1. 液体吹气培养法

液体吹气培养法所用装置如图 5-7。将培养基装入带橡皮塞的广口瓶,瓶口连接能耐蒸汽灭菌的胶管,并接一根玻璃管插到液面下。瓶口接一排气口,排气口以多层纱布绑缚防止微生物吸入。置高温蒸汽灭菌后取出。将气体取样阀灭菌,缓缓地放适量气体,等气流稳定后,把取样胶管接到取样口,使气体通入液体培养基,一定时间后取样结束。用止血钳夹紧进气口,直接置 37 ℃恒温培养,观察培养基是否变混浊及时间,判断气体是否受微生物污染及污染程度。

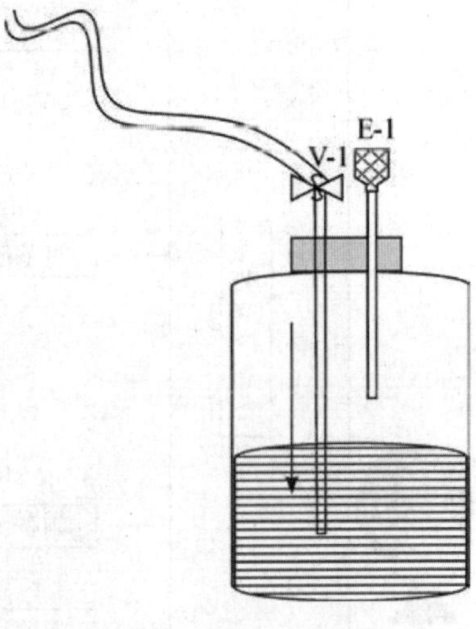


图 5-7 液体吹气装置图

2. 液体吹气-平皿培养法

液体吹气-平皿培养法使用的装置与液体吹气培养法使用的装置一样，不同之处是将生理盐水装入广口瓶，蒸汽灭菌后以相同方式采样。采样时间应长于液体吹气培养法。在无菌室内将采样盐水涂布于平皿，考察微生物生长情况。

3. 液体吹气-膜富集-平皿培养法

将上述液体吹气-平皿培养法中收集的采样盐水，在无菌条件下以 0.22 μm 的无菌微孔滤膜通过抽滤富集收集液体中的微生物。以少量无菌水分次洗涤滤膜，合并后涂布于平皿，考察微生物生长情况。

液体吹气培养法可以大致判断无菌压缩空气是否染菌及染菌程度，但是没有办法对培养微生物计数，定量反映空气带菌情况。液体吹气-平皿培养法虽然可以定量计数，但在空气带菌程度极为低微的情况下可能不具备足够灵敏度来进行检测。液体吹气-膜富集-平皿培养法是一种比较完善准确的方法，它克服了前两者的不足，也解决了如环境空气干扰、定量采样等实际问题，具有良好的实用性。但在液体吹气-膜富集-平皿培养法的操作过程中要注意保证操作过程的无菌和可靠性，防止因滤膜洗涤不充分导致计数偏差。

## 本章小结

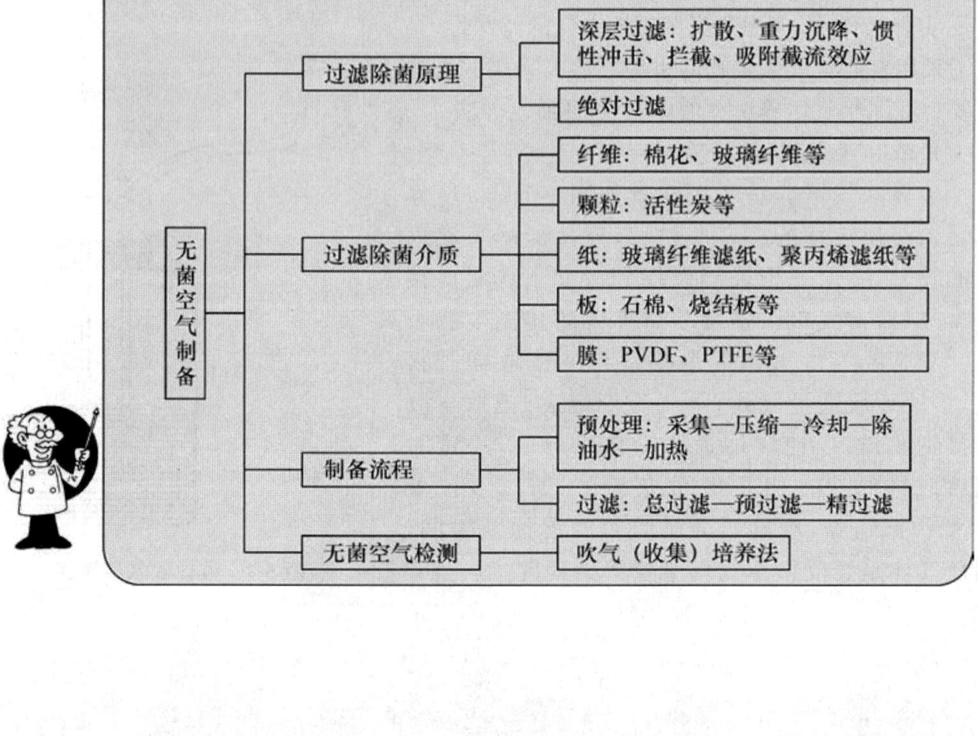

## 复习思考题

1.空气绝对过滤除菌的原理是什么？试举出以绝对过滤除菌为基本工作原理的两种过滤介质。

2.在空气过滤除菌之前为什么要进行预处理？按空气预处理流程分别说明各步骤的作用。

3.将无菌压缩空气通过管路引流吹射到空白的营养琼脂平皿上，然后培养平皿，观察微生物生长情况。用这种方式来检测无菌压缩空气的无菌情况，试分析可能会出现哪些问题导致检测不真实。

# 第六章　微生物药物的生物合成

**知识目标**

- 理解微生物的初级代谢和次级代谢，微生物次级代谢产物生物合成的调节机制。
- 掌握微生物次级代谢产物生物合成的基本特征、生物合成的生源以及微生物药物生物合成的基本途径。

**技能目标**

- 会利用微生物的次级代谢产物生物合成的调节机制进行发酵调节。
- 掌握几种重要的抗生素的生物合成途径。

## 第一节　微生物的代谢

根据微生物代谢过程中产生的代谢产物在活性机体内的作用的不同，可将代谢分成初级代谢与次级代谢。

### 一、微生物的初级代谢和次级代谢

初级代谢是指能使营养物质转变成机体的结构物质和对机体具有生理活性作用的物质，或是为机体生长提供能量的一类代谢。初级代谢的产物称为初级代谢产物，主要是微生物产生的对自身生长和繁殖必需的物质，可以维持微生物生长及能量消耗。初级代谢产物包括供机体进行生物合成的各种小分子前体、单体和多聚体物质，以及在能量代谢中起调节作用的各种物质，如多糖、蛋白质、脂肪和核酸等，它们是生命物质的基础建筑材料，对所有生命来说，即使是相距遥远的种类，其初级代谢也是基本相同的。

初级代谢体系具体可分为分解代谢体系、素材性生物合成代谢体系、结构性生物合成体系。分解代谢体系通过糖类、脂类、蛋白质等物质的降解,获得能量并产生5-磷酸核糖、丙酮酸等物质,这些物质是分解代谢的终产物,也是整个代谢体系的中间产物;素材性生物合成代谢体系主要合成某些小分子物质,如核苷酸等;结构性生物合成体系是用小分子合成产物装配大分子,如蛋白质、多糖、核酸、类脂等。初级代谢产物可分为中间产物和终产物,对每一代谢途径来说,途径的最后产物是终产物,但对整个代谢体系而言,则是中间产物,所以分解代谢体系、素材性生物合成代谢体系也可以认为是中间代谢。

次级代谢是指微生物在一定生长时期,以初级代谢产物为前体,合成一些对微生物的生命活动无明确功能的物质的过程。次级代谢的产物称为次级代谢产物。次级代谢产物对生物的基本生命活动来说几乎没有什么作用,产量也很少,但它们在抵抗恶劣环境、伪装躲避、清除自身毒素和排泄物等时都显得非常重要。

次级代谢产物的生物合成途径和产物的结构通常是错综复杂、各不相同的,不仅非常明显地反映了种属间的差异,而且变种之间也会截然不同。抗生素、酶抑制剂、植物生长调节剂、毒素、色素等均属于重要的具有生理活性的次级代谢产物。

## 二、微生物的初级代谢和次级代谢的关系

初级代谢与次级代谢关系密切,初级代谢的关键性中间产物往往是次级代谢的前体。虽然次级代谢产物的分子结构要比初级代谢产物复杂得多,而且次级代谢产物分子中往往还含有初级代谢产物所没有的基团,但是次级代谢产物的合成途径并不是独立存在的,而是与初级代谢产物合成途径间存在着紧密的联系。次级代谢产物基本上是由微生物初级代谢产物合成的,许多次级代谢产物中的糖结构来自葡萄糖的分解代谢产物,乙酸本身是微生物初级代谢中三羧酸循环的产物,它可以进入初级代谢脂肪酸的合成,又是很多聚酮类次级代谢产物合成的起始单位。催化特殊次级代谢产物合成反应的酶,可以从那些初级代谢途径的酶演化而来,如糖降解过程中的乙酰-CoA是合成四环素、红霉素的前体。

次级代谢不像初级代谢那样有明确的生理功能,因为次级代谢即使被阻断,也不会影响菌体的生长繁殖。次级代谢产物的化学组成多种多样,它们的合成途径也较复杂,但前体一般是来自初级代谢,常常与初级代谢中的糖代谢、脂肪代谢及三羧酸循环等各途径的中间产物有关。初级代谢和次级代谢的途径是相互交错的,因而无论在代谢途径还是代谢调控上,初级代谢和次级代谢都受到微生物的代谢调节,二者密切相关,见图6-1。

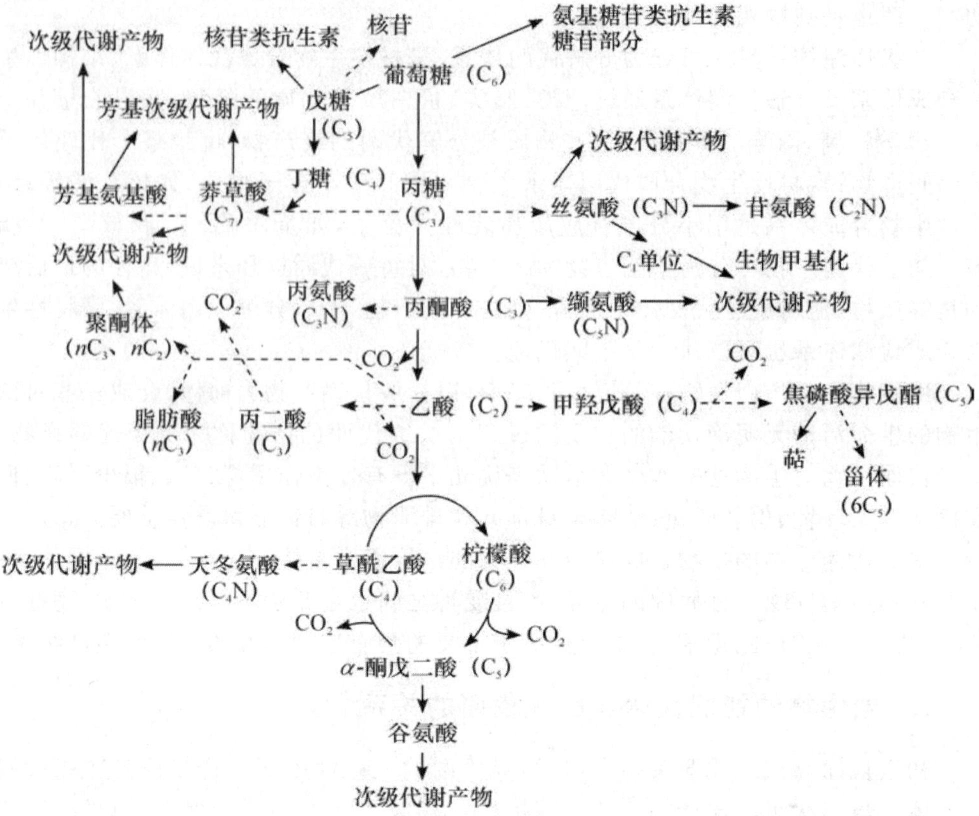


**图 6-1 初级代谢和次级代谢的关系**

(《发酵工艺原理》,熊宗贵,1995)

# 第二节 微生物药物生物合成的基本途径

## 一、微生物次级代谢产物生物合成的基本特征

微生物次级代谢产物是一些与微生物的生长、繁殖没有特别关系的蛋白质、酶及由这些酶催化生成的物质,其生物合成也因菌种的不同有很大差异。次级代谢产物既不参与细胞的组成,又不是酶的活性基团,也不是细胞的贮存物质,大多分泌于胞外。微生物药物主要是微生物的次级代谢产物。微生物在其代谢过程中能产生种类繁多的代谢产物,包括初级代谢产物和次级代谢产物,二者的合成途径既密切相关,又有不同的特征。微生物次级代谢产物的生物合成具有以下基本特征。

(1)次级代谢产物产生于菌体特定生长期　次级代谢产物通常是在菌体旺盛

生长后期(一般是稳定生长期)合成,并能在菌体内或环境中积累。当培养液中缺乏某种重要的营养物质而使细胞生长繁殖受到限制时,次级代谢产物的合成才被启动。

(2)次级代谢产物受初级代谢的调节　次级代谢产物的生物合成以初级代谢产物为前体物并受初级代谢的调节。当与次级代谢产物生物合成有关的初级代谢受阻时,该次级代谢产物也不能合成。

(3)次级代谢产物的化学组成多样　次级代谢产物可以是糖苷类、多肽类、芳香类等化合物,且一种微生物能够合成多种结构上完全不同的次级代谢产物,相反,不同的微生物也可能合成相同的次级代谢产物。

(4)合成次级代谢产物的酶系对底物的特异性不强　进行次级代谢的产生菌往往同时合成多种结构相似的次级代谢产物,而且代谢过程中也存在着许多结构相似的次级代谢中间产物。

(5)次级代谢产物的合成受多基因控制　在次级代谢产物的合成过程中,有时控制次级代谢产物生成的基因不仅位于染色体上,也可位于染色体以外的遗传物质(如质粒)中,而且质粒在次级代谢产物生物合成中所起的作用要比在初级代谢产物生物合成中大得多。

(6)次级代谢产物生物合成具有不稳定性　因为染色体外遗传物质在次级代谢产物合成中所起的作用较大,而染色体外遗传物质较容易受外界环境影响。

## 二、次级代谢产物的生源

在研究次级代谢产物生物合成机制时,提出生源说和生物合成两个概念。一般说,生源说指的是次级代谢产物分子中构建单位的各种原子的起源;生物合成指的是各构建单位在多种酶的作用下合成次级代谢产物的过程。研究次级代谢产物生物合成时,需将两个概念紧密联系起来。

生源是指次级代谢产物分子构建单位的来源。一般次级代谢产物的生源都是直接或间接地来自于微生物代谢过程中产生的一些中间产物或是初级代谢产物,如碳水化合物降解生成的五碳($C_5$)化合物、四碳($C_4$)化合物、三碳($C_3$)化合物、二碳($C_2$)化合物和其他初级代谢产物合成的。这些物质有的直接作为次级代谢产物的前体,有的经过修饰后作为特殊前体用于合成次级代谢产物,如聚酮体、氨基糖等。常见次级代谢产物生物合成的构建单位也就是生源主要有以下几种。

### 1. 聚酮体

许多次级代谢产物是由乙酸、丙酸、丁酸单位和某些短链脂肪酸通过聚酮体途径衍生来的,聚酮体是含有多个羰基的聚合物。合成聚酮体的前体与合成初级代谢产物脂肪酸的前体相似，许多次级代谢产物的前体物都是由聚酮体构成的。如大环内酯类抗生素的内酯环、四环类抗生素的苯并环、蒽环类抗生素的蒽醌环等，其前体物都是由聚酮体构成的。聚酮体的形成以起始单位为基础，通过与链的延伸单位不断缩合和脱羧，最终形成 β-多酮次甲基链。聚酮体链的长短及链的饱和程度随微生物种类不同而差别很大。合成的 β-多酮次甲基链经不完全的还原或者在不同位点还原，可以形成多种类的聚酮体。聚酮体合成的起始单位有乙酰辅酶A(乙酰-CoA)、丙酰-CoA 和丁酰-CoA 等，作为链的延长单位有丙二酰-CoA、甲基丙二酰-CoA、乙基丙二酰-CoA 等，它们是 $C_2$、$C_3$、$C_4$ 等的供体。

已知乙酰-CoA 是葡萄糖(或脂肪酸)降解反应中的一种关键中间产物，它除直接作为次级代谢产物的前体外，还可在乙酰-CoA 羧化酶的作用下生成丙二酰-CoA；丙酸单位可由琥珀酰-CoA 经转化、降解等形成；丁酸单位由一个乙酰-CoA 与一个丙酰-CoA 缩合形成。

聚酮体的形成，有的是由单一种类构建单位缩合形成，有的是由几种构建单位经过交叉缩合形成的。在形成次级代谢产物时，常伴随着聚酮长链上许多基团的化学修饰作用，可以引进一些氯原子、氧原子、甲基等，而且经修饰的聚酮体还可以以糖苷键和糖类物质相连，以酰胺键形式与某些氨基化合物相连，使得由聚酮体组成的次级代谢产物种类较多。聚酮体链的长短及其衍生的各种衍生物的结构差别很大。其合成途径见图 6-2。

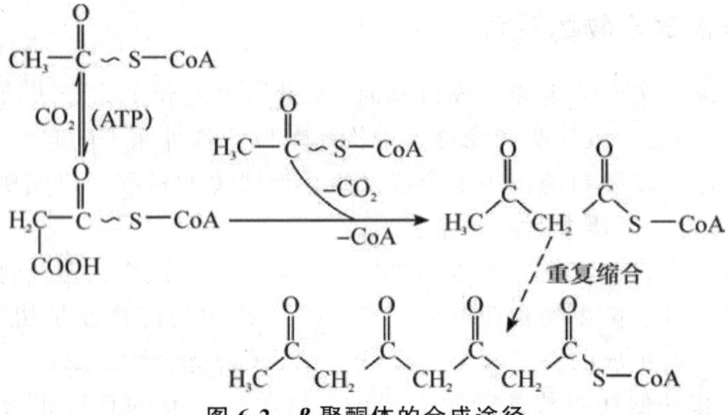


**图 6-2 β-聚酮体的合成途径**

(《微生物制药》，吴剑波，2002)

聚酮体链一般由 4 个至多个构建单位组成，长链聚酮体由 19 种构建单位组成，合成的 β-聚酮体链经过连续而完全的还原反应获得脂肪酸，经过不完全的还原或还原位点的不同可获得变化较多的聚酮体。部分还原的聚酮体链经过重复脱水常得到芳香化合物(四环类等抗生素)，经过环化作用形成大内酯环(大环内酯类抗生素)。

2. 糖类

次级代谢产物分子中含有的糖类比糖代谢的中间产物的数目还多。这些糖类物质主要有氨基糖、糖胺、核糖、环多醇和氨基环多醇以及其他糖类等,它们以O-糖苷、N-糖苷、S-糖苷、C-糖苷等与次级代谢产物分子中的糖苷配体连接,葡萄糖和戊糖是这些糖类和氨基糖的前体。微生物在发酵过程中可以利用的碳源有单糖、双糖以及少数多糖等,这些糖类物质在被微生物吸收时必须先降解成以葡萄糖和戊糖为主的单糖,因此在次级代谢产物结构中主要以葡萄糖和戊糖为前体形成次级代谢产物所需要的各种糖类和氨基糖。

一般葡萄糖的化学修饰作用都发生在其被二磷酸核苷活化的状态下,即以活化型的脱氧胸腺核苷-5-二磷酸葡萄糖的形式参与反应,葡萄糖的碳架经过异构化、氨基化、脱氧、碳原子重排、氧化还原或脱羧等化学修饰后形成各种糖类,再以O-糖苷、N-糖苷、S-糖苷、C-糖苷等方式并入到次级代谢产物的分子中。

氨基糖的合成一般是以葡萄糖为前体的,首先将葡萄糖活化成己酮糖,然后经过转氨作用将谷氨酰胺或谷氨酸的氨基转移到己酮糖的分子上形成氨基糖。大环内酯类抗生素中的红霉糖胺、碳霉糖、碳霉糖胺等,是由葡萄糖衍生来的。其中*D*-碳霉糖胺合成的第一步是转化葡萄糖生成二磷酸核苷葡萄糖,然后在$NAD^+$的存在下,通过葡萄糖氧化还原酶催化,再经过烯二醇式重排、转氨基以及逐步甲基化后生成*D*-碳霉糖胺。N-甲基葡萄糖胺的合成途径是先进行葡萄糖的磷酸化,接着进行转氨基反应生成葡萄糖胺-6-磷酸盐,然后进行差向异构化,最后进行甲基化,最终生成N-甲基-*L*-葡萄糖胺。次级代谢产物中的核糖可以由戊糖转化而来,但大部分由葡萄糖转变得到。

在氨基环醇类抗生素的生物合成过程中,环多醇是一个非常重要的共同的中间体,它是一个多羟基化合物,如果其中一个或多个羟基被氨基取代则成为氨基环多醇。不同的氨基环醇类抗生素分子中所含有的氨基环醇的结构不尽相同,但其中主要是2-脱氧链霉胺、链霉胍。这些氨基环醇都以*D*-葡萄糖作为前体,经过酸化、环化以及氨基化等反应,形成一个共同的氨基环醇中间体,然后再经由不同的途径衍生出不同的结构。氨基环醇的形成只能以葡萄糖作为前体,氨基葡萄糖必须转化为葡萄糖才能被利用。

某些核苷类抗生素分子中常含有某些稀有的戊糖,这些戊糖源于葡萄糖,也有的稀有戊糖是在核苷合成之后直接对核糖部分进行修饰而形成的。

3. 不常见氨基酸

出现于蛋白质结构中的$\alpha$-*L*-氨基酸称为常见氨基酸,而在次级代谢产物中发现有200多种非蛋白质氨基酸(也称不常见氨基酸),如*D*-氨基酸、N-甲基氨基酸、*β*-氨基酸以及“前体”氨基酸等,这些都是不常见氨基酸。不常见氨基酸可以通过正常的氨基酸异构或修饰而得,也可以通过葡萄糖的初级代谢产物合成。例如,在肽类抗生素结构中的*D*-苯丙氨酸和*D*-色氨酸,这些氨基酸的合成过程是其相应的*L*-氨基酸被活化成氨酰硫-酶复合物,然后通过消旋酶的作用转变成*D*-氨基酸。*L*-氨基酸转变为*D*-氨基酸后立即参与到次级代谢产物中。N-甲基氨基酸是正常氨基酸接收了*L*-甲硫氨酸的甲基后形成的。在青霉素合成中,只有*L*-缬氨酸才能被产生菌并入青霉素的LLD三肽中间体(*L*-*α*-氨基己二酰-*L*-半胱氨酰-*D*-缬氨酸三肽)。青霉素前体中这种*D*-缬氨酸是活化了的*L*-缬氨酸在三肽合成时被消旋转化成*D*-缬氨酸后结合到肽链上的。某些既可以用于合成初级代谢产物,又可以用于合成次级代谢产物的非蛋白质氨基酸是由正常氨基酸生物合成途径合成的。

4. 非核酸的嘌呤碱和嘧啶碱

在次级代谢产物中出现的非核酸嘌呤碱基和嘧啶碱基是由合成核酸用的嘌呤和嘧啶经过化学修饰而形成的。与菌体内核苷酸的合成途径不同,次级代谢产物的合成可以直接利用培养基中的各种嘌呤碱基核苷酸。例如,3-脱氧嘌呤核苷酸类抗生素生物合成的过程中,腺嘌呤核苷酸可以直接被产生菌作为前体物质并入嘌呤霉素分子中,不用先将腺嘌呤核苷酸分解为腺嘌呤和核糖后再用于抗生素的合成。

5. 吩噁嗪酮

吩噁嗪酮是构成某些次级代谢产物的一个基本结构,如放线菌素的发色团中就具有一个吩噁嗪酮的结构。色氨酸和其他一些代谢物是吩噁嗪酮生物合成的前体,它们先形成4-甲基-3-羟基-邻氨基苯甲酸,然后两分子的4-甲基-3-羟基-邻氨基苯甲酸在吩噁嗪酮合成酶的催化下反应形成吩噁嗪酮。

6. 莽草酸

莽草酸是一些芳香族化合物,它是由葡萄糖初级代谢产生的*D*-赤藓糖-4-磷酸和磷酸烯醇式丙酮酸进行醛醇缩合,生成3-脱氧-*α*-阿拉伯庚酮糖酸-7-磷酸,经脱磷酸环化形成苯环后再脱水、加氢形成。以莽草酸作为起始物,经磷酸化、缩合及脱磷酸化反应可生成分枝酸,进一步衍生为芳香族化合物。

7. 甲羟戊酸

甲羟戊酸(3-甲基-3,5-二羟基戊酸)是若干种异戊二烯或萜类次级代谢产物的构建单位,同时也能合成若干生物体必需的产物,如胡萝卜素等。甲羟戊酸是由乙酸缩合而成。首先是两个乙酰辅酶A进行头尾缩合,然后再和另一个乙酰辅酶A进行醇醛缩合,生成3-羟基-3-甲基-戊二酰CoA,再经过两步不可逆还原反应即生成甲羟戊酸。

甲羟戊酸被磷酸化后形成甲羟戊酸-5-焦磷酸,继续经脱羧和脱水作用就可以形成活化形式的异戊二烯焦磷酸。这种活化的五碳单位几乎可以任何数量的单元结合，形成自然界中各种各样的异戊二烯类次级代谢产物，如生物碱、甾醇和胡萝卜素等重要的生理活性物质。亮氨酸经转氨等反应也可降解形成异戊二烯焦磷酸，合成途径见图 6-3。

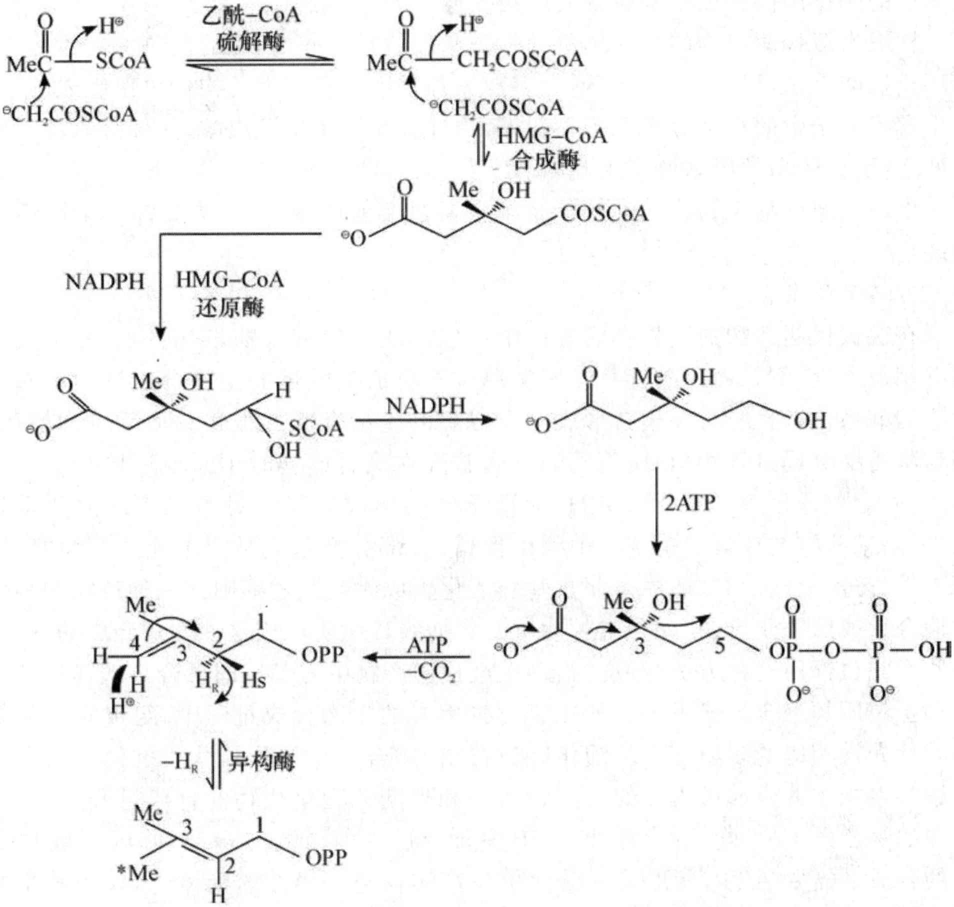


**图 6-3　甲羟戊酸和异戊烯焦磷酸的生物合成**

（《发酵工艺原理》，熊宗贵，1995）

## 三、次级代谢产物生物合成的基本途径

合成次级代谢产物的前体（也叫构建单位）合成之后，这些前体就被引进途径特殊的次级代谢产物生物合成途径中，经过聚合等反应形成次级代谢产物。在抗生素生物合成中，这些构建单位可缩合形成聚酮体、寡肽、聚乙烯等物质，再经过一系列的化学修饰和装配构成具有多种多样化学结构和生理活性的次级代谢产物。

这些物质的合成途径和修饰作用不同,主要取决于次级代谢产生菌的生理学特性,产生菌可通过多种生物合成途径而装配成结构不完全相同的物质,即抗生素的复合物。代谢初期可能产生同属的结构类似物,而在生物合成的中后期则由于各种特异性的酶作用而生成结构各异的次级代谢产物。

构成次级代谢产物的构建单位的种类和数量是不同的,有的由单一前体构成,如环丝氨酸是由丝氨酸衍生的,绝大多数品种是由两种以上的构建单位组成的,如新生霉素分子中的一部分来源于葡萄糖,一部分来源于甲羟戊酸,一部分来源于莽草酸途径,分子中的甲基源于甲硫氨酸。

次级代谢产物生物合成的基本途径主要包括前体聚合、结构修饰和不同组分的装配。

1. 前体的聚合

在次级代谢产物的生物合成过程中可以形成多种聚合物,它们的生物合成过程有相似之处,例如由乙酸、丙酸、丁酸单位等合成聚酮体的生物合成过程和参与反应的酶系,由乙酰-CoA 聚合形成异戊二烯的生物合成过程和参加反应的酶系,都与脂肪酸合成过程相似,所不同的是脂肪酸在聚合的同时不断地还原和脱水而被饱和,合成过程中需要 NADPH,而聚酮体的形成过程中对 NADPH 的要求较低,所以某些酮基在最后的结构中得以保留,大部分酮基只是简单地还原为羟基,而不进行进一步脱水和还原。而氨基酸活化生成磷酸酯过程则被一种特定的酶催化缩合形成肽类化合物,如谷胱甘肽就是在初级代谢阶段按这种方式合成的,一些小肽通常也都用这种方法合成。很多次级代谢产物中氨基酸的聚合方式与谷胱甘肽和蛋白质的聚合方式不同。如在肽类抗生素的生物合成过程中,组成它们的氨基酸首先被相应的多酶复合物活化,然后进行缩合。非核蛋白肽类抗生素的合成过程与聚酮体的合成过程类似。在脂肪酸和聚酮体型化合物的合成过程中,活化乙酸的是乙酰-CoA 合成酶,需要 ATP 参加反应。丙二酰-CoA、甲基丙二酰-CoA 等的合成都需要 ATP,所形成的活性单位都转移至特异性的受体上,如短链聚酮体链酶复合物上,同时释放出 ADP 和磷酸。在肽类抗生素的生物合成过程中,前体氨基酸的活化不是特异性的转移 RNA,而是通过 ATP 的激活作用形成类似于酶复合物的氨基酯酰-腺苷酸,这与乙酸的活化过程相似。如青霉素生物合成前体是 *L*-*α*-氨基己二酸、*L*-半胱氨酸和 *L*-缬氨酸,首先在三肽合成酶的作用下,将 3 个前体氨基酸缩合成三肽——*δ*-(*L*-*α*-氨基己二酸)-*L*-半胱氨酰-*D*-缬氨酸,然后由异青霉素 N 合成酶催化氧化等,生成异青霉素 N,最终形成青霉素。

2. 结构修饰

次级代谢产物的分子骨架合成后,还要经过多种酶系的修饰才会形成具有生理活性的物质，才能获得最终产物。这些酶促反应包括糖基化、酰基化、甲基化、羟基化和氨基化反应以及氧化还原等。在聚酮体链形成多种结构衍生物的过程中就伴随着一系列的化学修饰作用，如引进 O-甲基、C-甲基、氯原子、氧原子等，这些修饰作用增加了衍生物的多样性。也正是由于这些反应，使抗生素生产往往存在一系列类似物。例如，在四环素类抗生素的生物合成中，在完全闭环形成 6-甲基四环酰胺中间产物后（即分子骨架已完成），经过 $C_4$ 位上的氧化反应及 $C_6$ 位上的羟化反应等多步修饰形成一种重要的中间产物——脱氢四环素，金霉素链霉菌对此中间产物进一步修饰而形成四环素，龟裂链霉菌对此中间产物进一步修饰而形成土霉素。再如红霉素 A 生物合成，由红霉内酯 B 与红霉糖和红霉糖胺以糖苷键连接后，就形成了红霉素 D，红霉素 D 的内酯环 $C_{12}$ 位进行羟化反应就转化为红霉素 C，其 $C_3$ 位上的羟基进行甲基化就形成红霉素 A。头孢菌素 C 生物合成中的重要中间产物脱乙酰氧头孢菌素 C 经过羟化反应和乙酰化两步修饰后才转化为头孢菌素 C。如在次级代谢产物中出现的非核酸嘌呤碱基和嘧啶碱基是由合成核酸用的嘌呤和嘧啶经过化学修饰而形成的。

3. 不同组分的装配

次级代谢产物所必需的几个部分合成后，需要按照一定的顺序在特异酶的催化下组装在一起才会形成具有生理活性的次级代谢产物。例如，新生霉素是由新生霉糖部分、香豆素部分、异戊烯部分和对羟基苯甲酸部分组合而成，几个组分形成后装配在一起得到具有生理活性的新生霉素。链霉素分子的组装是从 dTDP-链霉糖开始的，链霉糖与链霉胍-6-磷酸在双氢链霉糖脒基转移酶的作用下形成拟二糖：O-*α*-*L*-双氢链霉糖（1-4）链霉胍-6-磷酸酯；N-甲基 *L* 葡萄糖胺与拟二糖生成双氢链霉素-6-磷酸酯，再经氧化和水解，最后生成链霉素。氨基糖苷类抗生素的生物合成，从分离得到的中间产物证明糖单元是逐个连接上去的。

## 第三节 微生物次级代谢产物生物合成的调节机制

微生物的新陈代谢错综复杂，参与代谢的物质又多种多样，即使是同一种物质也会有不同的代谢途径，而且各种物质的代谢间存在着复杂的相互联系和相互影响。

微生物的次级代谢和初级代谢一样，都受菌体代谢的调节，初级代谢接受菌体调控比次级代谢更严格一些。次级代谢产物生物合成的调节与其他微生物产物生物合成的调节在某些方面是相同的，也是调节参与生物合成的酶合成（诱导或阻遏）和控制酶活性（激活或抑制）。但次级代谢的调节也有其独特的一面。

微生物在长期的进化过程中，建立起一套严密、精确、灵敏的代谢调节体系，能严格地调节代谢活动,使之有序而高效地运行并灵活地适应外界环境,利用环境中的营养物。

## 一、初级代谢对次级代谢的调节

次级代谢与初级代谢类似,它在调节过程中也有酶活性的激活和抑制及酶合成的诱导和阻遏。次级代谢产物化学组成多样,合成途径复杂,但前体一般是来自初级代谢,此类产物对微生物本身的生命活动没有明确功能,但与人类生活关系密切。次级代谢产物的合成途径并不是独立存在的,而是与初级代谢产物合成途径间存在着紧密的联系。次级代谢产物以初级代谢产物为母体衍生而来,且催化特殊次级代谢产物合成反应的酶也可以从那些初级代谢途径的酶演化而来,因此微生物的初级代谢对次级代谢具有调节作用。例如青霉素的合成会受到赖氨酸的强烈抑制,而赖氨酸合成的前体 $\alpha$-氨基己二酸是合成青霉素和赖氨酸的共同前体,如果赖氨酸过量,它就会抑制这个反应途径中的第一个酶,减少 $\alpha$-氨基己二酸的产量,从而进一步影响青霉素的合成。

## 二、碳代谢物的调节

容易利用的碳源对微生物的生长十分有利,但往往干扰次级代谢产物的合成。次级代谢产物一般在菌体对数生长后期或稳定期间合成,这是因为在菌体生长阶段,被快速利用的碳源的分解物阻遏了次级代谢酶系的合成。只有在菌体对数生长后期或稳定期,这类碳源被消耗完之后,阻遏作用解除,次级代谢产物才能得以合成。

一般能被微生物快速利用、促进产生菌快速生长的碳源,对次级代谢产物生物合成都表现出抑制作用。这种抑制作用并不是由于快速利用碳源直接作用的结果,而是由于其代谢过程中产生的中间产物引起的。碳代谢物的抑制作用也被称为葡萄糖效应。例如,青霉素发酵中加入葡萄糖,有利于菌体生长,却抑制了青霉素的合成,而在培养基中加入乳糖,由于乳糖需要水解为葡萄糖和半乳糖,因此利用较为缓慢,对青霉素的合成没有抑制作用。有许多次级代谢产物,如螺旋霉素、嘌呤霉素、吲哚霉素、丝裂霉素、杆菌肽、新生霉素、放线菌素等的生物合成都受到葡萄糖的阻遏,因而在这些产物的发酵过程中常采用其他碳源。葡萄糖降低青霉素生物合成的速率和得率,还由于葡萄糖与 6-APA 之间形成复合物,从而减少了可用于青霉素合成的中间产物。

对大肠杆菌的碳代谢物阻遏实质的研究表明,这种阻遏作用的实质是葡萄糖通过细胞膜进入细胞时被磷酸化,在脱磷酸化的过程中磷酸转移酶(PCT)系统灭活了腺苷酸环化酶,从而减少了细胞内的环腺苷酸(cAMP)的形成。外源加入 cAMP 可以解除阻遏作用。

## 三、氮代谢物的调节

许多次级代谢产物的生物合成同样受到氮分解产物的影响。对不同氮源的研究发现,利用较慢的氮源可以防止和减弱氮代谢物的阻遏作用,有利于次级代谢产物的合成;而以无机氮或简单的有机氮等容易利用的氮作为氮源时,虽能促进菌体的生长,却不利于次级代谢产物的合成。如谷氨酸和丙氨酸能阻遏参与放线菌素合成的尿氨酸甲酰胺酶Ⅱ的形成,从而抑制放线菌素的合成;半胱氨酸和甲硫氨酸能阻遏参与链霉素生物合成的甘露糖苷链霉素合成酶的形成,从而影响链霉素的合成。

高浓度的 $NH_4^+$ 可以降低谷氨酰胺合成酶的活性,而后者的比活力与抗生素的合成呈正相关性,因此高浓度的 $NH_4^+$ 对抗生素的生产有不利影响。如氯霉素、白霉素和黄曲霉素等抗生素的合成受高浓度的 $NH_4^+$ 和一些氨基酸的阻遏,这主要是因为 $NH_4^+$ 与谷氨酰胺合成酶(GS)有关,$NH_4^+$ 浓度越高,GS 活力越低,抗生素的合成能力也越低。而另一种含氮化合物硝酸盐却可以大幅度地促进利福霉素的合成,因其可以促进糖代谢和 TCA 循环酶系的活力,以及琥珀酰-CoA 转化为甲基丙二酰-CoA 的酶活力,从而为利福霉素的合成提供了更多的前体,同时它可以抑制脂肪合成,使部分用于合成脂肪的前体乙酰-CoA 转为合成利福霉素脂肪环的前体,另外硝酸盐还可提高菌体中谷氨酰胺合成酶的活力。产黄青霉生物合成青霉素被高浓度的 $NH_4^+$ 抑制,这一调控反应和低水平的谷氨酰胺合成酶相关联。在高浓度的 $NH_4^+$ 环境中,谷氨酰胺减少,谷氨酸的浓度增加,抗生素生物合成相应减少。

## 四、磷酸盐的调节

许多微生物药物的合成对无机磷浓度非常敏感,如链霉素、庆大霉素、头孢菌素等。磷酸盐可刺激葡萄糖的代谢,强化葡萄糖的阻遏作用,也直接作用于生物合成的一些酶。磷酸盐不仅是菌体生长的主要限制性营养成分,还是调节次级代谢产物生物合成的重要因素。过量的磷酸盐也像葡萄糖一样抑制次级代谢产物的合成,这些次级代谢产物的生物合成只有在适当的磷酸盐浓度下才能进行。例如过量磷酸盐对枝顶头孢 W53253 生物合成头孢菌素 C 产生负调控作用。这一方面是由于磷酸盐强化葡萄糖的阻遏作用,另一方面磷酸盐也直接作用于枝顶头孢菌素生物合成途径中的 ACV 合成酶、IPN 合成酶、DAOC 合酶/ DAC 合酶。磷酸盐对这几个酶的抑制作用可以被加入过量的 $Fe^{2+}$ 所抵消。

过量磷酸盐存在,可以使次级代谢产物合成酶类不能形成,也可以抑制次级代谢产物合成酶的活性。磷酸盐不足或过量都将影响带小棒链霉菌生物合成头霉素。磷酸盐浓度低于 10 mmol/L,产生菌的生长和抗生素的合成同时受到限制;

10～25 mmol/L 的磷酸盐既能支持一定量的产生菌生长，又适合于抗生素的合成；当磷酸盐浓度大于 25 mmol/L 时，更有利于产生菌的生长，而抗生素产量显著下降。过量磷酸盐主要抑制带小棒链霉菌的 DAOC 合酶活性。

由于微生物次级代谢产物的生物合成途径不同，磷酸盐所表现的调节机制也不同。磷酸盐对初级代谢途径中的许多酶（如磷酸果糖激酶、葡萄糖-6-磷酸脱氢酶）有作用，因而促进初级代谢，并提供大量的初级代谢中间产物以满足微生物快速生长对大分子生物合成的需要，初级代谢的加速竞争了合成初级代谢产物和次级代谢产物共用的中间体，从而抑制了次级代谢产物的合成。磷酸盐还抑制参与次级代谢产物前体合成的酶的活性，从而抑制次级代谢产物前体的形成，影响次级代谢产物的生物合成。如合成聚酮体的前体丙二酰 CoA，是由磷酸烯醇式丙酮酸经羧化和脱羧而来的，磷酸盐对磷酸烯醇式丙酮酸羧化酶有抑制作用，从而减少前体丙二酰 CoA 的浓度，进而影响次级代谢产物的合成。磷酸盐阻遏次级代谢产物合成中一些关键酶的合成，从而抑制次级代谢产物的形成。

磷酸盐浓度的高低还能调节次级代谢产物合成期出现的早晚，当磷酸盐接近耗尽时，才开始进入次级代谢产物的合成期。磷酸盐起始浓度高，耗尽时间长，合成期则向后拖延。

## 五、ATP 的调节

ATP 直接影响次级代谢产物合成和糖代谢中某些酶的活性。在四环素的生物合成过程中，产生菌体内的 ATP 水平调节着四环素的合成。因为合成四环素的前体丙二酰 CoA 的合成有两条途径：一条是通过磷酸烯醇式丙酮酸经氧化脱羧生成乙酰 CoA 后，在乙酰 CoA 羧化酶的作用下生成丙二酰 CoA，此途径在菌体生长期占主导地位；另一条则是磷酸烯醇式丙酮酸在磷酸烯醇式丙酮酸羧化酶作用下生成草酰乙酸，再经羧基转移酶作用生成丙二酰 CoA，此途径在四环素合成期起决定作用。因此，强化第二条途径有利于四环素的合成。而第二条途径中的草酰乙酸是三羧酸（TCA）循环中的重要中间产物，催化其形成的磷酸烯醇式丙酮酸羧化酶的合成受 ATP 和过量磷酸盐的强烈抑制，从而降低了草酰乙酸的生成，最终降低了四环素生物合成前体丙二酰 CoA 的浓度，影响四环素的生物合成。一般高产的次级代谢产物产生菌株体内的 ATP 浓度比低产菌株低，细胞内 ATP 水平可以通过培养基中磷酸盐的浓度来调节。如果在培养基中加入过量的磷酸盐，可以大大提高菌体内 ATP 浓度，降低次级代谢产物的合成。

## 六、酶的诱导调节

次级代谢过程中也存在着诱导作用，有些参与次级代谢产物合成的酶为诱导酶。诱导酶需要有诱导物存在才能形成。例如甘露糖链霉素酶的形成需要 $\alpha$-甲基甘露糖、甘露聚糖等诱导物的存在，其中以酵母的甘露聚糖的诱导效果为最好。诱导物能提高次级代谢产物的产量。如蛋氨酸能提高头孢菌素 C 的产量，其原因是由于蛋氨酸的诱导作用的存在。诱导酶合成的诱导剂有些需外源加入，称外源诱导剂，而有些是菌体代谢过程中自身产生的，则称内源诱导剂。如巴比妥虽不是利福霉素的前体，也不掺入利福霉素，但能促进将利福霉素 SV 转化为利福霉素 B 的能力。可见诱导酶合成的诱导物，有的是外源加入，有的是菌体代谢过程中产生的。

## 七、反馈调节

许多小分子物质的合成是由一连串的反应组成的，催化此物质生成的第一步反应的酶，往往可以被它的终端产物所抑制，这种对自我合成的抑制叫反馈抑制。次级代谢产物的过量积累也能像初级代谢那样，反馈抑制其合成酶系，在次级代谢产物合成中，反馈调节起着重要作用。次级代谢产物本身的过量积累，存在着与初级代谢相似的反馈调节现象，并且初级代谢和次级代谢途径是紧密相连的，初级代谢受到的反馈调节，也必然影响次级代谢产物的合成。例如，缬氨酸自身反馈抑制乙酰羟酸合成酶的活性，从而影响了青霉素的合成。赖氨酸反馈抑制同型柠檬酸合成酶的活性，抑制了青霉素合成的起始单位 $\alpha$-氨基己二酸的合成，影响了青霉素的生物合成。

## 八、细胞膜通透性调节

细胞膜通透性与分泌合成过剩产物能力有关，也与细胞对所产生的有毒产物的耐受程度以至维持细胞的存活有关。细胞膜通透性是代谢调节的一个重要方面，可以通过改变某些次级代谢产物产生菌的膜通透性来提高其产量。微生物菌体吸收外界营养物质或分泌细胞内的代谢物都必须经过细胞质膜的运输。如果细胞对某种物质不能运输，或是运输功能发生了障碍，将导致细胞内合成代谢的产物不能分泌出去，影响发酵产物的生成和收获；或者是细胞外的营养物质不能进入菌体或进入很少，从而影响产生菌的生长和产物的合成，造成产量下降。例如产生新生霉素的弗氏链霉菌和不产生新生霉素的变株相比，两者细胞膜上的脂肪酸组成不同。当在培养基中加入油酸钠和氯化钠后，经培养后不产生新生霉素的变株的细胞膜又恢复成与亲株相同的脂肪酸组成，并开始合成新生霉素。细胞膜通透性对次级代谢产物的调节是一个重要的发现。

### 九、金属离子和溶解氧的调节

许多金属离子诱导酶的活性，是酶的辅助因子，对次级代谢产物的合成有重要的影响。一些微量的金属离子是参与次级代谢产物合成酶的活化因子，甚至有时在转录和转译水平上起作用。例如，$Mg^{2+}$可以增加卡那霉素合成中的卡那霉素乙酰化酶、乙酰卡那霉素胺基化酶和弗氏链霉菌的碱性磷酸酶的活力，促进这些酶的合成。有些金属离子(如 $Mg^{2+}$ 和 $Ca^{2+}$ 等)可以解除产生菌(卡那霉素、新生霉素和链霉素等产生菌)对所产抗生素的特异性吸附作用，使抗生素从菌丝上游离下来，促进产物分泌。还有一些金属离子可增加产生菌对所产抗生素的抗性。有一些代谢所需的酶需要 $K^+$ 活化，$NH_4^+$ 往往可以代替 $K^+$，但 $Na^+$ 不能活化这些酶，有时还有抑制作用，这一类酶有丙酮酸激酶、天冬氨酸激酶等。另一些酶需要 $Na^+$ 活化，$K^+$ 起抑制作用，如肠中的蔗糖酶。链霉菌中铁离子在转录水平阻遏合成起始酶，因而抑制其产物脱铁草胺的合成。

次级代谢产物的发酵过程需要适量的溶解氧，溶解氧的降低影响次级代谢产物的生物合成。例如，在利用无细胞体系由青霉素 N 进行头孢菌素合成时，随着氧分压的增大，头孢菌素的合成被促进。

## 第四节 几种重要抗生素的生物合成途径

次级代谢产物的研究起始于 20 世纪 40 年代青霉素的发现，随后是链霉素、卡那霉素、庆大霉素、红霉素等的相继出现，形成三大类抗感染抗生素治疗时代，产生了空前的医疗效果和巨大的经济效益。新的抗生素寻找很快扩展到抗真菌、抗肿瘤的抗生素，以及不具有抗感染活力的生理活性物质，成为当代研究的热点。抗感染类抗生素在人类生活中应用较多，主要有 $\beta$-内酰胺类、氨基糖苷类、四环素类等。

### 一、$\beta$-内酰胺类抗生素的生物合成途径

$\beta$-内酰胺类抗生素是分子中含有四元 $\beta$-内酰胺环的一类天然的和半合成的抗生素的总称，它们是迄今已知抗生素中毒性最低、品种最多、临床应用最广的一类抗生素。临床应用的 $\beta$-内酰胺类抗生素主要有五大类，即青霉素类(又称青霉烷类，包括青霉素 G、青霉素 V 和各种半合成青霉素)，青霉烯类(包括青霉烯类和碳青霉烯类)，头孢菌素类(包括头孢烯类、碳头孢烯类和氧头孢烯类)，单环 $\beta$-内酰胺类，$\beta$-内酰胺酶抑制剂类(包括氧青霉烷类、青霉亚砜类)抗生素。它们中的绝大多数是由天然 $\beta$-内酰胺类抗生素用半合成法获得，其中青霉素和头孢菌素是 $\beta$-内酰

胺类抗生素的代表。青霉素和头孢菌素是两类结构非常相似的β-内酰胺类抗生素,青霉素的化学结构是由带酰基的侧链和6-氨基青霉烷酸(6-APA)母核所构成;头孢菌素是由α-氨基己二酸侧链和7-氨基头孢霉烷酸(7-ACA)母核所构成。

β-内酰胺类抗生素的作用机制是抑制细菌细胞壁中主要成分肽聚糖的生物合成,使生长和分化中的细胞不能形成完整的细胞壁而失去生存能力。由于动物细胞没有细胞壁,因而这类抗生素总的说来对动物不产生毒性。但具有β-内酰胺结构的化合物(特别是注射给药后)容易和血浆蛋白结合形成过敏源而发生过敏反应。

自然界有许多微生物能够生物合成β-内酰胺类抗生素,包括真菌、放线菌和细菌,随着微生物分离和筛选工作的展开,今后还将发现更多的能够生物合成β-内酰胺类抗生素的微生物。

β-内酰胺类抗生素的生物合成前体是*L*-α-氨基己二酸、*L*-半胱氨酸和*L*-缬氨酸,生物合成途径(图6-4)首先是在三肽合成酶(ACVS)的作用下,将3个前体氨基酸缩合成三肽-δ-(*L*-α-氨基己二酸)-*L*-半胱氨酰-*D*-缬氨酸(LLD-ACV);然后由异青霉素N合成酶(IPNS)催化LLD-ACV氧化闭环,生成异青霉素N(IPN)。IPN具有特征性四元β-内酰胺环和五元噻唑烷环并联的青霉素结构。自IPN后,青霉素和头孢菌素开始分支:由产黄青霉或构巢曲霉产生的酰基辅酶A、异青霉素N酰基转移酶(AAT),在活化的侧链前体苯乙酰辅酶A或苯氧乙酰辅酶A的存在下将IPN转化为青霉素G或青霉素V等各种青霉素;异青霉素N在异构酶作用下形成青霉素N;青霉素N经脱乙酰氧头孢菌素C合酶(DAOCS)氧化扩环,生成脱乙酰氧头孢菌素C,或由放线菌带小棒链霉菌合成头霉素。

## 二、氨基糖苷类抗生素的生物合成途径

氨基糖苷类抗生素是一类分子结构中含有一个氨基环己醇环和一个或多个氨基糖分子,以糖苷键相连接的一类广谱抗生素,此类抗生素都具有抑制核糖体的功能。这类抗生素分子呈碱性,具有水溶性好、性质稳定、抗菌谱广、抗菌杀菌能力强等特点,临床上已广泛用于治疗细菌感染引起的疾病等,是重要的抗感染药物。

临床实践表明,氨基糖苷类抗生素与青霉素类或头孢菌素类抗生素联合使用常可获得协同作用,协同作用的产生是由于β-内酰胺类抗生素作用于细胞壁,使氨基糖苷类抗生素易于进入细菌体内,与核糖体结合而发挥其抗菌作用。

不同的氨基糖苷类抗生素分子中含有不同的氨基环醇,其中主要有2-脱氧链霉胺、链霉胍及其相关的布鲁胍。这些氨基环醇均源自葡萄糖,通过一个共同的中间体和不同的途径获得其结构。

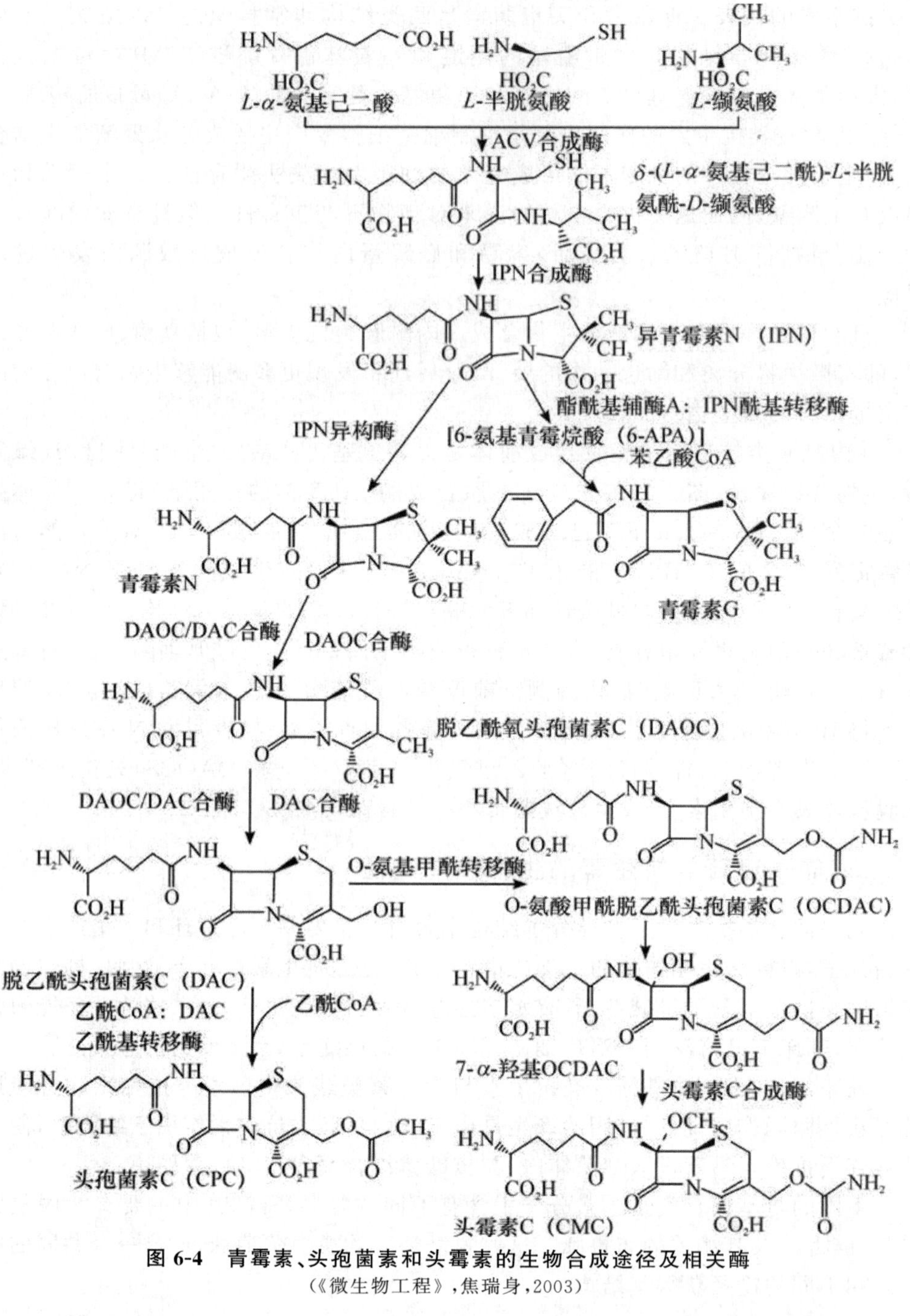


**图 6-4　青霉素、头孢菌素和头霉素的生物合成途径及相关酶**

(《微生物工程》,焦瑞身,2003)

链霉素是1944年由瓦克斯曼等从弗氏链霉菌培养液中提取出的第一个用于临床的氨基糖苷类抗生素，也是治疗结核杆菌和某些细菌感染的首选药物。链霉素是由链霉胍、链霉糖和N-甲基-*L*氨基葡萄糖胺三部分组成。链霉胍源自*D*-葡萄糖，首先*D*-葡萄糖经过其6-磷酸酯环化成为环己六醇-1-磷酸酯，再经过脱磷酸酯生成肌-环己六醇；肌-环己六醇经氧化作用、氨基化作用、磷酸化作用、胍基化作用以及去磷酸化作用生成链霉胍磷酸酯，链霉胍的胍基来自精氨酸。链霉糖是由*D*-葡萄糖衍生而来。N-甲基-*L*氨基葡萄糖胺也是由*D*-葡萄糖衍生而来，首先是*D*-葡萄糖被活化后形成*D*-葡萄糖磷酸酯，经谷氨酸提供氨基，形成*D*-葡萄糖胺-6-磷酸酯，经异构、去磷酸化后，由甲硫氨酸提供甲基，在N上甲基化形成N-甲基-*L*-葡萄糖胺衍生物。链霉胍磷酸酯、链霉糖、N-甲基-*L*-葡萄糖胺衍生物三个亚单位组装形成链霉素-6-磷酸酯，在碱性磷酸酯酶的作用下脱去磷酸形成链霉素。合成途径见图6-5。

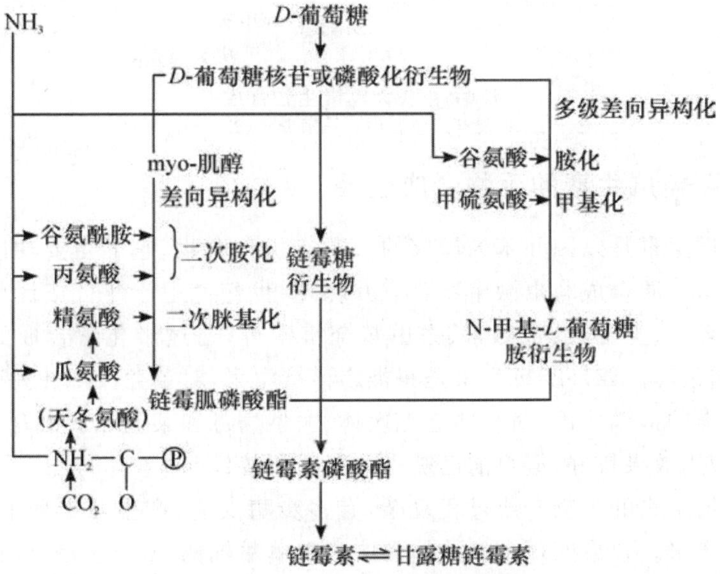


**图6-5　链霉素的生物合成**

(《微生物制药》，吴剑波，2002)

庆大霉素为广谱抗生素，几乎对所有细菌，包括革兰氏阳性细菌和革兰氏阴性细菌都有作用，广泛应用于临床，是临床上用于治疗各种革兰氏阴性菌感染的主要药物之一，也是我国目前生产量最大的氨基糖苷类抗生素。庆大霉素发酵液中含有多种组分，以C族复合物为主，对其复合物分离并经结构研究的单组分约25种，庆大霉素商品中主要含有$C_1$、$C_{1\alpha}$、$C_2$、$C_{2\alpha}$四个组分和少量的小组分，由于各组分在化学结构上的差异，生物活性和毒性也不相同。庆大霉素的合成途径如图6-6所示。

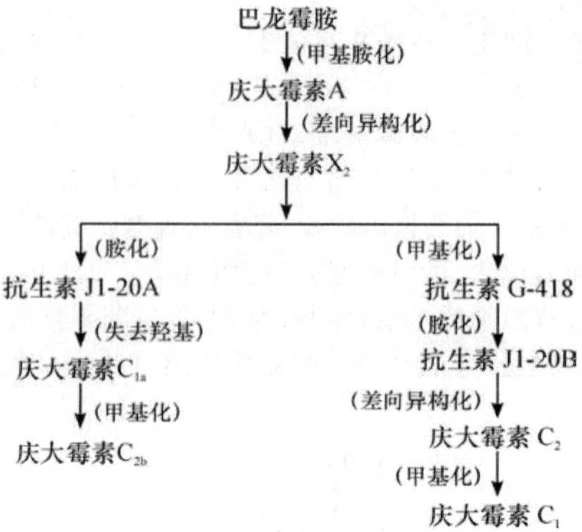


**图 6-6　庆大霉素生物合成**

(《发酵工艺原理》，熊宗贵，1995)

## 三、四环类抗生素的生物合成途径

四环类抗生素是以四并苯为母核的一类有机化合物，它的主要功能是在核糖体水平抑制蛋白质合成。由微生物合成并在 20 世纪六七十年代广泛应用于临床的品种有四环素、土霉素、金霉素、去甲基金霉素等，通过半化学合成的有强力霉素、甲烯土霉素等。四环类抗生素是一类广谱抗生素，对革兰氏阳性和革兰氏阴性细菌都有很强的抑杀作用，对某些立克次体、大型病毒和某些原虫也有一定的抑制作用，临床应用效果较好，但目前已被一些新药所替代。

四环类抗生素的生物合成过程复杂，有多步酶反应，产生几十种中间体，大多数已被分离出来。合成四环素的前体丙二酰胺单酰辅酶 A 的途径有两条，一是丙酮酸经氧化脱羧反应生成乙酰 CoA，再经乙酰 CoA 羧化酶催化的羧化反应，形成丙二酰 CoA；二是磷酸烯醇丙酮酸经羧化反应生成草酰乙酸，再经甲基丙二酰 CoA 丙酮酸羧基转移酶的作用，形成丙二酰 CoA。合成的前体丙二酰 CoA 重复缩合、脱羧，形成 $\beta$-多酮次甲基链，再经过多步化学反应，就形成了脱氢四环素（或脱氢金霉素），它是合成四环素（或金霉素）的中间体，从该中间体可进一步转化成四环素（或金霉素）。其合成途径见图 6-7。

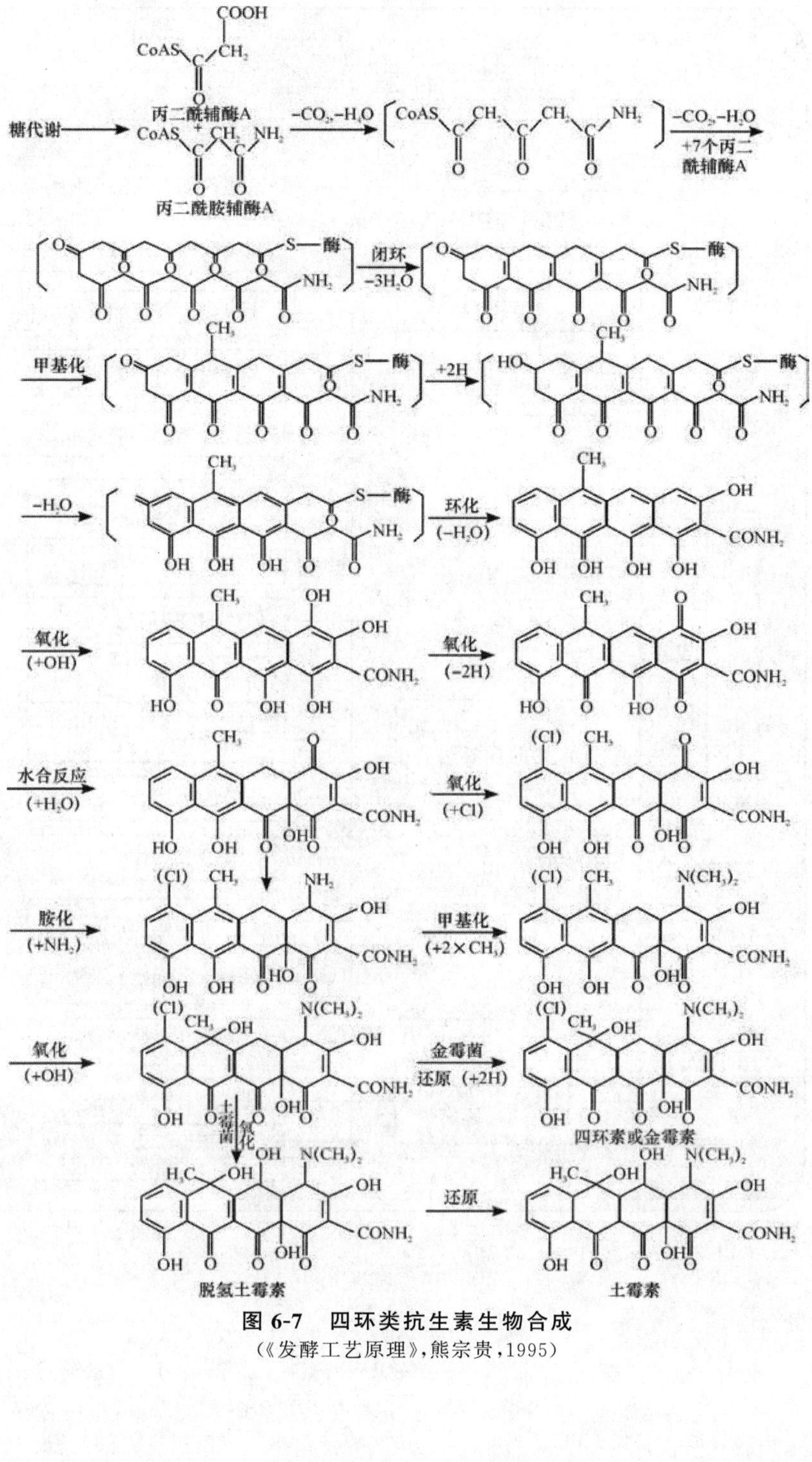


**图 6-7　四环类抗生素生物合成**

(《发酵工艺原理》,熊宗贵,1995)

## 本章小结

- 微生物药物的生物合成
  - 微生物的代谢
    - 初级代谢、次级代谢
    - 初级代谢和次级代谢的关系
  - 微生物药物生物合成的基本途径
    - 次级代谢合成的基本特征
    - 次级代谢产物的生源
    - 次级代谢产物的合成途径
  - 微生物次级代谢产物的合成调节
    - 初级代谢调节
    - 碳代谢物调节
    - 氮代谢物调节
    - 磷酸盐调节
    - ATP调节
    - 酶的诱导调节
    - 反馈调节
    - 细胞膜的通透性调节
    - 金属离子和溶解氧调节
  - 几种重要抗生素的生物合成途径
    - β-内酰胺类的合成
    - 氨基糖苷类的合成
    - 四环类的合成

## 复习思考题

1. 简要说明微生物初级代谢和次级代谢的关系。
2. 举例说明微生物药物生物合成的基本途径有哪些。
3. 碳代谢物是如何调节微生物次级代谢产物的生物合成的？
4. 简述 $\beta$-内酰胺类药物的生物合成途径。

# 第七章　微生物发酵及工艺控制

**知识目标**

- 学习微生物发酵的基本概念、发酵方法、发酵基本过程、发酵过程中的新技术、过程参数检测。
- 理解微生物发酵工程中菌种生长和产物合成的关系，学会发酵的基本控制方法。
- 学会分析发酵过程中的各种影响因素及各类有关问题。

**技能目标**

- 能够掌握发酵过程的基本操作方法。
- 能够进行过程参数的测定。
- 掌握发酵工艺控制方法及生产中出现的各种问题的处理手段。

## 第一节　发酵过程原理

### 一、发酵的基本概念

1. 微生物发酵

微生物发酵是指利用微生物体来制得产物的需氧或厌氧的任何过程。其产物可以是微生物体的初级代谢产物，也可以是次级代谢产物；可以来源于微生物菌体，也可以是排出体外的代谢产品。

微生物工业发酵过程不同于一般化工生产，有其特殊性。它是借助于活的微生物个体在一定培养条件（营养、温度、氧气、酸碱度等）、培养设备下参与的生化反应过程，其目的是要实现目标产物的生产。整个过程既具有代谢的自动调节、辅酶再生、生物能产生和转换等机制，又具有微生物细胞的生长和产物的形成等量的变化，反应可进行到基质原料耗尽。

2. 初级代谢产物

初级代谢产物指关系到微生物新陈代谢过程中的能量代谢、细胞生长和细胞结构的代谢产物。如酒精、乳酸、蛋白质与酶、氨基酸、含嘌呤或嘧啶碱基的化合物、糖、糖的磷酸酯、脂肪酸、维生素、甘油、甘油三酯等。

3. 次级代谢产物

次级代谢产物指微生物菌体在生长期不能合成的、一般在菌体生长静止期中合成的与菌体成长繁殖无明显关系的产物。典型产物如下：

①色素、生物碱、萜类、毒素、植物生长因子。

②生物药物类，如抗生素、酶抑制剂、免疫调节剂、受体、拮抗剂、激活剂、离子载体、类激素等。

③其他发酵产品，如微生物农药、甾体转化物、微生物降解物等。

## 二、发酵的基本类型

根据发酵产物的形成是否与菌体生长相关联，一般可将发酵分为生长关联型、生长部分关联型和非生长关联型等几种。

1. 生长关联型（偶联型）

它的特点是菌体生长、碳源利用和产物形成几乎都在相同的时间出现高峰，即表现出产物形成直接与碳源利用有关。这一型中又分为两种情况，即菌体生长型和代谢产物型。

2. 生长部分关联型（混合型）

它的特点是在发酵的第一时期菌体迅速增长，而产物的形成很少或全无；在第二时期，产物以高速度形成，生长也可能出现第二个高峰；碳源利用在这两个时期都很高。因此，这一类型其产物形成及菌体生长一般是分开的，从生长源来看，这一类型发酵产物不是碳源的直接氧化，而是菌体代谢的主流产物，所以一般产量较高。也可以分为如下两类：

①产物的形成是经过连锁反应的过程，如丙酮丁醇、丙酸等发酵。

②产物的形成不经过中间产物的积累，如延胡索酸、谷氨酸等。其菌体生长与产物积累分在两个明显的时期，如柠檬酸。

3. 非生长关联型

这一型的特点是产物形成一般在菌体生长接近或达到最高生长时期，即稳定期。产物形成与碳源利用无准量关系，产量远低于碳源的消耗量，所以也称为与生长不相关型。次级代谢产物如抗生素、维生素多属于此类，最高产物量一般不超过碳源消耗量的10%。抗生素中的土霉素、氯霉素和杆菌肽不属于这一类型。

## 三、发酵方法

根据发酵条件要求不同，微生物发酵过程可分为好氧发酵和厌氧发酵。好氧发酵有液体表面培养发酵、多孔或颗粒固体培养基表面上发酵和通氧深层发酵几种方法。厌氧发酵采用不通氧的深层发酵。深层发酵反应在一定径高比的圆柱形发酵罐内完成。就其操作方式和工艺流程可分为分批式发酵、流加式发酵、半连续发酵及连续发酵等几种方法。

1. 分批式发酵

(1)分批式发酵的理论基础　分批式发酵(batch fermentation)又称间歇式发酵(intermittent fermentation)或不连续式发酵(discontinuous fermentation)，也称原位发酵，是把培养液一次性装入发酵罐，灭菌后接入一定量的种子液，在最佳条件下进行发酵培养。经过一段时间完成菌体的生长和产物的合成积累后，将全部培养物取出，结束发酵培养。然后清洗发酵罐，装料、灭菌后再进行下一轮分批操作。每一个分批发酵过程都经历发酵罐的清洗、装料、灭菌、接种、生长繁殖、菌体衰老进而结束发酵，最终放罐提取产物。分批式发酵的操作时间由两部分组成，一部分是进行发酵所需的时间，即从接种后开始发酵到发酵结束为止所需的时间；另一部分为辅助操作时间，包括装料、灭菌、卸料、清洗等所需的时间总和。

分批式发酵菌体培养过程一般可粗分为四期，即适应期(停滞期)、对数生长期、生长稳定期(静止期)和死亡期；也可细分为六期：停滞期、加速期、对数期、减速期、稳定期和死亡期。

在分批式发酵的操作过程中，无培养基的加入和产物的输出，发酵体系的组成如基质浓度、产物浓度及细胞浓度都随发酵时间而变化，经历不同的生长阶段。物料一次性装入，一次性卸出，发酵过程是一个非衡态过程。由物料平衡得式(7-1)至式(7-3)的微分方程：

$$\mathrm{d}X/\mathrm{d}t = \mu X \tag{7-1}$$

$$\mathrm{d}S/\mathrm{d}t = -q_{\mathrm{S}} X \tag{7-2}$$

$$\mathrm{d}P/\mathrm{d}t = q_{\mathrm{P}} X \tag{7-3}$$

式中：$X$——菌体浓度，g/L；

$t$——培养时间，h；

$\mu$——比生长速率，$\mathrm{h}^{-1}$；

$S$——基质浓度，g/L；

$q_S$——比基质消耗速率,g/(g·h);

$P$——产物浓度,g/L;

$q_P$——比产物形成速率,g/(g·h)。

(2)分批式发酵的操作过程　分批式发酵的具体过程如图 7-1 所示。首先种子培养系统开始工作,即对种子罐用高压蒸汽进行空罐灭菌,灭菌后通入无菌空气维持罐压至一定值,之后投入已灭菌的培养基,然后接种,即接入用摇瓶等预先培养好的种子进行培养。在种子罐开始培养的同时,以同样程序进行主发酵罐的准备工作。对于大型发酵罐,一般不在罐内对培养基灭菌,而是利用专门的灭菌装置对培养基进行连续灭菌(连消)。种子培养达到一定菌体量时,即移入发酵罐中。发酵过程中要控制温度和 pH 值,对于好氧发酵还要进行搅拌和通气。发酵结束将发酵液送往提取、精制工段进行后处理。对发酵罐进行清洗,然后转入下一批次生产。

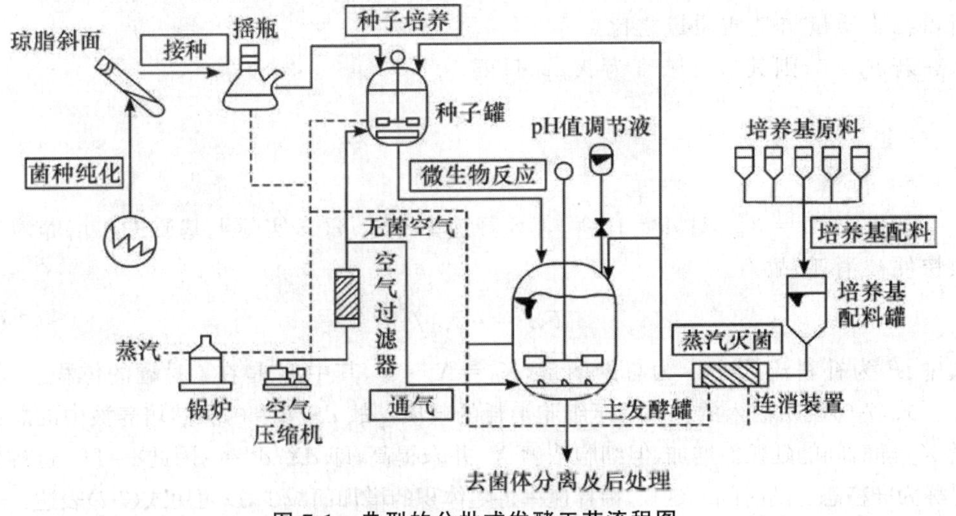


**图 7-1　典型的分批式发酵工艺流程图**

(《微生物工程概论》,刘如林,1995)

(3)分批式发酵的优缺点　分批发酵的主要优点是:发酵周期短,产品质量易掌握,不易发生杂菌的污染,即使发生杂菌的污染,也能很容易终止操作;当运转条件发生变化或需要生产新产品时,易改变处理对策;对原料组成要求较粗放等。对基质浓度敏感的产物或次级代谢产物等不适合采用分批式发酵,因其周期短,产率较低。缺点是:发酵体系中开始时基质浓度很高,到中后期营养物浓度很低,这对很多发酵反应的顺利进行是不利的。基质浓度和代谢产物浓度过高会对细胞生长和产物生成产生抑制作用;营养物减少则细胞生长和代谢缓慢,使培养效率降低。分批式发酵不适用于测定其过程动力学,因使用复合培养基,不能简单地运用单底物为限制性基质来描述生长，发酵过程中易出现二次生长现象。

2. 流加式发酵

(1)流加式发酵的理论基础　流加式发酵又称单一补料分批发酵(fed-batch fermentation)，是指在分批式操作的基础上，开始时投入一定量的基础培养基，到发酵过程适当时期，开始连续补加碳源或(和)氮源或(和)其他必需物质，但不取出培养液，直到发酵终点，产率达最大化，停止补料，最后将发酵液一次全部放出。补料是由于随着菌体的生长，营养物质会不断消耗，加入新培养基，满足了菌体适宜生长的营养要求。

由于只有料液的输入，没有输出，因此，发酵的体积在增加。若分批培养中细胞生长受一种基质浓度的限制，则在任一时间 $t$ 的菌体浓度可用式(7-4)表示：

$$X_t = X_0 + Y(S_0 - S_t) \tag{7-4}$$

式中：$S_0$ 为初始基质浓度，g/L；$S_t$ 为经培养时间 $t$ 的基质浓度；$Y$ 为得率系数，为所得细胞质量与基质质量之比。

若 $S_t = 0$，则其最终浓度为 $X_{max}$，只要

$$X_0 \ll X_{max}$$

$$X_{max} \cong YS_0 \tag{7-5}$$

如果当 $X_t = X_{max}$ 时开始补料，其稀释速率小于 $\mu_{max}$，实际上基质进入培养液中很快便被消耗，故有

$$FS_0 = \mu X_T / Y \tag{7-6}$$

式中：$F$ 为补料流速；$X_T$ 为总的菌量，$X_T = X_t \cdot V$，其中 $V$ 是在 $t$ 时罐的体积。

式(7-6)说明输入的基质等于细胞消耗的基质。故 $dS/dt = 0$，虽然培养液中的总菌量 $X_T$ 随时间的延长而增加，但细胞浓度 $X_t$ 并未提高，即 $dX/dt = 0$，因此$\mu = D$。这种情况称为准稳态。随时间的延长，稀释速率将随体积的增加而减少，$D$ 可用式(7-7)表达：

$$D = F/(V_0 + F_t) \tag{7-7}$$

式中：$V_0$ 为原来的体积，$D$ 为稀释速率。

因此，按 Monod 方程$\left(\mu = \dfrac{\mu_{max} S}{K_S + S}, K_S \text{ 为 Monod 常数}\right)$，残留的基质应随 $D$ 的减小而减少，导致细胞浓度增加。但在 $\mu$ 的分批补料操作中 $S_0$ 将远大于 $K_S$，因此，在所有实际操作中残留基质浓度的变化非常小，可当作是零。故只要 $D < \mu_{max}$ 和 $K_S \gg S_0$ 便可达准隐态。

(2)流加式发酵的操作过程　控制流加式操作的形式有两种，即反馈控制和无反馈控制。无反馈控制包括定流量和定时间流加，而反馈控制根据反应体系中酸

性物质的浓度来调节流加速率。最常见的流加物质是葡萄糖等能源和碳源物质及氨水等来控制发酵液 pH 值。

补料发酵需相应的补料罐，容积大小视流加物料的量而定，除少数流加氨水等以外，流加的物料和管道也要进行灭菌，以防止由于物料流加而造成发酵染菌。

(3)流加式发酵的优缺点　流加式发酵是在发酵过程中慢慢地加入培养基，使其在发酵液中保持适宜水平，同时又稀释了生成的产物的浓度，避免了高浓度产物和底物的抑制作用，也防止了后期养分不足而限制菌体的生长。它还可以在某些情况下减少菌体的生成量，提高有用产物的转化率。另外，不断的补料稀释，对降低发酵液的黏度，改善流变学性质，强化好氧发酵的供氧是十分有利的。但流加式发酵由于不断补充新的培养基，整个发酵液体积与分批式发酵相比是在不断增加，受发酵罐操作容积的限制。因此，该法适用于发酵周期较短的发酵过程。

3. 半连续式发酵

半连续式发酵又称反复分批式或换液式补料发酵，是指菌体和培养液一起装入发酵罐，在菌体生长过程中，每隔一定时间取出部分发酵培养物(行业中称为“带放”)，同时补充同等数量的新培养基，然后继续培养，直到发酵结束，取出全部发酵液。与流加式操作相比，半连续式操作过程中发酵罐内得到的培养液总体积保持不变，同样可起到解除高浓度基质和产物对发酵的抑制作用。

半连续式发酵也有它的不足：①放掉发酵液的同时也丢失了未利用的养分和生产旺盛的菌体；②定期补充和“带放”使发酵液稀释，送去提炼的发酵液体积更大；③发酵液被稀释后可能产生更多的代谢有害物，最终限制发酵产物的合成；④一些经代谢产生的前体可能丢失；⑤有利于非生产菌突变株的生长。

4. 连续式发酵

连续式发酵(continuous fermentation)是指菌体与培养液一起装入发酵罐，在菌体培养过程中不断补充新培养基，同时取出包括培养液和菌体在内的发酵液，发酵体积和菌体浓度等不变，使菌体处于恒定状态的发酵条件，促进菌体的生长和产物的积累。连续操作的主要特征是培养基连续稳定地加入到发酵罐内，同时产物也连续稳定地离开发酵罐，并保持反应体积不变，发酵罐内物系的组成将不随时间而变。连续发酵使用的反应器可以是搅拌罐式反应器，也可以是管式反应器。

罐式连续发酵由于采用高速的搅拌混合装置，使得物料在空间上达到充分混合，物系组成亦不随空间位置而改变，即培养液中各处组成相同，且与流出液组成一样，成为一个连续流动搅拌罐式反应器(CSTR)，因此称为衡态操作，这种方式也适合于菌体代谢生理的研究。罐式连续发酵系统根据所用罐数可分为单罐连续发酵和多罐连续发酵，如图 7-2 所示。为了维持或达到所需的罐内菌体浓度，发展了多种连续发酵操作方式，如不带循环的单罐连续操作、多罐串联连续培养操作及带循环的连续培养操作等。

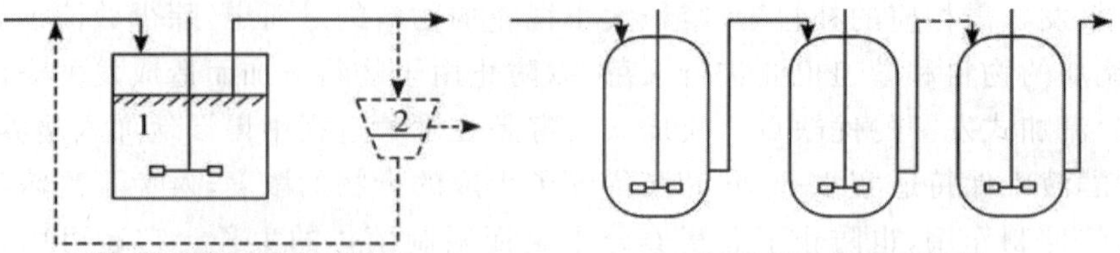


**图 7-2 单罐和多罐连续发酵**

(《微生物制药工艺及反应器》，于国文，2005)

连续发酵的控制方式有两种：一种为恒浊器(turbidostat)法，即利用浊度来检测细胞的生长状况，通过自控仪表调节输入料液流量，以控制培养液中菌体浓度达到恒定值；另一种为恒化器(chemostat)法，它与前者的相似之处是维持一定的体积，不同之处是菌体的密度不是直接控制的，而是通过恒定输入的养料中某一种生长限制基质的浓度来控制。

(1)单级连续发酵　连续发酵达到稳态时放掉发酵液中的细胞量等于生成细胞量。流入罐内的料液使得发酵液变稀，可用 $D$ 来表达其稀释速率($h^{-1}$)，有

$$D=F/V \tag{7-8}$$

式中：$F$ 为料液流速，L/h；$V$ 为发酵液的体积，L。在一定时间内细胞浓度的净变化 $dX/dt$ 可用式(7-9)表示：

$$dX/dt=\mu X-DX \tag{7-9}$$

式中：$\mu X$ 为生长速率，g/(L·h)；$DX$ 为细胞排放速率，g/(L·h)。在稳态条件下 $dX/dt=0$，即 $\mu X=DX$，故

$$\mu=D \tag{7-10}$$

即在稳态条件下可通过补料速率来控制比生长速率，因 $V$ 不变。以 $\mu=(\mu_{max}S)/(K_S+S)$ 代入式(7-9)得

$$dX/dt=[(\mu_{max}S)/(K_S+S)-D]X \tag{7-11}$$

残留基质浓度的净变化 $dS/dt$ 可用式(7-12)表示：

$$dS/dt=基质的输入-基质的输出-细胞消耗$$

$$dS/dt=DS_0-DS-X\mu_{max}S/[Y(K_S+S)] \tag{7-12}$$

在稳态下，$dX/dt=dS/dt=0$，式(7-11)等于式(7-12)，化简得

$$X=Y(S_0-S_t) \tag{7-13}$$

$$S = K_SD/(\mu_{max}-D) \tag{7-14}$$

式中：$X$ 和 $S$ 分别为稳态细胞浓度和稳态残留基质浓度。

式(7-14)解释了 $D$ 如何控制 $\mu$。细胞生长将导致基质浓度下降，直到残留基质浓度等于能维持 $\mu=D$ 的基质浓度。如果基质浓度低于能支持相关生长速率的水平，细胞的丢失速率将大于生成的速率，这样 $S$ 将会提高，导致生长速率的增加，平衡又恢复。

微生物培养的动力学特性如下：微生物在恒化器中的行为可用一些常数如 $\mu_{max}$、$K_S$、$Y$ 和 $D_{crit}$ 等描述。其最大稀释速率受 $\mu_{max}$ 值的影响；$K_S$ 值影响残留的基质浓度和菌体浓度以及可利用的最大稀释速率；$Y$ 值也影响稳态菌体浓度；其临界稀速率 $D_{crit}$ 值可用式(7-15)表示：

$$D_{crit}=\mu_{max}S_0/(K_S+S_0) \tag{7-15}$$

$D_{crit}$ 受常数 $\mu_{max}$、$K_S$ 和变量 $S_0$ 的影响。$S_0$ 越大，$D_{crit}$ 越接近于 $\mu_{max}$。

在一简单的恒化器中不可能达到 $\mu_{max}$ 值，因总是存在着基质限制条件。图 7-3 显示一种具有高 $K_S$ 值细菌的连续培养特性。随稀释速率的增加，残留基质浓度显著提高，以支持增加的生长速率。故 $D$ 接近于 $D_{crit}$，$S$ 逐渐增加，$X$ 减小。

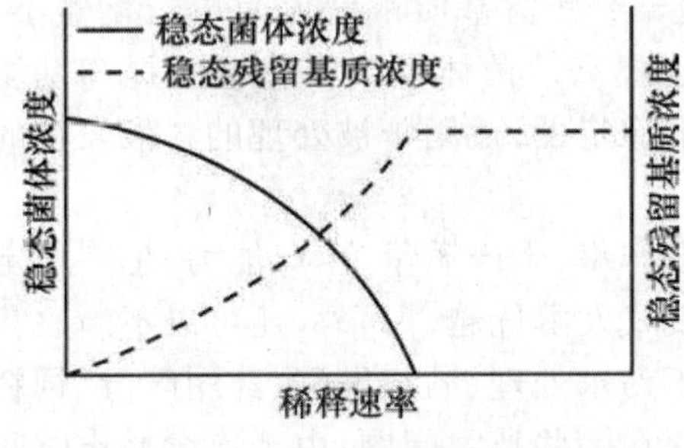


**图 7-3 高 $K_S$ 值细菌的连续培养特性**

(《生物工艺学》，俞俊棠，2003)

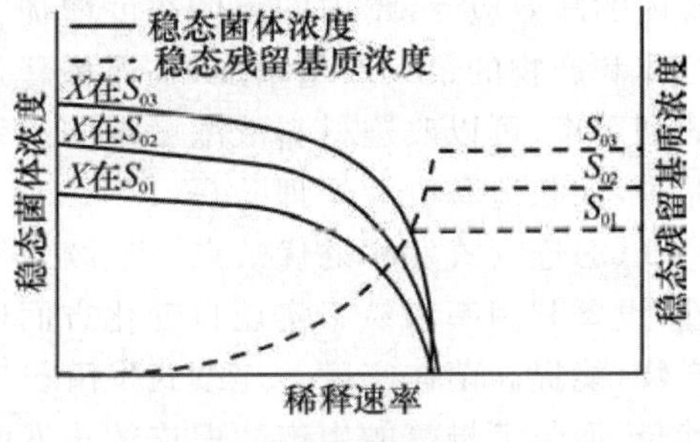


**图 7-4 初始限制基质浓度对 $X$ 和 $S$ 的影响**

(《生物工艺学》，俞俊棠，2003)

图 7-4 显示提高初始限制基质浓度对 $X$ 和 $S$ 的影响。当 $S_0$ 增加，$X$ 也增加时，残留基质浓度未受影响。随着 $S_0$ 的增加，$D_{crit}$ 也略增加。

恒化器的实验结果可能与过去理论预测的结果不同。这些偏差的原因是：设备的差异，如混合不全；菌贴罐壁和培养物的生理因素，如若干基质用于维持反应和在高稀释速率下基质的毒性造成的。Bull 等曾综述造成基本恒化器理论偏差的

原因。

(2)多级连续发酵　基本恒化器的改进有多种方法,但最普通的办法是增加罐的级数和将菌体送回罐内。多级恒化系统见图 7-5。多级恒化器的优点是在不同级的罐内存在不同的条件。这将有利于多种碳源的利用和次级代谢产物。如采用葡萄糖和麦芽糖混合碳源培养产克雷伯氏菌,在第一级罐内只利用葡萄糖,在第二级罐内利用麦芽糖,菌的生长速率远比第一级小,同时形成次级代谢产物。由于多连续发酵系统较复杂,用于研究工作和生产实际有较大的困难。

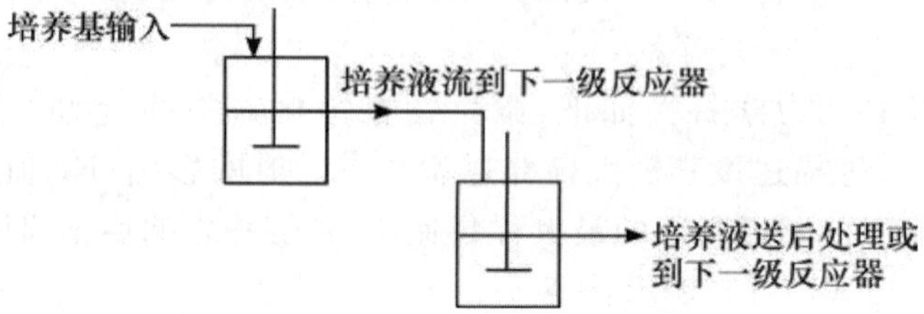


**图 7-5　多级恒化器示意图**

(《生物工艺学》,俞俊棠,2003)

恒化器运行中将部分菌体返回罐内,从而使罐内菌体浓度大于简单恒化器所能达到的浓度,即 $Y(S_0-S_t)$。可通过以下两种办法浓缩菌体:①限制菌体从恒化器中排出,让流出来的菌体分离浓度比罐内的小;②将流出来的发酵液送到菌体分离设备中,如让其沉积或将其离心,再将部分浓缩的菌体送加罐内。部分菌体返回罐内的净效应为:罐内的菌体浓度增加了,这导致残留基质浓度比简单恒化器小,菌体和产物的最大产量增加,临界稀释速率也提高。菌体反馈恒化器能提高基质的利用率,可以改进材料液浓度不同的系统的稳定性,适用于被处理的料液较稀的品种,如酿造和废液处理。

(3)连续式发酵的优缺点　连续式发酵在产率、生产质量、生产能力、生产稳定性、设备利用率和易于实现自动化方面比分批式发酵优越。另外,还可以不断收获产物,能提高菌体密度。连续式发酵已应用于污水处理、酒精发酵、药用酵母、饲料酵母、面包酵母等的生产。但连续式发酵也存在一些技术问题:由于连续操作时间长,不断地向发酵系统供给新鲜的培养基,杂菌污染机会增多,细胞易发生变异和退化,使连续操作受到了限制。因此,连续式发酵只适用于生产能力大,微生物变异小,酶活稳定,产品需连续处理的工业体系,仅限用于纯培养要求不高的情况。

## 第二节　发酵条件的影响及其工艺控制

用微生物发酵技术生产所需产品,无论是制备菌体、初级代谢或次级代谢产物，还是微生物转化制品，都是利用微生物在适宜的培养条件下经特异的代谢过程而实现的。有的是在有氧参与的条件下生产的，称好氧发酵过程；有的是在无氧条件下生产的，称厌氧发酵过程。有的发酵培养基质是固态的，称固态发酵；有的发酵培养基质是液态的，称液态发酵。无论是什么样的发酵过程，都必须根据微生物的特征，研究微生物的生理代谢规律，控制适宜的培养条件；定期取样进行生化分析、镜检和无菌试验，以分析相关参数的变化情况，进而对代谢过程实施调节和控制。只有这样，才能使目的产物高效表达。

常规的发酵条件有罐温、搅拌转速、搅拌功率、空气流量、罐压、液位、补料、加糖、油或前体等的设定和控制；能表征过程性质状态的参数有 pH 值、溶氧(DO)、溶解 $CO_2$、氧化还原电位、尾气 $O_2$ 和 $CO_2$ 含量、基质或产物浓度、代谢中间体或前体浓度、菌体浓度(以 OD 值或细胞干重 DCW 表示)等。常用的工业发酵仪表见表 7-1。

**表 7-1　常用的工业发酵仪表**

| 分类 | 测量对象 | 传感器、分析仪器 | 控制方式 |
|---|---|---|---|
| 就地使用的探头 | 温度 | Pt 热电偶 | 盘管内冷却水循环或注入蒸汽加热 |
| | pH 值 | 玻璃或参比电极 | 加酸、碱或糖、氨水 |
| | 溶氧(DO) | 极谱型 Pt 与 Ag/AgCl 或原电池型 Ag 与 Pb 电极 | 对搅拌转速、空气流量、气体成分和罐压有反应 |
| | 泡沫 | 电导控头/电容控头 | 开关式，流加适量泡沫 |
| 其他在线仪器 | 搅拌 | 转速计、功率计 | 改变转速 |
| | 空气流量 | 转子流量计 | 流量控制阀 |
| | 液位 | 应变规、压电晶体、测压元件 | 控制液体的进出 |
| | 压力 | 弹簧隔膜 | 压力控制阀 |
| | 料液流量 | 电磁流量计 | 流量控制阀 |
| 气体分析 | $O_2$ 含量 | 顺磁分析仪/质谱仪 | |
| | $CO_2$ 含量 | 红外分析仪/质谱仪 | |

## 一、温度的影响和控制

这里指发酵罐中所维持的温度。微生物按对培养温度要求的不同，分为低温型、中温型和高温型三种类型。制药所用的大多数是中温型微生物，最适生长温度一般在 20～40 ℃。在发酵过程中，要维持适当的温度，使微生物生长代谢顺利进行。有些微生物的生长繁殖和合成次级代谢产物各阶段对温度要求不同，在发酵前后还要改变温度以获得最高的发酵单位。

1. 温度对发酵的影响

温度影响微生物发酵化学反应速度。由于微生物发酵中的化学反应几乎都是由酶来催化的，酶活性越大，酶促反应速度也就越高。一般在低于酶的最适温度时，升高温度可提高酶的活性；当温度超过最适温度时，酶的活力下降，化学反应速度降低。另外，高温会引起菌丝提前自溶，缩短发酵周期，降低生物代谢产物产量。不同菌种生长最适温度也不同，如灰色链霉菌为 27～29 ℃；红色链霉菌为 30～32 ℃；青霉素生长温度为 27～28 ℃，合成温度为 26 ℃；合成庆大霉素最适温度为 32～34 ℃，生长最适温度为 34～36 ℃。一般生物合成最适温度低于生物生长最适温度。

温度也会影响发酵液的物理性质，通过影响黏度、溶解氧量、氧的传递速率等间接影响微生物代谢产物合成。如温度影响基质和氧在发酵液中的传递，影响微生物对营养的吸收，从而影响微生物的合成。

温度也会改变产物合成方向，如用金色链霉菌进行四环素发酵时，提高温度有利于四环素合成，降低温度则有利于金霉素的合成。温度还影响产物的稳定性，在发酵后期蛋白质或其他产物水解积累较多，有些水解情况很严重，降低温度是经常采用的可行措施。

温度的选择还应参考其他发酵条件，灵活掌握。如供氧条件差的情况下最适发酵温度可能比在正常良好的供氧条件下低一些。这是由于在较低温度下氧溶解度相应低一些，菌体的生长速率相应小一些，从而弥补了因供氧不足而造成的代谢异常。

在四环素发酵中前期 0～30 h 以稍高温度促进生长，尽可能缩短非生产所占用的发酵周期，此后 30～150 h 以稍低温度维持较长的抗生素生产期，150 h 后又升温，以促进抗生素的分泌。青霉素发酵采用变温(0～5 h 30 ℃，5～40 h 25 ℃，40～125 h 20 ℃，125～165 h 25 ℃)培养比 25 ℃恒温培养能提高青霉素产量 15%。这说明了通过最适合的控制可以提高抗生素的产量。

2. 温度的控制

工业生产上，大发酵罐在发酵过程中一般不需加热，因发酵过程释放了大量发酵热，需冷却的情况较多。利用自动控制或手动调节阀门，将冷却水通入发酵罐的夹层或蛇管，通过热交换来降温，保持在设定的温度发酵。

## 二、pH 值的影响和控制

在发酵过程中，培养基的 pH 值同温度一样影响各种酶的活性，进而影响产生菌的生长繁殖及产物的合成。pH 值对微生物生长影响很明显，pH 值不当，将严重影响菌体生长和产物合成。

1. pH 值对发酵的影响

不同微生物最适生长 pH 值和最适生产 pH 值不同。由于细胞膜的选择透过性，培养环境中 pH 值的变化尽管不会引起细胞内等同变化，但必然引起细胞内 pH 值的同方向变化。由于细胞内存在着复杂酶体系，它们通过细胞提供一个适宜催化反应的局部 pH 值环境。但由于细胞本身的 pH 值缓冲能力有限，细胞外 pH 值的变化必然对细胞内各种酶的催化活力产生影响。另外，培养环境中 pH 值变化，必然影响膜电位和细胞跨膜运输，因为许多跨膜运输是以质子的跨膜转运为前提条件的。pH 值变化也会导致发酵产物稳定性变化，影响其积累。一般中性条件下干扰素的产生能力比弱酸性条件有所下降，因为酸性环境(pH5.5)有利于发挥这种菌株的生产能力。pH 值影响细胞表面电荷，从而关系到细胞结团或絮凝，对微生物生长和代谢不利。

发酵过程中 pH 值的变化是各种酸和碱的综合结果：①糖代谢，特别是快速利用的糖分解成小分子酸、醇，使 pH 值下降。糖缺乏，pH 值上升，是补料的标志之一。②氮代谢，氨基酸中的—$NH_2$ 被利用后 pH 值会下降；尿素被分解成 $NH_3$ 则 pH 值上升，$NH_3$ 利用后 pH 值下降；当碳源不足时氮源当碳源利用，pH 值上升。③生理酸碱性物质利用后 pH 值会上升或下降。④某些产物本身呈酸性或碱性，使发酵液 pH 值变化。如有机酸类产生使 pH 值下降，红霉素、洁霉素、螺旋霉素等抗生素呈碱性，使 pH 值上升。⑤菌体自溶，pH 值上升；发酵后期 pH 值上升。

2. pH 值的控制

发酵过程中的 pH 值可通过直接补加生理酸性物质或生理碱性物质和补料的方式来控制。当发酵的 pH 值和氨氮含量都低时，补加氨水就可以达到调节 pH 值和补充氨氮的目的；pH 值较高而氨氮含量低时，就补加$(NH_4)_2SO_4$。

目前，已比较多地采用补料方式来调节 pH 值，特别是次级代谢产物抗生素发酵，更常用此法。这种方法既可以达到稳定 pH 值的目的，又可以不断补充营养物质，特别是能产生阻遏作用的物质，少量多次补料可以解除对产物合成的阻遏作用，提高产量。即采用补料方法可以实现补充营养、延长发酵周期、调节 pH 值和培养液的特性等几个目的。如青霉素发酵补料工艺，利用控制葡萄糖的补加速度来控制 pH 值的变化，其青霉素产量比恒定的加糖速率和加酸或碱来控制 pH 值的产量高 25%。

## 三、溶氧的影响和控制

氧是细胞呼吸的底物，氧浓度的变化对细胞影响很大，也反映了设备的性能。溶氧量是指溶于培养液中的氧，常用绝对含量表示，也可用饱和氧浓度的百分数表示。

1. 溶氧的影响

溶解氧对菌体生长的影响是直接的，适宜的溶氧量保证菌体内的正常氧化还原反应。溶氧量少将导致能量供应不足，微生物将从有氧代谢途径转化为无氧代谢来供应能量，由于无氧代谢的能量利用率低，同时碳源物质的不完全氧化产生乙醇、乳酸、短链脂肪酸等有机酸，这些物质的积累将抑制菌体的生长与代谢。溶氧量偏高可导致培养基过度氧化，细胞成分由于氧化而分解，也不利于菌体生长。

细胞内氧化还原反应乃至物质之间的转化也需要氧的参与。维生素 $B_{12}$ 发酵中，供氧才能实现 B 因子（咕啉醇酰胺）到维生素 $B_{12}$ 的转化。溶解氧对产物形成的影响是多样性的：第一类是必须大量供氧气才能高产，供氧不足，产量就会下降，积累大量乳酸和琥珀酸，如谷氨酸、精氨酸的发酵。第二类是供氧量不敏感，虽然氧充足时高产，但限制供氧量对产量影响不明显，如赖氨酸、苏氨酸等的发酵。第三类是供氧充足，产物合成受到抑制，只有在供氧受到限制时才能高产，如亮氨酸、苯丙氨酸、肌苷酸等的发酵。发酵过程对氧的需求与产物的合成代谢途径有关，如果代谢途径中产生的 NADH 越多，呼吸链需要的氧就越多，必须多供氧。有的发酵需要在不同的阶段进行不同的供氧。如在天冬酰胺酶的生产中，前期好氧发酵，后期厌氧发酵，能提高酶的活性。

发酵过程中，在已有设备和正常发酵条件下，每种产物发酵的溶解氧浓度变化都有一定规律。如谷氨酸和红霉素发酵的前期，生产菌大量繁殖，需氧量不断增加，此时需氧量超过供氧量，使溶氧浓度下降；过了生长阶段，需氧量有所减少，溶氧浓度经过一段时间的平衡（如谷氨酸发酵）或随之上升（如抗生素发酵）后，就开始形成产物，溶氧浓度也不断上升。发酵中后期，对分批发酵来说，溶氧浓度变化比较小，因为菌体繁殖到一定浓度进入静止期，呼吸强度变化不大，如不补加基质，发酵液的摄氧率变化也不大；供氧能力保持不变，溶氧浓度变化也不大；但当补料时，往往在补料后发酵液的摄氧率增加，引起溶氧浓度的下降，经过一段时间后又逐步回升。在发酵后期，由于菌体衰老，呼吸强度减弱，溶氧浓度会逐步上升，一旦菌体自溶，溶氧浓度上升更明显。

2. 溶氧的控制

发酵的溶氧浓度是由供氧和需氧两方面所决定的。也就是说，当发酵的供氧量大于需氧量时，溶氧浓度就上升，直到饱和；反之就下降。因此要控制好溶氧浓度，需从这两方面着手。

供氧是指氧溶于培养液中的过程。供氧主要由氧溶解速率决定：

$$N=K_{L}a(c_{1}-c_{2}) \tag{7-16}$$

式中：$N$——氧溶解速率，mmol/(L·h)；

$K_L$——氧的总传质系数，m/h；

$a$——传质比表面积，$m^2/m^3$；

$c_1$——氧的饱和浓度，mmol/L；

$c_2$——实测氧浓度，mmol/L。

$K_La$ 与发酵罐大小、形式、鼓泡器、挡板、搅拌及温度有关。凡是使 $K_La$ 和 $c_1$ 增加的因素都能实现发酵供氧改善。

在供氧方面，主要是设法提高氧传递的推动力和液相体积氧传递系数 $K_La$ 值。在实际生产中，一般通过调节搅拌转速或通气量来控制供氧。但供氧量的大小还必须与需氧量相协调，也就是说，要有适当的工艺条件来控制需氧量，使菌体的生长和产物形成对氧的需求量不超过设备的供氧能力，使生产菌发挥最大水平。

发酵液的需氧量受菌体浓度、基质的种类和浓度以及培养条件等因素的影响，其中菌体浓度的影响最为明显，发酵液的摄氧速率是随菌体浓度增加而按比例增加，但氧的传递速率呈菌体浓度的对数关系减少。因此可控制菌的比生长速率在比临界值略高一点的水平，达到最适浓度。最适菌体浓度的控制可通过控制基质浓度来实现。如青霉素发酵就是通过控制补加葡萄糖的速率达到最适浓度。现已利用敏感型的溶氧电极传感器来控制青霉素发酵。

除控制补料外，还可采用调节温度（降低温度来提高溶氧浓度）、液化培养基、中间补水、添加表面活性剂等工艺措施来改善溶氧水平。

## 四、二氧化碳的影响和控制

### 1. 二氧化碳的影响

二氧化碳是微生物在生长繁殖过程中的代谢产物，也是合成某些产物的基质。通常二氧化碳对菌体生长有直接影响。当空气中存在约1%的二氧化碳时，可刺激青霉素产生菌孢子发芽；当二氧化碳浓度高于4%时，即使溶氧浓度在临界溶氧浓度以上，也会对产生菌的呼吸、摄氧量和抗生素合成产生不利影响。用扫描电子显微镜观察二氧化碳对产黄青霉生长状态的影响，发现菌丝随着二氧化碳含量不同而发生变化。当二氧化碳含量在0～8%时，菌丝主要显丝状；上升到15%～22%时，显膨胀、粗短的菌丝；二氧化碳分压继续提高到8 kPa时，则出现球状或酵母状细胞，使青霉素合成受阻。

二氧化碳也影响发酵产物的形成。当空气中二氧化碳分压达8 kPa时青霉素的比生产速率下降40%，红霉素产量减少60%。四环素的合成也有一个最适二氧化碳分压(0.42 kPa),在此分压下产量才能达到最高。

2. 二氧化碳的控制

二氧化碳在发酵液中的浓度受到许多因素的影响,如菌体的呼吸速率、发酵液流变学特性、通气搅拌程度和外界压力大小等。由于二氧化碳的分压是液体深度函数,10 m 高的罐中,在 101 kPa 气压下操作,底部二氧化碳分压是顶部分压的 2 倍。为了排除二氧化碳的影响,必须考虑二氧化碳在培养液中的溶解度、温度及通气情况。在发酵过程中如遇到泡沫上升而引起"逃液"时,经常采用增加罐压的方法消泡,会增加二氧化碳溶解度,这将对菌体生长不利。另外补料加糖亦会使液相、气相中二氧化碳含量升高,因为糖用于菌体生长、菌体维持和产物合成三个方面都产生二氧化碳。在发酵罐中不断通入空气,可随气排出产生的二氧化碳,使其在液相中的浓度降低,通气量越大,液相中二氧化碳浓度就越小。加强搅拌也有利于降低二氧化碳的浓度。因此,生产上一般采取调节搅拌速率及通气量的方法控制调节液相中二氧化碳的浓度。

## 五、加料方式的影响和控制

1. 加料方式的影响

加料方式有以下 3 种:一次性加料、一次性投入主料中间补料、连续加料。一次性投料方式操作简单,不易染菌,但一次性投料因营养过于丰富,易造成细胞大量生长,影响发酵液流变学的性质,同时易造成底物浓度抑制、产物反馈抑制和分解代谢物的阻遏等,不利于产物合成。一次性投入主料中间补料方式除可避免上述不利因素外,还可用作控制细胞质量的手段,以提高发芽孢子的比例。连续加料方式易染菌,且由于长时间连续培养,生产菌易老化变异,但可提高设备利用率和单位时间产量,节省发酵罐非生产时间,便于自动控制,工业规模上很少采用。一次性投入主料中间补料方式是目前较为普遍采用的加料方式。补料类型很多,就补料方式而言有连续流加、不连续流加、多周期流加;从补加培养基的成分来分,又分为单组分补料和多组分补料。

2. 加料方式的控制

补料操作控制系统分为有反馈控制和无反馈控制两类。这两类的数学模型在理论上没有什么差别。

反馈控制系统是由传感器、控制器和驱动器 3 个单元所组成。根据控制依据的指标不同,又分为直接方法和间接方法。间接方法是以溶氧、pH 值、呼吸熵、排气中 $CO_2$ 分压及代谢产物浓度等作为控制参数。直接方法是直接以限制性营养物(如碳源、氮源或 C/N 等)的浓度作为反馈控制的参数。对间接方法来说,选择与过程直接相关的可检参数作为控制指标，是研究的关键，这需要详尽考察分批发酵的代谢曲线和动力学特性，获得各参数之间的相互关系，来确定控制参数。对于通气发酵，利用排气中 $CO_2$ 的含量作为反馈控制参数是较常用的间接方法。直接方法由于缺乏可靠的实时测定手段，无法控制适时补料，一直没有真正用于工业发酵控制。

无反馈控制是指无固定的反馈控制参数来达到操作最优化的控制。如青霉素补料控制中，以产物浓度为目的函数，研究了葡萄糖流加的最优化方法。适用 Pontryaghin 连续最大原理（一种最优化过程的数学原理）得到一个包含流加速率连续增加阶段在内的最优操作曲线。在头孢菌素 C 的发酵研究中，采用计算机模拟的办法，考虑菌丝的分化、产物诱导及分解产物对产物合成的抑制等多种因素，利用归一法原理，把复杂的多组分补料问题简化成各种单一组分的补料，从而确定了最优化的补料方式。

补料除了增加发酵液体积，改变营养成分比例，改善发酵液的物理性质以外，还能对发酵进行控制。通过补料加入的时间、数量、品种及配比的调整，来控制发酵菌的生长速度及发酵液中菌体浓度，并延长发酵产物的生物合成期。例如，要降低菌体的生长速度，在补料时碳、氮浓度就可以低一点，特别是氮浓度要低或不加氮；如果发酵液中菌体浓度太低，只要补料时间提前，补料时碳、氮浓度高一点，碳氮比低一些，并且多用一些有机氮源物质，就可以提高发酵液中的菌体浓度；前期补料时，碳、氮不过量，中、后期补料时让菌体处于半饥饿状态，就可推迟菌体的衰老与自溶，延长发酵产物的合成期，提高产量。

## 六、泡沫的影响和控制

### 1. 泡沫对发酵的影响

发酵培养液中存在一定数量的泡沫是正常的，泡沫的存在可以增加气-液接触的面积，增加氧在发酵液中的传递。但如果培养液中长时间存在大量的泡沫，则会对发酵产生极其不利的影响：①降低了发酵罐的装料系数（装料量与发酵罐的总体积之比）。如果培养液中有大量泡沫存在，就会占去大量的发酵罐容积，补料时只能减少装料量。一般发酵罐的正常装料系数应达 0.6～0.7。②影响了菌体的生长。泡沫严重时，会影响通气搅拌的正常进行，从而影响微生物的正常呼吸和营养物质的吸收，抑制微生物的生长，导致发酵产物的产量降低。另外，还有一些菌随泡沫黏在罐顶、罐壁上不能继续生长，也使培养液中的菌体浓度降低，减小总产量。③增加了染菌的机会。大量的泡沫存在，使泡沫从罐顶轴封中渗出或从排气管中逃液，增加了染菌污染的机会。④泡沫降低发酵物产量，大量存在时，会从排气管中排出泡沫，引起“逃液”现象。此时，如减少通气量，则影响发酵菌的正常生长；如加入消沫剂，不但影响发酵菌生长，而且对产生的代谢物的提取和精制带来不利影响，这一切都将大大地降低发酵产物的产量。

2. 泡沫的控制

泡沫的控制方法可分为机械和消泡剂两大类。近年来也采用从生产菌种本身的特性着手预防泡沫的形成的方法。如单细胞蛋白生产中筛选在生长期不易形成泡沫的突变株。也有用混养方法，如产碱菌、土壤杆菌同莫拉氏菌一起培养来控制泡沫的形成，这是一株菌产生的泡沫形成物质被另一种协作菌同化的缘故。

（1）机械消泡　机械消泡是借机械引力引起的剧烈振动或压力变化消泡。消泡装置可安装在罐内或罐外。罐内法是在搅拌轴上方安装消沫桨，形式多样，泡沫借旋风离心力作用被压碎，也可将少量消泡剂加到消沫转子上以增强消沫效果。罐外法是将泡沫引出罐外，通过喷嘴的加速作用或离心力粉碎泡沫。机械消沫的优点在于不需引进外界物质，如消泡剂，从而减少染菌机会，节省原材料，不会增加下游工段的负担；缺点是不能从根本上消除泡沫成因。

（2）消泡剂消泡　发酵工业常用的消泡剂分天然油脂类、聚醚类、高级醇类和硅树脂类。常用的天然油脂有玉米油、豆油、米糖油、棉籽油、鱼油和猪油等，除作消泡剂外，还可作为碳源。其消泡能力强，但需注意油脂的新鲜程度，以免生长和产物合成受抑制。应用较多的聚醚类为聚氧丙烯甘油和聚氧乙烯氧丙烯甘油（俗称泡敌），用量为0.03%左右，消沫能力比植物油大10倍以上。泡敌的亲水性好，在发泡介质中易铺展，消泡能力强，但其溶解度也大，消泡活性维持时间较短，在黏稠发酵液中使用效果比在稀薄发酵液中更好。十八醇是高级醇类中常用的一种，可单独或与载体一起使用。它与冷榨猪油一起能有效控制青霉发酵的泡沫。聚二醇具有消沫效果持久的特点，尤其适用于霉菌发酵。硅酮类消泡剂的代表是聚二甲基硅氧烷及其衍生物，其分子结构通式为$(CH_3)_3SiO[Si(CH_3)_2]_nSi(CH_3)_3$。它不溶于水，单独使用效果很差，常与分散剂（微晶$SiO_2$）一起使用，也可与水配成10%的纯硅酮乳液。这类消沫剂适用于微碱性的放线菌和细菌发酵，在pH值为5左右的发酵液中使用效果较差。还有一种羟基聚二甲基硅氧烷，是一种含烃基的亲水性硅酮消泡剂，曾用于青霉素和土霉素发酵中。

## 七、罐压的影响和控制

1. 罐压的影响

罐压是指罐体内的压力。培养基灭菌和发酵过程都需要检测压力变化，罐压的意义在于罐体内维持正压防止外界空气进入造成杂菌污染。罐压影响$CO_2$和

$O_2$ 的溶解度，增加罐压，气体溶解度提高，缩小气泡体积，可避免“逃液”现象。但过高压力影响微生物 DNA 复制，从而降低生长速度，高压还降低微生物的硫酸盐还原能力。

2. 压力的控制

不同生物对压力环境的耐受程度不同，一般维持在（0.2～0.5）$\times 10^5$ Pa。控制罐压方法一般为调节空气进口阀门或排气出口阀门的开启度，改变进入或排出气体的流量，维持工艺所需的压力。

### 八、搅拌的影响和控制

搅拌影响气体的传递速度和发酵液混合均匀程度。反映搅拌的指标有搅拌转速和搅拌功率。搅拌转速是指每分钟搅拌器的转动次数；搅拌功率是指单位体积发酵液所消耗的动力功率。有如下公式：

$$P = K\rho N^3 D^5 \tag{7-17}$$

式中：$P$——搅拌功率，W/L；

$K$——常数，与搅拌器形式有关；

$\rho$——发酵液密度，kg/m$^3$；

$N$——搅拌转速，r/min；

$D$——搅拌器直径，cm。

搅拌可以阻止或减少菌丝结成团块和颗粒，减小菌丝和液体间的扩散阻力，利于溶解氧进入菌体，同时尽快排出细胞代谢产生的废气和废物，有利于细胞的代谢活动；搅拌能把通入发酵罐内的空气打碎成小泡，增加气液接触面积，加速氧溶解，增加搅拌转速将提高溶氧系数 $K_1$，搅拌产生涡流运动，细小气泡从罐底以螺旋方式上升到罐顶，路径延长，增加了气液接触时间；搅拌强化发酵液的湍流程度，产生湍流断面，减少液膜厚度，减少了液膜阻力；搅拌使发酵罐体系的各种要素（如菌体、培养基、气体、产物）处于均一温度和良好的混合状态。过度提高搅拌转速会对菌体产生机械剪切，影响菌体形态，甚至损伤菌体，而且不一定能够提高溶解氧系数。因为溶解氧系数随转速逐渐提高将达到一个较高数值，再提高转速其变化很小，反而会增加动力消耗。因此，转速应控制在一个合理范围。

## 第三节　发酵过程的中间分析

发酵过程的中间分析对生产控制是至关重要的，它显示了发酵过程中微生物的主要代谢变化。因为微生物个体极微小，肉眼无法看见，要了解它的代谢状况，只能从分析一些参数来判断。这些代谢参数又称为状态参数，因为它们反映发酵过程中菌的生理代谢状况，如 pH 值、溶氧、尾气氧、尾气二氧化碳、黏度、菌浓度等。

代谢参数按性质分可分三类。物理参数：温度、搅拌转速、空气压力、空气流量、溶氧浓度、表观黏度、排气氧（二氧化碳）浓度等；化学参数：基质浓度（包括糖、氮、磷）、pH 值、产物浓度、核酸量等；生物参数：菌丝形态、菌浓度、菌体比生长速率、呼吸强度、基质消耗速率、关键酶活力等。从检测手段分可分为直接参数和间接参数。直接参数为通过仪器或其他分析手段可以测得的参数，如温度、pH 值、残糖等；间接参数为将直接参数经过计算得到的参数，如摄氧率、$K_L$ 等。直接参数又可分为在线检测参数和离线检测参数，在线检测参数指不经取样直接从发酵罐上安装的仪表上得到的参数，如温度、pH 值、搅拌转速；离线检测参数指取出样后测定得到的参数，如残糖、氨基氮、菌体浓度。

## 一、发酵过程的主要分析项目

目前发酵过程主要分析项目有 pH 值、排气氧、排气 $CO_2$ 和呼吸熵、糖含量、氨基氮和氨氮、磷含量、菌浓度和菌形态、产物浓度等。

1. pH 值

pH 值与微生物的生命活动密切相关——酶催化活性，pH 值的变化又是微生物代谢状况——基质代谢、产物合成、细胞状态、营养状况、供氧状况的综合反映。pH 值常用的测定方法有离线精密 pH 试纸法、pH 计法、pH 在线电极测定法。

2. 排气氧、排气二氧化碳和呼吸熵

排气氧的浓度表征了进气的氧被微生物利用以后还剩余的氧的多少，因此排气氧的大小反映了菌生长的活性，通过计算可以求得摄氧率（*OUR*）。排气二氧化碳反映了微生物代谢的情况，因为微生物摄入的氧并不是全部变成二氧化碳的，有的进入代谢中间物分子，进入细胞或产物，因此消耗的氧并不等于排出的二氧化碳。此外，含氧的有机物降解后会产生二氧化碳，使排气二氧化碳大于消耗的氧。*CER* 表示单位体积发酵液单位时间内释放的二氧化碳的量。呼吸熵（*RQ*）反映了氧的利用状况。

$$RQ = CER/OUR$$

*RQ* 值随微生物菌种的不同、培养基成分的不同、生长阶段的不同而不同。测定 *RQ* 值一方面可以了解微生物代谢的状况，另一方面也可以指导补料。

一般在发酵中后期为保证产生次级代谢产物，有意使菌体处于半饥饿状态，在营养限制的条件下，维持产生次级代谢产物的速率在较高水平。对于这种工艺，后期的补料控制是关键。过程中发现，在补糖开始时，不但 *CER*、*OUR* 大幅度提高，连 *RQ* 也提高约 10%，表明通过补糖不但提供了更多的碳源，而且随着体系内葡萄糖浓度提高，糖代谢相关酶活力也提高，产能增加。

3. 糖含量

微生物生长和产物合成与糖代谢有密切关系。糖的消耗反映产生菌的生长繁殖情况，反映产物合成的活力。菌体生长旺盛，糖耗一定快，残糖也就降低得快。通过糖含量的测定，可以控制菌体生长速率，可控制补糖来调节 pH 值，促进产物合成，不至于盲目补糖，造成发酵不正常。糖含量测定包括总糖和还原糖，总糖指发酵液中残留的各种糖的总量，如发酵中的淀粉、麦芽糖、单糖等各种糖，总糖的测定通常采用蒽酮比色法。还原糖指含有自由醛基的单糖，通常指的是葡萄糖，可用斐林试剂法测定含量。

4. 氨基氮和氨态氮

氨基氮指有机氮，单位是 mg/100 mL。如氨基酸中的氮，黄豆饼粉、花生饼粉中都有有机氮。氨态氮指无机氨中的氮。氮利用快慢可分析出菌体生长情况，含氮产物合成情况，但是氮源太多会促使菌体大量生长，有些产物合成受到过量铵离子的抑制，因此必须控制氮适量。通过氨基氮和氨态氮的分析可控制发酵过程，适时采取补氨措施。发酵后期氨基氮回升，这时就要放罐，否则影响提取过程。

5. 磷含量

微生物体内磷含量较高，培养基中以磷酸盐为主，发酵中常用磷酸根来计算磷含量。磷是核酸的组成部分，是高能化合物 ATP 的组成部分，磷还能促进糖代谢。因此磷在培养基中具有非常重要的作用，如果磷缺乏就要采取补磷措施。

6. 菌浓度和菌形态

菌浓度和菌形态直接反映菌生长的情况，菌形态通常是经染色后用显微镜观察。菌浓度的测定是衡量产生菌在整个培养过程中菌体量的变化，一般前期菌浓度增长很快，中期菌浓度基本恒定。补料会引起菌浓度的波动，这也是衡量补料量适合与否的一个参数。在生产上，要测定每毫升发酵液中菌体的个数是麻烦的，也是不必要的，通常用一些间接的方法来表示菌体的浓度。菌浓度测定通常有测黏度法、压缩体积法（离心）、静置沉降体积法、光密度测定法，光密度测定可以使用分光光度计或光电比色计。

7. 产物浓度

在培养过程中，产生菌的合成能力和产物积累情况都要通过产物量的测定来了解，产物浓度直接反映了生产的状况，是发酵控制的重要参数。而且通过计算还可以得到生产速率和比生产速率，从而分析发酵条件如补料、pH 值对产物形成的影响。

## 二、产物量的测定

### (一)产物量的特殊表示法

1. 抗生素效价

抗生素效价表示抗生素的有效成分的多少，效价大小用单位(U)来表示。

2. 酶活力

酶活力常用活力单位来表示。由于酶通常不是很纯，不能用质量来表示酶的量。同一种酶用不同的方法测定会有不同的酶活力单位，容易造成混乱，为此国际上作了统一规定，规定在 25 ℃下，在最适的底物浓度、最适的缓冲液离子强度以及最适的 pH 值条件下，每分钟能转化 1 μmol 分子底物的酶量为一个活力单位。

### (二)产物量的测定方法

1. 化学法

(1)滴定法　发酵产物能使一定指示剂变色来指示反应终点的可用滴定法，常用的滴定方法有中和滴定法、氧化还原滴定法。如青霉素在碱性条件下加入过量的 $I_2$，反应生成青霉噻唑酸碘，用 $Na_2S_2O_3$ 滴定多余的碘，可计算出青霉素的效价。柠檬酸可以用 NaOH 滴定来计算产量。

$$\text{青霉素}\xrightarrow{OH^-\text{、过量 } I_2}\text{青霉噻唑酸碘}\xrightarrow{Na_2S_2O_3\text{ 滴定多余 } I_2}\text{计算青霉素效价}$$

(2)比色法　发酵产物经一定化学反应产生颜色，在特定波长处有一定的吸光度，且颜色深浅与产物浓度成正比，可以用比色法测定。如淀粉酶活力测定：在1%可溶性淀粉溶液中加入淀粉酶，所释放出的麦芽糖与生色试剂(3,5-二硝基水杨酸与酒石酸钾钠的碱溶液)产生颜色，它在 540 nm 处所得吸光度跟淀粉酶活力成正比。

(3)压差法　发酵产物特定反应放出或摄入气体，使系统有压力变化，可以通过测定压力变化得知产物量。如谷氨酸发酵中借助微量华布氏呼吸仪来测定谷氨酸含量就是压差法。

$$\text{谷氨酸}\longrightarrow\gamma\text{-氨基丁酸}+\text{二氧化碳}$$

2. 物理法

许多酶、抗生素都有不对称碳原子，具有旋光性，因此可以通过测定旋光度来测定酶或抗生素的含量。

化学和物理方法的优点是快速、方便，经常用于过程分析；缺点是产品中存在的杂质会干扰测定结果，因此抗生素成品的测定常用生物法。

3. 生物法

适用于抗生素效价的测定。生物法以抗生素的杀菌能力为衡量效价的标准，其原理恰好与临床应用的要求相一致，而且此法灵敏度高，需用的样品量较小，这是其他方法不能比拟的。但此法得到结果比较慢，需经过 16～18 h 培养。生物法常用于发酵终了产品效价的测定。

# 第四节　发酵染菌的防止和处理

工业发酵增产的关键条件之一是整个生产过程中维持纯种培养，避免杂菌的入侵。行业上把过程污染杂菌的现象简称为染菌。染菌对工业发酵的危害，轻则影响产品的质和量，重则倒罐，颗粒无收，严重影响工厂的效益。染菌的发生不仅有技术问题，也有生产管理方面的问题。在克服染菌问题时必须先树立起这样的信念，染菌不会无缘无故，是人无意识所为，如果防范得当是可以把杂菌拒之门外的。

## 一、染菌的途径分析

从技术上分析，染菌的途径不外有以下几方面：种子包括进罐前菌种室阶段出问题；培养基的配制和灭菌不彻底；设备上特别是空气除菌不彻底和过程控制操作上的疏漏。遇到染菌首先要监测杂菌的来源。对顽固的染菌，应对种子、消后培养基和补料液、发酵液及无菌空气取样作无菌试验以及设备试压检漏，只有系统、严格地监测和分析才能判断其染菌原因，做到有的放矢。

种子带菌的检查可从菌种室保藏的菌种、斜面、摇瓶直到种子罐。保藏菌应定期作复壮、单孢子分离和纯种培养；斜面、摇瓶和种子罐种子作无菌试验，可以用肉汤和斜面或平板培养基检查有无杂菌。显微镜检观菌形是否正常，应注意在显微镜下检不出杂菌时不等于真的无杂菌，需作无菌试验才能最后肯定。

培养基和设备没消透的原因有很多方面，如蒸汽压力或灭菌时间不够，培养基配料未混合均匀，存在结块现象，设备未清洗干净，特别是罐冲洗不到的死角处，有结痂而未铲除干净。

设备方面特别是老设备也常会遇到各种问题，如夹层或盘管、轴封和管道渗漏，空气除菌效果差，管道安装不合理，存在死角等是造成染菌的重要原因。

过程控制主要包括接种、过程加糖补料和取样操作等是否严密规范。一级种子罐的接种可分为血清瓶针头或管道方式或火焰蔽口式接种，罐与罐之间移种前管道冲洗或灭菌不当也会出问题。

## 二、染菌的判断

杂菌的侵袭如能及时发现，采取适当的措施可以防止杂菌的发作、减缓其造成的损失。当然，最根本的措施是预防，不让杂菌有机可乘。杂菌的发现常用镜检或无菌试验方法，这是确认染菌的依据。在染菌的初期，要从显微镜检中发现是很难的，如能从视野中发现杂菌，染菌已很严重；无菌试验通常要十多个小时才能发现，再作处理为时已晚。特别是发酵罐前一级（繁殖罐）的种子有无杂菌尤为重要，如能及时检出，则可避免带菌接种。一些状态参数，如溶氧变化的规律也可作为染菌预报的根据。如过程污染好气性杂菌，溶氧会一反往常在较短时间内如 2～5 h 下降到接近零，且长时间不回升。但不是一染菌溶氧便掉到零，要看杂菌的种类和数量，与罐内生产菌比谁占优势。有时会出现染菌后溶氧反而升高的现象，这是因为生产菌受到杂菌的抑制，而杂菌本身又非十分好气，这样生产菌的呼吸大为减弱而使溶氧上升一般，补料或加油也会引起溶氧速度下降，在低谷处维持 1～3 h 即回升，这与染菌使溶氧的变化是不同的。

发酵过程中污染噬菌体或其他不明原因会出现发酵液变稀，溶氧迅速回升。

染菌的后果随污染的杂菌种类、数量和发酵阶段而有所不同。一般，从染菌的种类大致可以判断其来源。染芽孢杆菌有可能是灭菌不透所致；染大肠杆菌则怀疑是否有脏水污染，如蛇管穿孔；染球菌、短杆菌有可能来自空气。

## 三、防止和处理染菌的方法

防止染菌的关键是加强技术管理，细化各种预防措施，并做到日常化、制度化、规范化。

### （一）重视日常工作

观察水冷式空气冷却器的出口温度和下吹口水量，雨季应加大检查频率，发生穿孔现象能及时发现。观察经过空气夹套加热器（空气列管换热器）加热后的空气温度和预总空气过滤器的下吹口排放情况，检测各罐分预过滤器的下吹口空气湿度，保证进罐的空气相对湿度不高于 60%。

空气除菌过滤器定期灭菌。应保证蒸汽的质量,严格按操作规程操作,避免因温度过高、流量过大或结束时的切换操作过猛而损坏滤芯。正常情况下灭菌频率为 3 个月一次。

观察总蒸汽温度和压力是否对应,保证空罐灭菌、连续打料、设备管路灭菌以及除菌过滤器灭菌所用蒸汽均为饱和蒸汽。如果是过热蒸汽,应使用蒸汽增湿装置;如果是低温过湿蒸汽,应适当延长空消时间。

定期拆检连消塔、维持罐,检查内件坚固情况、存料及结垢情况,及时清理内垢。检查喷淋冷却管路及物料管路上相关阀门的泄漏情况。

强化菌种保藏管理,严格执行无菌室管理制度,避免在种子扩培、移种过程中发生污染。对菌种培养基和器具进行严格的灭菌操作,保证灭菌锅内的空气排尽,以免形成"假压力"而导致灭菌不彻底。

认真做好罐的清理、冲洗工作,清除死角,这是灭菌成功的前提。原则上每批罐放罐并将有害气体置换完全后,都应下罐检查。重点是清理易存料的罐内部件如挡板、人梯、搅拌轴拉杆、联轴器、冷却管及支撑件、监控仪表套筒焊接处、空气分布管内、罐底阀等;认真冲洗罐顶部位的人孔、视镜口、各种接管口处,清除泡沫;检查冷却盘管、监控仪表套筒、减速机轴封的情况,及时发现泄漏点。

定期进行碱水煮罐。一方面,大发酵罐罐内难免有一些因安全或角度的原因无法进行清理和冲洗的部位;另一方面,由于长期使用消泡剂,这些油类物质黏到罐顶封头部位,用水很难冲洗下来,从而形成人力难以消除的死角,这时用碱水煮罐是最有效的办法:碱水配制浓度不低于 1 mol/L,体积加到接近排气口,蒸汽加热至 90 ℃以上,微开罐底蒸汽阀,全开排气阀,保持碱水在微沸状态,煮 8 h 以上。如果条件允许,通过连消系统将碱水打入罐中是更好的选择。完成后通过罐底管路用空气压入另一个发酵罐继续煮罐。根据生产的实际情况 3～6 个月煮一轮即可。

根据培养基情况选择正确的灭菌形式。一般来说,稀薄的培养基比较容易彻底灭菌,而淀粉质原料在升温过快或混合不均匀时容易结块,使团块中心部位"夹生",蒸汽不易进入将杂菌杀死,在发酵过程中这些团块会散开而造成染菌。同样由于培养基中诸如麸皮、黄豆饼一类的固形物含量较多,在投料时溅到罐壁或罐内的各种支架上,容易形成堆积,这些堆积物在灭菌过程中由于传热较慢,一些杂菌也不易被杀灭,在后续过程中堆积物重新返回至发酵液中造成染菌。

严格按标准操作规程进行灭菌操作,合理控制灭菌指标在规定范围,避免超标。

对发酵辅助设备仪表进行定期保养和检修，保证其处于最佳的工作状态。例如，打料泵的加油保养，连消设备的拆洗和保养，压力表尤其是种子罐上压力表的定期校验等。

**(二)异常情况处理**

(1)对染菌罐放罐后的处理　对于连续染菌的罐，除常规的下罐检查、清理冲洗外，根据对染菌原因的判断，应拆检罐上所有阀门及相关管路上的阀门，进行打压试漏，泄漏的立即更换；拆检相关设备，如维持罐、除菌过滤器等。

(2)种子培养期染菌的处理　对于已污染杂菌的种子，不能移入发酵罐，应经灭菌后弃掉，并对种子罐及管道等进行仔细检查和彻底灭菌。同时采用备用种子，选择生长正常无杂菌的种子接入发酵罐，继续进行发酵生产。如无备用种子，进行“倒种”处理，接入新鲜的培养基中进行发酵生产。

(3)发酵早期染菌处理　如果早期染菌，原则上可适当改变生长参数，使有利于生产菌而不利于染菌的生长，如降低发酵温度、调节 pH 值、调整补料量、补加培养基等；加入某些抑制染菌的化合物也不失为一种应急办法，条件是这种化合物对生产菌无害，对生产影响不大和在下游精制阶段能被完全去除；如培养基中碳、氮含量还比较高，可终止发酵，将培养基加热至规定温度，重新进行灭菌处理后，再接入种子进行发酵；如果此时染菌已造成很大危害，培养基中碳、氮源消耗量已比较多，则可放掉部分发酵液，补充新鲜的培养基，重新进行灭菌后，再接种进行发酵。

(4)发酵中后期染菌的处理　除非是噬菌体，否则通常后果不会很严重，一般可加入一定量的杀菌剂或抗生素以及正常的发酵液，以抑制杂菌的生长，继续进行发酵生产。如抗生素发酵，发酵液中已产生一定浓度的抗生素，对染菌已有一定抑制作用。也可采取降低培养温度、降低通风量、停止搅拌、少量补糖等措施进行处理。如果发酵液中产物浓度已达一定数值，则可放罐。对于没有提取价值的发酵液，废弃前应加热至 120 ℃以上，保持 30 min 后才能排放。实际生产中常采用大接种量的原因之一是即使不慎污染极少量杂菌，生产菌也能很快占优势。

(5)噬菌体污染的防止及处理　噬菌体可通过环境污染、设备的渗漏或“死角”、空气净化系统、培养基灭菌过程、补料过程及操作过程等进入发酵系统而引起染菌。感染噬菌体后，常使发酵液理化性质发生变化。如氨基酸发酵过程中感染噬菌体后，常使发酵液的光密度在发酵初期不上升或回降；pH 值逐渐上升，可到 8.0 以上，且不再下降，或 pH 值稍有下降，停滞在 7.0～7.2 之间，氨的利用率停止；耗糖、温升缓慢或停止；镜检时可发现菌体数量显著减少，甚至找不到完整的菌体；$CO_2$ 排气量异常，产物含量急剧下降；发酵周期延长；发酵液发红、发灰，泡沫很多，难中和，提取分离困难，收率很低等。

在实际生产中污染噬菌体，常由于空气的传播，使噬菌体潜入发酵的各个环节，从而造成污染。因此，环境污染噬菌体是造成噬菌体感染的主要根源。

防止噬菌体污染的有效方法是严格活菌体的排放，如清除噬菌体载体——发酵液残渣或将发酵液经加热灭菌后再放罐，切断噬菌体的“根源”；采用漂白粉、新洁尔灭等消毒，净化生产环境，消灭污染源；改进提高空气的净化度，保证纯种培养，做到种子本身不带噬菌体；因噬菌体的专一性较强，可轮换使用不同类型的菌种，使用抗噬菌体的菌种；抑制罐内噬菌体的生长；改进设备装置，消灭“死角”；采用药物防治等措施。

生产中一旦污染噬菌体，可采取下列措施加以挽救。

①并罐法　利用噬菌体只能在处于生长繁殖阶段的细胞中增殖的特点，当发现发酵罐初期污染噬菌体时，可采用并罐法。即将其他罐批发酵 16～18 h 的发酵液，以等体积混合后分别发酵，利用其活力旺盛的种子，不需进行加热灭菌，亦不需另行补种，便可正常发酵。但要肯定，并入罐的发酵液不能染杂菌，否则两罐都将染菌。

②轮换使用菌种或使用抗性菌株　发现噬菌体后，停止搅拌，小通风，降低 pH 值，立即培养要轮换的菌种或抗性种子，培养好后接入发酵罐，并补加 1/3 正常量的玉米浆（不调 pH 值）、磷酸盐和镁盐。如 pH 值仍偏高，不开搅拌，适当通风，至 pH 值正常、OD 值增长后再开始搅拌、正常发酵。

③放罐重消　发现噬菌体后放罐，调 pH 值（可用盐酸，不能用磷酸），补加 1/2 正常量的玉米浆和 1/3 正常量的水解糖，适当降低温度重新灭菌，不补加尿素，接入 2%的种子继续发酵。

④罐内灭噬菌体法　发现噬菌体后停止搅拌，小通风，降低 pH 值，间接加热到 70～80 ℃，并自顶盖计量器管道（或接种，加油管）内通入蒸汽，自排气口排出。因噬菌体不耐热，加热可杀死发酵液内的噬菌体，通蒸汽杀死发酵罐及管道内的噬菌体。冷却后，如 pH 值过高，停止搅拌，小通风，降低 pH 值，接入 2 倍量的原菌种，至 pH 值正常后开始搅拌。

当噬菌体污染情况严重，上述方法无法解决时，应调换菌种，或停产全面消毒，待空间和环境中噬菌体密度下降后再恢复生产。

# 本 章 小 结

- 微生物发酵及工艺控制
  - 发酵过程原理
    - 发酵的基本概念
    - 发酵的基本类型
    - 发酵方法
  - 发酵条件的影响及工艺控制
    - 温度的影响和控制
    - pH值的影响和控制
    - 溶氧的影响和控制
    - $CO_2$的影响和控制
    - 加料方式的影响和控制
    - 泡沫的影响和控制
    - 罐压的影响和控制
    - 搅拌的影响和控制
  - 发酵过程的中间分析
    - 发酵过程的主要分析项目
    - 产物量的测定
  - 发酵染菌的防治处理
    - 染菌的途径分析
    - 染菌的判断
    - 防止和处理染菌的方法

## 复习思考题

1. 名词解释：初级代谢产物、次级代谢产物、生长相关型、生长混合型、生长非相关型、分批发酵、连续发酵。

2. 比较分批式发酵、补料分批发酵、连续式发酵方法的优缺点。

3. 发酵过程工艺控制包括哪些内容？

4. 发酵过程为什么要控制在最适的温度下，怎样选择最适温度？

5. 发酵过程的 pH 值如何选择？影响 pH 值的因素有哪些？如何调节 pH 值？

6. 影响溶氧的因素有哪些？如何满足菌体对氧的需求？

7. 泡沫生成的原因是什么？常用的消除泡沫方法有哪些？

8. 常见的染菌原因是什么？如何判断和防治染菌？发酵罐染菌后应如何处理？

# 第八章　几种重要微生物药物的发酵工艺

**知识目标**

- 掌握常见抗生素药物的发酵工艺。
- 了解氨基酸类药物的发酵工艺。
- 理解维生素 C 的发酵工艺。
- 掌握螺旋霉素的发酵工艺。

**技能目标**

- 能写出青霉素发酵工艺过程及工艺控制点。
- 能解释常见发酵工艺控制要点的原理。
- 能应用常见发酵工艺控制要点的控制原理。
- 能处理常见发酵生产异常情况(停电、染菌等)。

## 第一节　青霉素的发酵工艺

### 一、概述

#### (一)青霉素及其理化性质

自 1928 年被 A. Fleming 发现并在第二次世界大战开始应用以来,青霉素一致被国内外临床证实具有抗菌作用强、疗效高、毒性低等优点,目前仍广泛地用于临床,而且有了许多重要发展。在化学结构上,由青霉烷衍生物发展到氧青霉烷、青霉烯、碳青霉烯、头孢烯、氧头孢烯、碳头孢烯乃至单环内酰胺。在来源上,产生菌由真菌扩展到放线菌乃至细菌,而半合成与全合成青霉素有效地弥补了青霉素的缺陷。在抗菌作用上,由仅对革兰氏阳性菌与少数革兰氏阴性菌有效发展到对绝大多数细菌都有较强作用,并发现了抗菌作用以外的生物活性。由于半合成青霉素的飞跃发展，使青霉素类药品在临床上的应用也日趋增多。

青霉素是一族抗生素的总称，它们是由不同的菌种或在不同的培养条件下所得的同一类化学物质，其共同化学结构如图 8-1 所示。

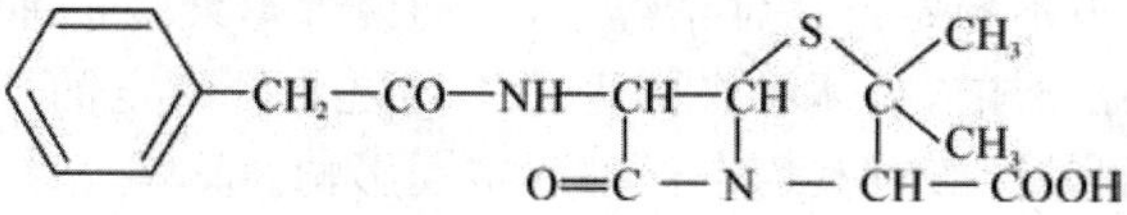


**图 8-1　青霉素结构图**

目前，已知的天然青霉素（即通过发酵而产生的青霉素）有 8 种，见表 8-1，称为青霉素族抗生素。其中以苄青霉素疗效最好，应用最为广泛。如不特别注明，通常所谓的青霉素即指苄青霉素。

**表 8-1　已知的天然青霉素**

（《微生物制药工艺及反应器》，于文国，2007）

| 序号 | 侧链 R | 学　名 | 俗　名 |
|---|---|---|---|
| 1 | 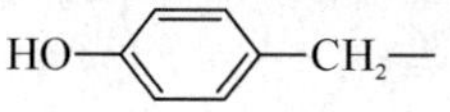  | 对羟基苄青霉素 | 青霉素 X |
| 2 | 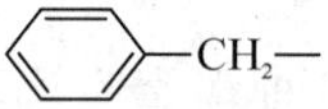  | 苄青霉素 | 青霉素 G |
| 3 | $CH_3-CH_2-CH=CH-CH_2-$ | 戊烯[2]青霉素 | 青霉素 F |
| 4 | $CH_3-(CH_2)_3-CH_2-$ | 戊青霉素 | 青霉素二氢 F |
| 5 | $CH_3-(CH_2)_5-CH_2-$ | 庚青霉素 | 青霉素 K |
| 6 | $CH_2=CH-CH_2-S-CH_2-$ | 丙烯巯甲基青霉素 | 青霉素 O |
| 7 | 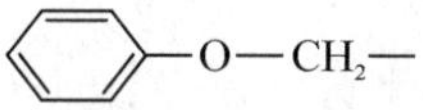  | 苯氧甲基青霉素 | 青霉素 V |
| 8 | $HOOC-CH(NH_2)-(CH_2)_2-CH_2-$ | 4-氨基-4-羧基丁基青霉素 | 青霉素 N |

苄青霉素又称青霉素 G，本身是一种游离酸，能与碱金属或碱土金属及有机胺类结合成盐类。青霉素游离酸易溶于醇类、酮类、酯类和醚类，但在水中溶解度很小；青霉素钾盐、钠盐易溶于水和甲醇，微溶于乙醇、丙醇、丙酮、乙醚、氯仿，在醋酸丁酯或戊酯中难溶或不溶。如果有机溶剂中含有少量水分，则青霉素 G 碱金属盐在溶剂中的溶解度就大大增加。青霉素具有一定的吸湿性，其吸湿性的大小与内

在质量有关，纯度越高，吸湿性越小，也越易于存放；制成晶体比无定形粉末吸湿性小，而各种盐类结晶的吸湿性又有所不同，且吸湿性随着湿度的增加而增大。固体青霉素盐的稳定性与其含水量和纯度有很大关系，干燥、纯净的青霉素很稳定，但青霉素的水溶液则很不稳定。通常情况下，我们说青霉素是一种不稳定的化合物，主要是指青霉素的水溶液，晶体状态的青霉素还是比较稳定的。纯度、吸湿性、温度、湿度和溶液的酸碱性等对其稳定性都有很大影响。

①青霉素游离酸的无定形粉末在非常干燥的情况下能保存几个小时，在 0 ℃可保存 24 h。但其吸湿性较强，即使含微量水分也能使之很快失效。而青霉素盐晶体吸湿性小，因此制备一定晶形青霉素盐则可提高其稳定性。

②固体状态的青霉素钠盐类的稳定性质随质量的提高而增加，由于醋酸钾有强烈的吸湿性，所以成品中需将残留的醋酸钾除尽，否则会吸潮变质，影响有效期。

③青霉素在水溶液里很快地分解或异构化，因此青霉素应尽量缩短在水中的存放时间，特别由于温度、酸性、碱性的影响。一般青霉素水溶液在 15 ℃以下和 pH5～7 范围内较稳定，最稳定的 pH 值为 6 左右。一些缓冲液，如磷酸盐和柠檬酸盐对青霉素有稳定作用。

### (二)药理作用及应用范围

青霉素对大多数革兰氏阳性细菌、部分革兰氏阴性细菌、各种螺旋体及部分放线菌有较强抗菌作用。临床上主要用于链球菌所致的扁桃体炎、丹毒、猩红热、细菌性心内膜炎，肺炎球菌所致的大叶肺炎，敏感金黄色葡萄球菌所致的败血症、脑膜炎、骨髓炎、化脓性关节炎、脓疮、淋病、梅毒、炭疽病以及各种脓肿等。

青霉素的毒性低微，但最易引起过敏反应。常见的过敏反应有过敏性休克、血清病型反应、各器官及各组织的过敏反应等。特别是过敏性休克反应，如不及时抢救会危及生命。因此，凡应用青霉素药物都必须先做皮试，皮试阳性者禁用。

## 二、青霉素的发酵工艺及过程

### (一)菌种

最早发现产青霉素的菌种是点青霉菌(penicillium notatum)，生产能力很低，在液体培养基中只能产生 2 U/mL 的青霉素。1943 年分离的一株产黄青霉(penicillium chrysogenum NRRL 1951)，在液体深层发酵中效价可达到 120 U/mL。由这一菌株诱变产生的 Wisconsiti 菌株 wisQ176，效价可达到 900 U/mL。目前全世界用于生产青霉素的高产菌株几乎都是由这一菌株经不同的改良途径得到的，有形成绿色和黄色孢子的两种产黄青霉菌株，其在深层培养中菌丝形态可分为球状菌和丝状菌两种，球状菌根据其孢子颜色又分为绿孢子球状菌和白孢子球状菌，生产上多用白孢子球状菌；丝状菌根据其孢子颜色又分为黄孢子丝状菌和绿孢子丝状菌，目前国内青霉素生产厂大都采用绿色丝状菌（本书涉及内容除注明外均指丝状菌）。

**（二）发酵工艺流程**

1．丝状菌发酵工艺流程

沙土管
↓ 孢子培养25 ℃，6～7天
斜面母瓶
↓ 孢子培养25 ℃，6～7天
大米孢子
↓
种子罐
↓ 种子培养 26 ℃，40～56 h，1:1.5(v/v/min)
繁殖罐
↓ 种子培养 27 ℃，24 h，1:1.5(v/v/min)
发酵罐
↓ 发酵培养 22～27 ℃，6～7天，1：(1～0.8)（v/v/min)
放罐

图 8-2　丝状菌发酵工艺流程图

2．球状菌发酵工艺流程

冷冻管
↓ 孢子培养25 ℃，6～8天
亲米
↓ 孢子培养25 ℃，8～10天
生产米
↓
种子罐
↓ 种子培养 26 ℃，40～56 h，1:1.5（v/v/min)
发酵罐
↓ 发酵培养 24～26 ℃，7天，1：(1～0.8)　(v/v/min)
放罐

图 8-3　球状菌发酵工艺流程图

### (三)发酵工艺过程

1. 生产孢子制备工艺

生产上用的产黄青霉菌孢子的制备工艺是将沙土孢子用甘油、葡萄糖和蛋白胨组成的培养基进行斜面培养，然后才移植到大米或小米固体培养基上，于 25 ℃培养 6～7 天，长成绿色孢子，制成孢子悬浮液，接入装有大米的茄子瓶内，在 25 ℃，相对湿度 45%～50%，培养 6～7 天，制成大米孢子，孢子成熟后进行真空干燥，并以这种形式低温保存备用。

2. 发酵工艺

青霉素大规模生产采用三级发酵。一级发酵通常在小罐进行，将生产孢子按一定接种量移入种子罐内，25 ℃培养 40～56 h，菌丝体积分数达 40%以上，菌丝形态正常，即移入繁殖罐内，此阶段主要是让孢子萌芽形成菌丝，制备大量种子供发酵用。二级发酵主要是在一级发酵的基础上使青霉菌菌丝体继续大量繁殖，通常在 27 ℃培养 24 h，菌丝体积在 40%以上，残糖在 1.0%左右，无菌检查合格便可作为种子，按 10%～15%接种量移入发酵罐。此时的发酵为三级发酵，除了继续大量繁殖菌丝外，主要是生产青霉素。由于每级发酵的目的不同，因此培养基成分、加料、培养温度、pH 值、空气流量、搅拌速度和培养时间都要采用不同的条件进行控制，见表 8-2。

**表 8-2 青霉素发酵条件表**

(《现代生物制药工艺学》，辛秀兰，2007)

| 发酵级别 | 主要培养基组分 | 搅拌速度(r/min) | 空气流量(v/v/min) | 培养时间(h) | pH 值范围 | 培养温度(℃) |
|---|---|---|---|---|---|---|
| 一级 | 葡萄糖、乳糖、玉米浆等 | 300～350 | 1∶3 | 40 | 自然 pH 值 | 27±1 |
| 二级 | 玉米浆、葡萄糖 | 250～280 | 1∶(1～1.5) | 0～14 | 自然 pH 值 | 25±1 |
| 三级 | 花生饼粉、麸质水、葡萄糖、尿素硝酸铵、硫代硫酸钠、苯乙酸铵、$CaCO_3$ | 150～200 | 1∶(0.8～1.2) | 按青霉素产生趋势决定是否停止发酵 | 前 60 h 左右 pH 值 6.7～7.2，以后为 6.7 | 前 60 h 左右 26，以后 24 |

### (四)发酵工艺控制要点

产黄青霉菌的生长分 3 个不同的代谢时期：①菌丝生长繁殖期，这个时期培养基中糖及含氮物质被迅速利用，丝状菌孢子发芽长出菌丝，分枝旺盛，菌丝浓度增加很快，此时青霉素分泌量很少。②青霉素分泌期，这个时期菌丝生长趋势减弱，需间歇添加葡萄糖作碳源和花生饼粉、尿素作氮源，并加入前体，此期间丝状菌 pH 值要求 6.2～6.4，青霉素分泌旺盛。③菌丝自溶期，此时丝状菌的大型空泡增加并逐渐扩大自溶。按显微镜检查菌丝形态变化或根据发酵过程中生化曲线测定进行补糖，这样既可以调节 pH 值，又可以提高青霉素发酵单位，延长发酵时间。

除补糖外，氮源的补加也可以提高发酵单位。

青霉素发酵是给予最佳条件培养菌种，使菌种在生长发育过程中大量产生和分泌抗生素的过程。发酵过程的成败与种子的质量、设备构型、动力大小、空气量供应、培养基配方、合理补料、培养条件等因素有关。发酵过程控制就是控制菌种的生化代谢过程，必须对各项工艺条件加以严格管理，才能做到稳定发酵。青霉素发酵工艺控制主要有以下几个方面。

1. 种子质量的控制

丝状菌的生产种子是由保藏在低温的冷冻安瓿管经甘油、葡萄糖蛋白胨斜面移植到小米固体上，25 ℃培养 7 天，真空干燥并以这种形式保存备用。生产时按一定的接种量移种到含有葡萄糖、玉米浆、尿素为主的种子罐内，26 ℃培养 56 h 左右，菌丝浓度达 6%～8%，菌丝形态正常，按 10%～15%的接种量移入含有花生饼粉、葡萄糖为主的二级种子罐内，27 ℃培养 24 h，菌丝体积 10%～12%，形态正常，效价在规定范围内，无菌检查合格便可作为发酵罐的种子。

2. 培养基成分的控制

①碳源。产黄青霉菌可利用的碳源有乳糖、蔗糖、葡萄糖等。目前生产上普遍采用的是淀粉水解糖、糖化液(DE 值 50%以上)进行流加。

②氮源。氮源常选用玉米浆、精制棉籽饼粉、麸皮，并补加无机氮源(硫酸铵、氨水或尿素)。

③前体。生物合成含有苄基基团的青霉素 G，需在发酵液中加入前体。前体可用苯乙酸、苯乙酰胺。这些前体对青霉菌都有一定的毒性，一次加入量不能大于 0.1%，采用多次加入，以防止前体对青霉素的毒害。加入硫代硫酸钠可以减少它们的毒性。

④无机元素。青霉素的生物合成需要硫、磷、钙、镁、钾、铁等无机元素，加入无机盐的用量要适度。由于铁离子对青霉菌有毒害作用，必须严格控制铁离子的浓度，一般控制在 30 μg/mL。

3. 发酵培养条件的控制

①加糖控制。加糖量根据残糖量及发酵过程中的 pH 值确定，最好是根据排气中 $CO_2$ 量及 $O_2$ 量来控制，一般在残糖降至 0.6%左右、pH 值上升时开始加糖。

②补氮及加前体。补氮是指加硫酸铵、氨水或尿素，使发酵液氨氮控制在 0.01%～0.05%，补前体以使发酵液中残存苯乙酰胺浓度为 0.05%～0.08%。

③pH 值控制。对 pH 值的要求视菌种不同而异，一般为 pH 6.2～6.8，应尽量避免 pH 值超过 7.0。如 pH 值上升可加葡萄糖或天然油脂进行调节，pH 值较低可加入 $CaCO_3$、$NH_3$ 或提高通气量。目前生产上一般采用加酸或加碱控制 pH 值。

④温度控制。青霉素生长的适宜温度为 30 ℃，而分泌青霉素的温度是20 ℃，

因此生产上多采用变温控制办法，以适合菌株不同阶段的需要。一般地说，前期25～26 ℃，后期23 ℃，以减少后期发酵液中青霉素的降解破坏。

⑤溶解氧的控制。青霉素产生菌是好氧菌，一般要求发酵中溶解氧量不低于饱和状态下溶解氧量的30%。适宜的每分钟通气比为1∶(0.8～1)(空气与发酵液体积比)左右，搅拌转速在发酵各阶段应根据需要而调整。

⑥泡沫的控制。在发酵过程中产生大量泡沫，可以用天然油脂如豆油、玉米油等或用化学合成消泡剂“泡敌”来消泡，但应当控制其用量并要少量多次加入，尤其在发酵前期不宜多用，否则会影响菌体的呼吸代谢，在发酵过程的中后期则可以将“泡敌”加水稀释后与豆油交替加入。

⑦发酵液质量控制。生产上按规定时间从发酵罐中取样，用显微镜观察菌丝形态变化来控制发酵，生产上惯称“镜检”。根据“镜检”中菌丝形态变化和代谢变化的其他指标调节发酵温度，通过追加糖或补加前体等各种措施来延长发酵时间，以获得最多的青霉素。若菌丝中空泡扩大、增多及延伸，并出现个别自溶细胞，表示菌丝趋向衰老，青霉素分泌逐渐停止，菌丝形态上即将进入自溶期，在此时期由于菌丝自溶，游离氨释放，pH值上升，导致青霉素产量下降，使色素溶解和胶状杂质增多，并使发酵液变黏稠，增加下一步提纯时过滤的困难。因此，生产上根据“镜检”判断，在自溶期即将来临之际迅速停止发酵，立刻放罐，将发酵液迅速送往提炼工段。

⑧染菌及异常情况处理。在发酵期间为检测生产是否染菌，每隔一定时间应取样进行分析、镜检及无菌试验，检测生产状况，分析或控制相关参数，如菌丝形态和浓度、残糖量、氨基氮、抗生素含量、溶解氧、pH值、通气量、搅拌转速等。若发酵罐前期染菌或种子带菌，一般可重新消毒并补入适量的糖、氮成分；中后期发生染菌，若是产气细菌则应及时放罐过滤、提炼，事后彻底消毒处理。若发酵前期菌丝生长不良，发酵异常，可倒出部分发酵液，补入部分新鲜料液和良好的种子。遇发酵单位不再增长可酌情提前放罐。

# 第二节 红霉素的发酵工艺

## 一、概述

### (一)红霉素及其理化性质

红霉素是大环内酯类抗生素。红霉素分子由红霉内酯B(erythronolide B, EB)、脱氧氨基己糖(desosamine)和红霉糖(cladinose)3部分组成，内酯环的$C_3$位以氧原子与红霉糖相连，$C_5$位通过氧原子与脱氧氨基己糖连接。红霉素类化学结构通式如图 8-4 所示。其中根据 $R^1$ 和 $R^2$ 基团的不同，红霉素又可分为红霉素 A、红霉素 B、红霉素 C 和红霉素 D 四种。

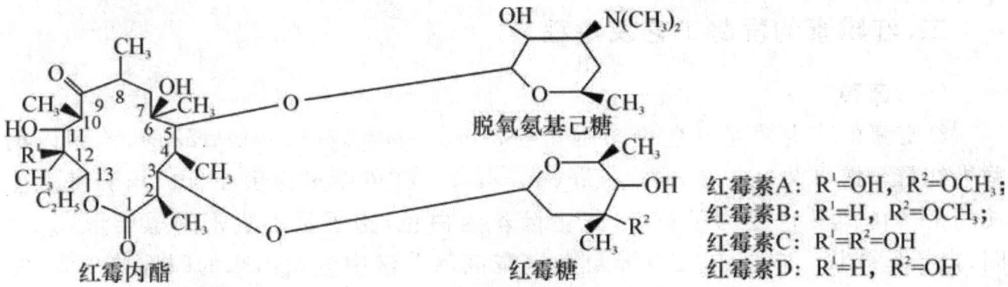


**图 8-4　红霉素类化学结构通式**

红霉素 A 的体外抗菌活力最高，红霉素 B 是红霉素 A 的 75%～85%，红霉素 C 和红霉素 D 为红霉素 A 的 25%～50%。我国红霉素商品主要成分是红霉素 A，含极少量的红霉素 C 和至少两种微量杂质，但不含有红霉素 B。这里探讨的红霉素未经注明一般指红霉素 A。

红霉素 A 为白色或类白色的结晶性粉末，微有吸湿性，味苦，易溶于醇类、丙酮、氯仿、酯类（如乙酯、丁酯、戊酯等），微溶于乙醚。在水中的溶解度为 2 mg/mL（25 ℃左右），它随着温度的升高而减少，55 ℃时为最小。在室温和 pH 6～8 的条件下，其溶液相当稳定，温度升高稳定性下降。红霉素熔点为 135～140 ℃（游离碱水合物）、190～193 ℃（无水游离碱），具有旋光性和紫外吸收峰。红霉素碱能和有机酸或无机酸类结合成盐，其盐类易溶于水，如红霉素盐酸盐的溶解度为 40 mg/mL。此外还能和酸酐结合成酯。

红霉素 B 的理化性状与红霉素 A 很相似，熔点为 198℃，紫外吸收峰在 286 nm（甲醇作溶剂）处。比较难溶于水，极易溶于乙醚、丙酮、氯仿和乙酸乙酯，并且和酸类结合成的盐易溶于水。红霉素 B 与红霉素 A 最大的不同点是在酸性溶液中较 A 稳定，利用这一点可制得纯的红霉素 B。

红霉素 C 的理化性状与红霉素 A、红霉素 B 很相似，熔点为 121～123 ℃，在 292 nm（甲醇作溶剂）处有一很宽的紫外吸收峰。比较难溶于水，十分易溶于丙酮、氯仿和醚。

**（二）药理作用及应用范围**

红霉素是广谱抗生素，对革兰氏阳性菌作用强，临床上主要用于呼吸道感染、皮肤与软组织感染、泌尿生殖系统感染及胃肠道感染等，用于治疗腹泻、菌痢、胆结石、胆囊炎、疟疾、绿脓杆菌继发感染、支气管炎、哮喘和脓毒性心内膜炎皆有效。红霉素还可起到防治心脏病的作用，用于辅助治疗肺癌和阶段性回肠炎，亦可用于预防风湿季节性发作。红霉素的毒副作用少,主要副作用为恶心和呕吐等胃肠道反应,适用于青霉素过敏者。

## 二、红霉素的发酵工艺及过程

### (一)菌种

红霉素的产生菌是红色糖多孢菌(*Saccharopolyspora erythraea*),该菌以前称为红霉素链霉菌(*Streptomyces ery-threus*)。红色糖多孢菌在合成培养基上生长的菌落由淡黄色变为微黄色,气生菌丝为白色,孢子呈不紧密的螺旋形,3～5圈,孢子呈球状。它是1952年从红色链霉菌培养液中分离出来的碱性抗生素,是多组分的,其中红霉素A为有效组分,红霉素B、红霉素C为杂质。我国20世纪60年代上海第三制药厂开始红霉素的工业生产,采用的产生菌是$P_{32}$-102菌株,生产水平不高,并易产生噬菌体污染。随着菌种选育的发展,使用自然分离、紫外线、氮芥子气、硫酸二乙酯、亚硝酸、甲基磺酸乙酯、二氧化碳、激光及快速中子处理等方法选育了抗噬菌体的高产菌种;从控制红霉素生物合成的代谢路线考虑进行定向筛选,得到抗乙硫氨酸的菌株,并采用原生质体融合的方法获得高产优质的菌种,经生产实践,其红霉素A的含量高,红霉素C的含量低,结合工艺控制条件的改进,发酵单位提高了15%左右。选育的高产菌株已推广到全国各红霉素生产厂使用。因此,目前生产上使用的菌种不但具有抗噬菌体的特性,且生产能力也较高。

### (二)发酵工艺流程

红霉素发酵工艺流程见图8-5。

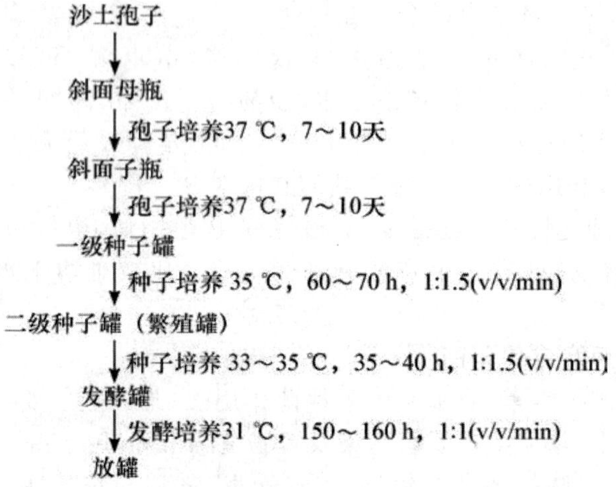


图8-5 红霉素发酵工艺流程图

### (三)发酵工艺过程

1. 生产孢子制备工艺

斜面孢子培养基组分(%)为淀粉 1.0、硫酸铵 0.3、氯化钠 0.3、玉米浆 1.0、碳酸钙 0.25、琼脂 2.2,pH 7.0～7.2。斜面培养温度 37 ℃,湿度 50%左右,避光培养 7～10 天,斜面上长成白色至深米色孢子,色泽新鲜、均匀、无黑点,背面产生红色或红棕色色素。在母瓶斜面孢子中,挑选优良孢子区域或单菌落接入子瓶,每批子瓶斜面孢子数不低于 1 亿个。母瓶可冰箱存放 1 个月,子瓶可存放 2 个月。菌种保藏采用冷冻干燥法、液氮超低温保藏法和沙土管保藏法,每年自然分离 1～2 次。

2. 发酵工艺

红霉素大规模生产一般是将其孢子悬液接入种子罐,种子扩大培养 2 次后移入发酵罐进行发酵。将子瓶斜面孢子按一定接种量移入种子罐内,35 ℃培养 60～70 h,检查菌丝形态正常后,即移入繁殖罐,在一级发酵的基础上使菌丝体继续大量繁殖,通常在 33 ℃培养 40 h 左右,检查菌丝形态正常,无菌检查合格,按 10%接种量移入发酵罐,此时的发酵为三级发酵,除了继续大量繁殖菌丝外,主要是生产红霉素。由于每级发酵的目的不同,因此它们的培养基成分、加料、培养温度、pH 值、空气流量和培养时间都要采用不同的条件进行控制,见表 8-3。

**表 8-3　红霉素发酵条件表**

| 发酵级别 | 主要培养基组分 | 空气流量 | 培养时间 | pH 值范围 | 培养温度 |
|---|---|---|---|---|---|
| 种子罐(一级) | 花生饼粉、蛋白胨、硫酸铵、淀粉、葡萄糖等 | 1∶1.5v/v/m | 65 h | 6.6～7.2 | 35 ℃ |
| 繁殖罐(二级) | 花生饼粉、蛋白胨、硫酸铵、淀粉、葡萄糖等 | 1∶1.5v/v/m | 40 h | 6.6～7.2 | 33 ℃ |
| 发酵罐 | 黄豆饼粉、玉米浆、淀粉、葡萄糖、碳酸钙、硫酸铵、磷酸二氢钾等 | 1∶1v/v/m | 6～7 d | 6.6～7.2 | 31 ℃ |

### (四)发酵工艺控制要点

红霉素发酵属于好氧发酵过程,在发酵过程中需不断通入无菌空气并搅拌,以维持一定的罐压和溶氧。发酵过程中应严格控制发酵温度、发酵液还原糖量、pH 值、溶氧量及发酵液黏度等,以便红色糖多孢菌能够大量合成红霉素并排至胞外。此外,生产中还要加入消泡剂以控制泡沫。在发酵期间每隔一定时间要取样进行分析、镜检及无菌试验,检测生产状况,分析或控制以下主要参数。

1. 种子质量的控制

成熟的斜面孢子呈深米色,色泽新鲜、均匀、无黑点,背面产生红色或红棕色色素。在母瓶斜面孢子挑选优良孢子区域或单菌落接入子瓶,每批子瓶斜面孢子数不低于1亿个。斜面孢子成熟后除做摇瓶试验测定生产能力外,还应插进一试验罐对比考察发酵水平,如不低于前批孢子,可用于生产。高产菌株的子瓶内要求无黑点。

2.培养基的控制

发酵培养基成分由黄豆饼粉、玉米浆、淀粉、葡萄糖、碳酸钙、硫酸铵、磷酸二氢钾等组成。

(1)碳源 以葡萄糖为主(占80%~85%),其次是淀粉(占15%~25%)。为了降低成本与节粮,生产上常用母液糖代替固体葡萄糖。

(2)氮源 以黄豆饼粉为主,其次是玉米浆和硫酸铵。中间补料有花生饼粉、蛋白胨、酵母粉及氨水。因黄豆饼粉消毒时泡沫较多,故一、二级种子罐及后期补料用部分花生饼粉代替,但全用花生饼粉则最终成品会出现带灰现象。

玉米浆质量对红霉素生物合成也有影响。玉米浆可用玉米胚芽粉代替,因玉米胚芽粉含磷量低于玉米浆,配方中无机磷用量要相应增加。蛋白胨亦可用优质玉米浆代替。

采用丰富培养基往往能提高发酵单位,但丰富培养基固形物的增加使溶解氧随之下降,故又限制了抗生素产量的进一步提高,因此需寻找一个既能丰富培养基又能减少固形物、提高溶解氧的方法。将基础原料液体化,即用蛋白酶水解各种饼粉,取滤液(酶解液)代替固体饼粉,加入培养基进行发酵,再加上酶解液进行中间补料,能使摇瓶发酵单位大幅度提高。酶解液的质量取决于饼粉本身的质量,饼粉的质量取决于它所含有对菌丝生长必需氨基酸的多少及其新鲜程度。这是因为各种饼粉中对菌丝生长起作用的主要是某些重要氨基酸如酪氨酸、组氨酸,而蛋氨酸(特别是高浓度时)却抑制菌丝生长。

(3)前体 根据红霉素生物合成途径,红霉素C转为红霉素A需要甲基供体,生产上采用发酵过程加入丙酸或丙醇作为前体以提高红霉素A的产量。

丙酸作前体时,其加入量、加入速度及加入浓度控制不当易使菌丝自溶,影响正常发酵,甚至造成倒罐,应加入水稀释降低丙酸浓度,减慢加入速度或用丙酸钠代替。

丙醇作前体时,代谢较稳定,对pH值影响小,发酵单位及成品得率都比较高,但要注意安全。

3.培养条件的控制

(1)通气和搅拌 发酵罐的通气量一般为1∶(0.8~1.2)v/v/m,增大空气流量和加快搅拌转速会提高发酵单位,但必须加强补料的工艺控制,防止菌丝早衰自溶,否则会给成品质量带来不良影响。较佳通气量的控制可减少动力的消耗,同样达到高产优质。过低的通气量亦会导致发酵液转稀。

(2)温度 一般采用全程 31 ℃培养,遇发酵激烈有转稀趋势时适当降低培养温度。红色链霉菌对温度较敏感,若前期 33 ℃培养则菌丝生长繁殖速度加快,40 h 黏度即达最高峰,但衰老自溶亦快,发酵液黏度容易下降。31 ℃培养菌丝生长虽比 33 ℃ 慢,48 h 黏度方达最高峰,但衰老较慢,使黏度下降速度减缓,转稀时间推迟,见图 8-6。后期的罐温更需控制,温度偏高会使菌丝在短时间内迅速自溶。

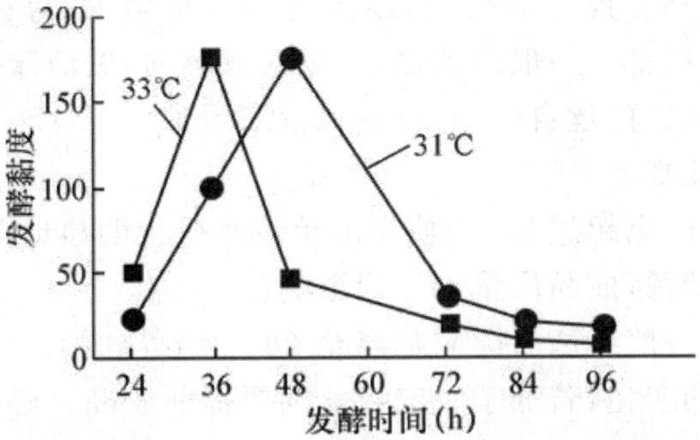


**图 8-6 不同培养温度的发酵液黏度**

(3)pH 值 整个发酵过程维持在 pH6.6～7.2,菌丝生长良好,不自溶,发酵单位稳定。发酵过程中的 pH 值和培养基的原始 pH 值与原材料的质量及消毒操作都有关,如原始 pH 值微带酸性,较慢地向碱性转变时则为正常。如在接种后 24 h 内 pH 值过低或偏高,则菌丝生长较慢,生物合成水平的差别也很显著,特别在发酵前期,当 pH 5.7～6.3 时,发酵终了时的单位仅为对照的一半。

pH 值过低时红霉素的生物合成完全停止;在发酵的任何阶段,pH 值低于 6.5 时均对红霉素生物合成不利;pH 值若高于 7.2,菌丝自溶,且会导致红霉素 C 的比例增加,使红霉素 A 的含量相应降低,对成品质量也有所影响。

(4)中间补料 发酵过程中还原糖控制在 1.2%～1.5%范围内,每隔 6 h 加入葡萄糖,直至放罐前 12～18 h 停止加糖。有机氮源一般每天补 3 或 4 次,根据发酵液黏度的大小决定补入量的多少,若黏度低可增加补料量,反之则减少补料量,黏度过高还可适量补水,放罐前 24 h 停止补料。前体一般在 24～39 h,当发酵液变浓、pH 值高于 6.5 时开始补入,每隔 24 h 加一次,全程共加 4 或 5 次,总量为 0.7%～0.8%,遇发酵单位增长趋势好时可适当多加。

(5)通氨 发酵后期通氨可提高发酵单位和成品质量,若改加氨水,则以滴加为佳。

(6)发酵液黏度的控制 在一定的黏度范围内,红霉素 C 含量与发酵液黏度呈负相关的关系,即成品质量与黏度有正相关的关系。因此,适当提高发酵液黏度能减少红霉素C的比例，从而保证成品质量。

发酵液黏度与搅拌功效、氮源补入量及培养温度有关。通过减慢搅拌转速、改变搅拌叶型式、降低罐温、增加有机氮源补量，滴加氨水等能提高发酵液的黏度。但黏度过高会影响溶解氧的浓度，单位水平明显下降，所以必须控制发酵液的黏度，既要保证红霉素C的含量少，又不影响发酵单位。

(7)泡沫与消沫　因发酵培养基有黄豆饼粉，故在培养基消毒及通空气时泡沫较多，可采取接种后不开搅拌的措施，逐步将通气量增大，等菌丝长浓后，再开搅拌，以减少消沫剂的用量。一般以植物油(豆油或菜油)做消沫剂，不宜一次多量加入，尤其是后期，会促使菌丝自溶，并给提炼带来困难。

4.异常情况及处理

(1)停电影响　停电超过2 h会使发酵单位水平很明显地下降，若发生在100 h后还会导致发酵液转稀，成品质量也受到影响。

(2)染菌处理　一般染菌后即应降温至28 ℃培养，并加入洁尔灭。需密切注意发酵液过滤速度的变化，若低于一定数值则要提前放罐。遇单位下跌，暂时放不出的发酵液需加0.15%的甲醛，停止搅拌，冷却待放。但在染短杆菌或某些球菌时，则要通过不同加入量的试验视其杀菌效果。若发现发酵液污染某些杂菌，甲醛量需增至0.5%才能达到杀菌的目的。

(3)发酵液浓度特别低　可一次性加入酵母粉和蛋白胨，以促使菌丝生长。

## 第三节　氨基酸的发酵工艺

### 一、概述

有机酸分子中一个或一个以上的氢原子被氨基取代的产物称为氨基酸。氨基酸构成了所有生物所需的各种各样的蛋白质，人类要维持生命活动，就必须获得各种氨基酸。氨基酸在食品、医药、工业、农业等行业有广泛应用。

自然界中有20多种氨基酸，其生产方法有提取法、合成法、酶法和发酵法。据报道，生产氨基酸的大国为日本和德国，日本的味之素、协和发酵及德国的德固沙是世界氨基酸生产的三巨头。他们能生产高品质的氨基酸，可直接用于输液制剂的生产。我国从20世纪60年代开始用发酵法生产谷氨酸，目前已具有相当规模，对赖氨酸、天冬氨酸和丙氨酸等一些氨基酸也已先后分别用发酵法和酶法生产。国内生产氨基酸的厂家主要是天津氨基酸公司、湖北八峰氨基酸公司，但目前无论生产规模及产品质量还难与国外抗衡。目前，发酵法已成为氨基酸生产的主要方法。

按照生产菌株的特性,发酵法生产氨基酸可分为4类:第一类是使用野生型菌株直接由糖和铵盐发酵生产氨基酸,如谷氨酸、丙氨酸和缬氨酸的发酵生产;第二类是使用营养缺陷型突变株直接由糖和铵盐发酵生产氨基酸,如利用谷氨酸棒状杆菌对高丝氨酸营养缺陷型生产赖氨酸、利用谷氨酸棒状杆菌对精氨酸营养缺陷型生产胍氨酸等;第三类是由氨基酸结构类似物抗性突变株生产氨基酸,如蛋氨酸、鸟氨酸的生产等;第四类是使用营养缺陷型兼抗性突变株生产氨基酸。此外,还有为避免氨基酸生物合成途径中的反馈抑制作用而添加中间产物的发酵法,即以氨基酸的中间产物为原料,用微生物转化为相应的氨基酸。

以淀粉水解糖为原料通过利用氨基酸生产菌进行代谢发酵生产谷氨酸的工艺,是最成熟、最典型的一种氨基酸生产工艺,主要由4部分组成,即淀粉水解糖的制备、谷氨酸的提取和精制。下面以淀粉质原料谷氨酸发酵为例,介绍氨基酸的发酵生产工艺。

## 二、谷氨酸的发酵工艺流程

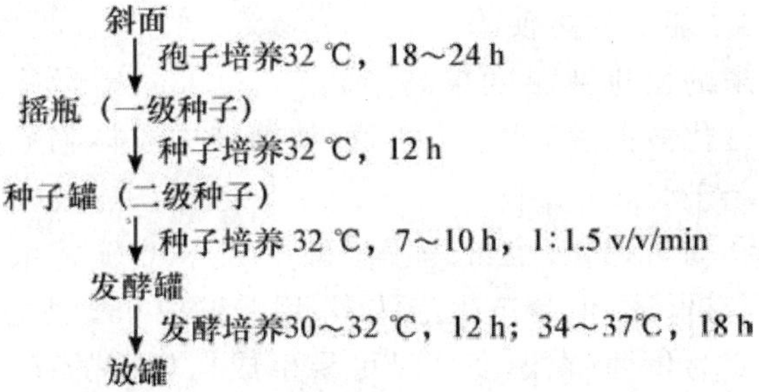


图 8-7　谷氨酸发酵工艺流程图

## 三、谷氨酸的发酵生产过程

1. 淀粉水解糖的制备

淀粉水解糖制备的工艺很多,有酸法、双酶法、酸酶法等工艺过程。下面介绍酸酶法淀粉水解糖制备工艺过程,如图8-8所示。整个生产过程可分为如下几部分。

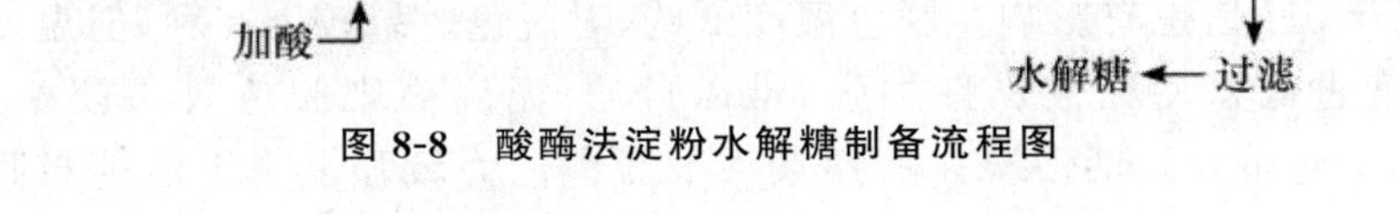


图 8-8　酸酶法淀粉水解糖制备流程图

(1)调浆　淀粉的酸解必须先将淀粉原料调成粉浆,保持一定的浓度及酸度(pH 值),然后将料液泵入水解锅,在一定的条件下进行水解糖化。粉浆的浓度、酸的浓度及糖化时间等对淀粉的水解反应、复合分解反应有直接的影响。因此,在酸糖化中必须合理地加以调节控制。淀粉水解时,淀粉乳的浓度越低,水解液的葡萄糖值越高,色泽越浅。

(2)水解　淀粉水解是用蒸汽直接加热操作的。压力与淀粉水解反应速度成正比,压力升高,水解反应速度加快。在淀粉水解时,为加快水解速度,提高设备的生产能力,可采用增大水解反应压力的方法。水解压力和时间在水解过程中是相互配合的,在相同的条件下,达到一定的糖化效果,压力升高时,反应时间短;反之,压力降低时,反应时间加长。

(3)中和　在淀粉水解的糖液中,除了淀粉的水解产物——葡萄糖、麦芽糖等单糖及低聚糖外,淀粉原料中还含有其他物质(如蛋白质、脂肪、纤维素、无机盐等复合物),它们在水解过程中也发生变化。如蛋白质水解产物——氨基酸能与葡萄糖分解产物反应,使糖液色泽加深。蛋白质及其他胶体物质的存在将使谷氨酸发酵时泡沫增加。同时糖化是在较高酸度下进行的,糖化液的 pH 值低,因此必须加以中和、脱色、除杂,才能供发酵使用。

由糖化锅压出来的糖化液温度很高(140～150 ℃),需经冷却才能进行中和。中和的目的是降低糖化液酸度,调节 pH 值,使糖液中胶体物质凝聚析出,便于过滤除去。

通常采用的中和剂为纯碱,也可采用烧碱配成 NaOH 溶液。用纯碱中和,反应较温和,糖液质量有保证,但是产生泡沫多;用烧碱中和要注意防止碱局部过浓,使葡萄糖发生焦化变为焦糖(在温度高时更易生成),焦糖的存在能抑制谷氨酸菌的生长,增加糖液色泽及精制困难。在操作中为避免发生上述情况,常将碱配成一定的浓度,然后再用于中和。

(4)脱色　水解糖液中存在杂质,对氨基酸发酵不利,也影响氨基酸的提炼,常需进行脱色除杂处理。糖液脱色方法有活性炭吸附法及离子交换树脂脱色法等。

①活性炭吸附法　这是国内大多数工厂采用的方法,它的优点是工艺简单,操作容易,脱色效果好。可根据糖液颜色深浅控制投炭量。用活性炭脱色,常采用粉末状活性炭。活性炭耗量视糖液色泽情况与活性炭质量而定。一般粉末炭用量相当于投淀粉量的 0.6%～0.8%。糖液脱色效果与投炭量(及炭本身质量)有关外,脱色温度及 pH 值也有影响。脱色温度低些,对脱色效果较为有利,但温度也不宜过低,温度过低将使糖液黏性加强,难以过滤;温度高则脱色效果较差,一般在 70 ℃左右脱色较好。活性炭在酸性条件下脱色能力较强。由于活性炭脱色主要

是靠本身所具有的大表面积及无数微小孔隙，将色素分子吸附在炭粒表面上，因此，脱色作用需保证一定的搅拌时间（半小时以上），使活性炭充分起作用。活性炭除起脱色作用外，尚有助滤的作用。

②离子交换树脂脱色除杂　离子交换树脂脱色具有选择性强，脱色效果较好，便于管道化、连续化及自动化操作，减轻劳动强度的优点。

(5)过滤　通常都采用板框压滤，用于脱色的活性炭在这里起过滤介质和助滤剂的作用。

2.菌种的扩大培养

(1)斜面培养　谷氨酸产生菌主要是棒杆菌属、短杆菌属、小杆菌属及节杆菌属的细菌。除节杆菌外，其他 3 种有许多菌种适用于糖质原料的谷氨酸发酵。这些菌都是好氧微生物，都需要以生物素为生长因子。中国谷氨酸发酵生产所用的菌种有北京棒杆菌 AS1.229 和钝齿棒杆菌 AS1542、T6-13、FM84-415 等。其生长特点是适用于糖质原料，需氧以生物素为生长因子。这些菌株的斜面培养一般采用由蛋白胨、牛肉膏、氯化钠组成 pH 值为 7.0～7.2 的琼脂培养基，在 32 ℃培养 18～24 h，检查合格后放冰箱保存备用。

(2)一级种子培养　一级种子培养采用由葡萄糖、玉米浆、尿素、磷酸氢二钾、硫酸镁、硫酸铁及硫酸锰组成，pH 值为 6.5～6.8 的液体培养基，以 1 000 mL 三角瓶装液体培养基 200～250 mL 进行振荡培养，在 32 ℃培养 12 h，如无污染，质量达到要求，贮于 4 ℃冰箱备用。

(3)二级种子培养　二级种子用种子罐培养，接种量为发酵罐投料体积的 1%，培养基组成和一级种子相仿，主要区别是用水解糖代替葡萄糖，一般于 32 ℃下进行通气培养 7～10 h，经质检合格可移种至发酵罐（或冷却至 10 ℃备用）。

二级种子培养结束时，要求无杂菌及噬菌体感染，菌体大小均匀，呈单个或八字排列，活菌数为 $10^8$～$10^9$ 个/mL，摄氧率大于 1 000 μg/(mL·h)。

## 四、谷氨酸发酵的工艺控制

谷氨酸发酵要控制好相应培养条件，以利于积累大量的谷氨酸。一般菌体生长期几乎不产酸，大约 12 h，此期泡沫较多并放出大量发酵热，必须进行冷却。菌体生长停止就转入产物合成期，此期菌体浓度基本不变，糖与尿素分解后产生 α-酮戊二酸和氨主要用来合成谷氨酸。发酵后期，菌体衰老，糖耗缓慢，当酸浓度不再增加时需及时放罐，发酵周期一般为 30 h。

(1)培养基成分及其控制　发酵培养基的成分与配比是决定氨基酸产生菌代谢的主要因素，与氨基酸的产率、转化率及提取收率关系很密切。碳源是构成菌体和合成氨基酸的碳架及能量的来源。氮源是合成菌体蛋白质、核酸等含氮物质和合成氨基酸的来源，同时在发酵过程中还用来调节 pH 值。

氨基酸发酵培养中，不仅菌体生长和氨基酸合成需要氮，而且氮源还用来调节 pH 值，因此氮源的需要量比一般发酵（如有机酸发酵等）要多。谷氨酸发酵的碳氮比为 100：(15～21)，碳氮比为 100：11 时才开始积累谷氨酸。在消耗的氮源中，合成菌体用的氮源仅占氮的 3%～6%，合成谷氨酸氮源占 30%～80%。在实际生产中，采用尿素或氨水为氮源时，有一部分氮用来调节 pH 值，另一部分氮源被分解随空气逸出，因此用量更大。在谷氨酸发酵培养中，当糖浓度为 12.5%、总尿素量为 3%时，碳氮比为 100：28。不同的碳氮比对氨基酸生物合成产生显著的影响，例如谷氨酸发酵中适量的 $NH_4^+$ 可减少 $\alpha$-酮戊二酸的积累，促进谷氨酸的合成；过量 $NH_4^+$ 会使生成的谷氨酸受谷氨酰胺合成酶的作用转化为谷酰胺。

另外氨基酸发酵还需要无机盐、生长因子等物质。

(2)生物素的影响及控制　生物素作为催化脂肪酸生物合成最初反应的关键酶乙酰 CoA 的辅酶，参与脂肪酸的生物合成，进而影响磷脂的合成。当磷脂含量减少到正常值的一半左右时，细胞发生变形，谷氨酸能够从胞内渗出，积累于发酵液中。生物素过量，则发酵过程菌体大量繁殖，不产或少产谷氨酸，代谢产物中乳酸和琥珀酸明显增多。

(3)种龄和种量的控制　一般情况下，一级种子种龄控制在 11～12 h，二级种子种龄控制在 7～8 h。一次初糖谷氨酸发酵的接种量一般以 1%为好。种量过多使菌体生长速度过快，菌体娇嫩，不强壮，提前衰老自溶，后期产酸不高；种量过少则菌体增长缓慢，发酵时间延长，容易染菌。

(4)温度的影响及控制　氨基酸发酵的最适温度因菌种性质及所生产的氨基酸种类不同而异。从发酵动力学来看，氨基酸发酵一般属于 Gaden 分类的Ⅱ型，菌体生长到一定程度后再开始产生氨基酸，因此菌体生长最适温度和氨基酸合成的最适温度是不同的。谷氨酸发酵，菌体生长最适温度为 30～32 ℃。菌体生长阶段温度过高，则菌体易衰老，pH 值高，糖耗慢，周期长，酸产量低，如遇这种情况，除维持最适生长温度外还需适当减少风量，并采取少量多次流加尿素等措施，以促进菌体生长。在发酵中、后期，菌体生长已基本停止，需要维持最适宜的产酸温度 34～37 ℃，以利于谷氨酸合成。

(5)pH 值的影响及控制　pH 值对氨基酸发酵的影响和其他发酵一样，主要是影响酶的活性和菌的代谢。例如谷氨酸发酵，在中性和微碱性条件下（pH7.0～8.0）积累谷氨酸，在酸性条件下（pH5.0～5.8）则易形成谷氨酰胺和 N-乙酰谷氨酰胺。发酵前期 pH 值偏高对生长不利，糖耗慢，发酵周期延长；反之，pH 值偏低，菌体生长旺盛，糖耗快，不利于谷氨酸合成。但是，前期 pH 值偏高（pH7.5～8.0）

对抑制杂菌有利，故控制发酵前期的 pH 值以 7.5 左右为宜。由于谷氨酸脱氢酶的最适 pH 值为 7.0～7.2，氨基酸转移酶的最适 pH 值为 7.2～7.4，因此控制发酵中后期的 pH 值为 7.2 左右。

生产上控制 pH 值的方法一般有两种，一种是流加尿素，一种是流加氨水。国内普遍采用后一种方法。

①流加尿素的数量和时间主要根据 pH 值变化、菌体生长、糖耗情况和发酵阶段等因素决定。例如当菌体生长和糖耗均缓慢时，要少量多次地流加尿素，避免 pH 值过高而影响菌体生长；菌体生长和糖耗均快时，流加尿素可多些，使 pH 值适当高些，以抑制生长；发酵后期残糖很少，接近放罐时应尽量少加或不加尿素，以免造成浪费和增加氨基酸提取的困难。一般少量多次地加尿素，可以使 pH 值稳定，对发酵有利。

②流加氨水，因氨水作用快，对 pH 值的影响大，故应采用连续流加。

(6)氧的影响及控制　各种不同氨基酸发酵对溶氧的要求不同，不同的种龄、种量、培养基成分、发酵阶段及发酵罐大小要求的通风量不同，因此在发酵过程中应根据具体需氧情况确定。例如谷氨酸，在长菌阶段，如果通风量过大，而生物素缺乏，会抑制菌体生长，表现出耗糖慢、pH 值高、菌体生长缓慢等现象。在产酸阶段，需要大量供氧，如通气量不足，往往表现出 pH 值低，耗糖快，长菌不产酸，会积累乳酸和琥珀酸；而这时通气量过大也不利于 $\alpha$-酮戊二酸进一步还原氨基化，会大量积累 $\alpha$-酮戊二酸。因此，只有在适量通气条件下，才有可能大量积累谷氨酸。

(7)防止噬菌体和杂菌的污染　在氨基酸发酵中基本上都是好氧发酵，因此，杂菌和噬菌体的防治工作特别重要。一定要从空气、培养基、设备、环境等各方面严格把关。谷氨酸生产菌一般都是生物素缺陷型，而在发酵培养基中又大多是控制生物素适量，所以谷氨酸生产菌对噬菌体和杂菌的抵抗能力较弱。如发酵过程中污染杂菌或噬菌体(特别是噬菌体)，轻则谷氨酸收率低、难提取，重则倒罐，造成很大的经济损失。

## 第四节　维生素 C 的发酵工艺

### 一、概述

#### (一)维生素 C 及其理化性质

维生素 C(vitamin C)又名抗坏血酸，化学名称为 *L*-2,3,5,6-己-2-己烯酸-$\gamma$-内酯。维生素 C 广泛存在于自然界，人们常吃的水果、蔬菜等都含有大量的维生素

C,动物器官的肾、肝和脑垂体中也含有少量维生素C。维生素C最早是于1932年由柠檬汁浓缩液中提取的结晶体,其结构式见图8-9。

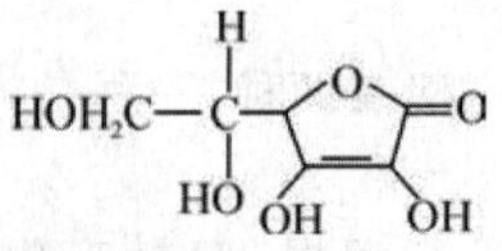

**图8-9 维生素C的结构式**

维生素C是一种白色或略带淡黄色的结晶或粉末,无臭、味酸、遇光色变深,水溶液显酸性。结晶体在干燥空气中较稳定,但其水溶液能被空气中氧和其他氧化剂所破坏,所以贮藏时要阴凉干燥、密闭避光。熔点为190～192 ℃,熔融时同时分解。维生素C易溶于水,略溶于乙醇,不溶于乙醚、氯仿和石油醚等有机溶剂。水溶液在pH值为5～6之间稳定,若pH值过高或过低,并在空气、光线和温度的影响下,易变色。

**(二)药理作用及应用范围**

维生素C是细胞氧化-还原反应中的催化剂,参与机体新陈代谢,增加机体对感染的抵抗力,可用于防治坏血病和抵抗传染性疾病,促进创伤和骨折的愈合以及用作辅助药物治疗。临床上主要用于防治坏血病、预防冠心病,大剂量静脉注射可用于克山病的治疗。

由于维生素C是一种强还原剂,故还用于食品保鲜与贮藏、油脂的抗氧化、植物生长等领域以及作为人体营养剂、健康食品添加剂等。

**(三)生产方法**

维生素C虽广泛存在于自然界,但含量很低,目前主要采用莱氏法和两步发酵法来制备。国外维生素C的生产主要采用莱氏法及其改进路线,其生产自动化水平较高,生产能力也较大。我国20世纪70年代初开始研制维生素C两步发酵法并投入生产,其工艺已达到国际先进水平。目前,在生物工程上,从山梨醇两步发酵法发展到*D*-葡萄糖经2-酮基-*L*-古龙酸(简称2-KGA)的新两步发酵法和从葡萄糖起始的三步发酵法直接得维生素C。随着生物技术的发展,美国、日本等国家已利用基因工程技术选育出新菌株,通过发酵生产维生素C。1984年日本推出了从*D*-葡萄糖到维生素C的一步发酵法。

下面就莱氏法和两步发酵法的发酵工艺及过程分述如下。

## 二、维生素C的发酵工艺及过程

### (一)莱氏法

1. 莱氏法生产维生素C的工艺过程

1935年,德国的莱奇登(Reichstein)等人以*D*-山梨醇(可通过*D*-葡萄糖经催化氢化而得)为原料,经黑醋菌(*Acetobacter melanogenum*)一步发酵得 *L*-山梨糖,将此糖在酸性条件下,经丙酮醇缩合,得双丙酮糖,再经次氯酸钠(或高锰酸钾)氧化得双丙酮-2-酮-*L*-古龙酸,再将后者水解去丙酮后经盐酸转化得维生素 C。其中 *L*-山梨糖的制备为发酵生产。

莱氏法的优点是生产工艺成熟,总收率能达到 60%(对 *D*-山梨醇计),优级品率为 100%,但生产中为使其他羟基不受影响,需用丙酮保护,使反应步骤增多,连续操作有困难,且原料丙酮用量大,苯毒性大,劳动保护强度大,并污染环境。因此,莱氏法工艺已逐步被两步发酵法所取代。

2. *L*-山梨糖的制备发酵工艺过程及要点

(1)工艺过程

①菌种　黑醋菌是一种小短杆菌,属革兰氏阴性菌($G^-$),生长温度为 30～36 ℃,最适温度为 30～33 ℃。培养方法是将黑醋菌保存于斜面培养基中,每月传代一次,于 0～5 ℃冰箱保存。以后菌种从斜面培养基移入三角瓶种液培养基中,在 30～33 ℃振荡培养 48 h,合并入血清瓶内,糖量在 100 mg/mL 以上,镜检菌体正常,无杂菌,可接入生产。

②发酵　种子培养分为一、二级种子罐培养,都以质量分数为 16%～20%的 *D*-山梨醇投料,并以玉米浆、酵母膏、泡敌、碳酸钙、复合维生素 B、磷酸盐、硫酸盐等为培养基,在 pH 值 5.4～5.6 下于 120 ℃保温 30 min 灭菌,待罐温冷却至 30～34 ℃,用微孔法接种。在此温度下,通入无菌空气(1∶1 v/v/min),并维持罐压 0.03～0.05 MPa进行一、二级种子培养。当一级种子罐产糖量大于 50 mg/mL(发酵率达 40%以上)、二级种子罐产糖量大于 70 mg/mL(发酵率在 50%以上)时,菌体正常,即可移种。

发酵罐部分是以 20%左右 *D*-山梨醇为投料浓度,另以玉米浆、尿素为培养基,在 pH 5.4～5.6 灭菌消毒、冷却后,按接种量为 10%接入二级种子培养液。在 31～34 ℃通入无菌空气(1∶0.7 v/v/m),维持罐压 0.03～0.05 MPa 等条件下进行培养。当发酵率在 95%以上、温度略高(31～33 ℃)、pH 值在 7.2 左右、糖量不再上升时即达发酵的终点。

(2)工艺要点

①山梨醇的纯度与收率有关,纯度越高收率越高。

②氧化速率与山梨醇的浓度有很大关系,浓度高,超过 40%,通气速率低,细菌几乎无作用;但浓度过低,则需庞大的发酵罐及浓缩设备,设备利用率低。选用浓度一般不大于 25%。

③发酵液中金属离子的存在抑制细菌脱氢活性,若有两种或更多种金属离子

存在，抑制作用更大。镍离子抑制作用最强。因而应控制 *D*-山梨醇中镍≤5 mg/kg，铁≤70 mg/kg。

④发酵液中加生长因子（如 B 族维生素、玉米提取物、酵母）能提高发酵率。

⑤空气流量越大越有利于发酵，但过大则动力消耗大，且泡沫量增大，一般生产应控制在 0.7～1.0 v/v/m。

(3)注意事项　在发酵过程中，若出现苷糖高、周期长、酸含量低、pH 值下降的现象，说明发生染菌。染菌会大大影响发酵收率，所以要避免染菌。常见的染菌途径有：种子或发酵罐带菌，接种时罐压低于大气压，培养基灭菌不彻底，操作中的染菌、阀门泄漏等。

**（二）两步发酵法**

1. 两步发酵法生产维生素 C 的工艺过程

两步发酵法是以葡萄糖为原料，经高压催化氢化、两步微生物（黑醋菌、假单胞杆菌和氧化葡萄糖酸杆菌的混合菌株）氧化、酸（或碱）转化等工序制得维生素 C。这种方法系将莱氏法中的丙酮保护和化学氧化及脱保护等三步改成一步混合菌株生物氧化。因为生物氧化具有特异的选择性，利用合适的菌将碳上羟基氧化，可以省去保护和脱保护两步反应。其中 *L*-山梨糖的制备和 2-酮基-*L*-古龙酸的制备两步为发酵生产。

此法的最大特点是革除了大量的有机溶剂，改善了劳动条件并解决了环境保护问题，近年来又去掉了动力搅拌，大大地节约了能源。我国目前已全部采用两步发酵法生产维生素 C。

2. *L*-山梨糖的制备发酵工艺过程

(1)菌种　黑醋菌部分同莱氏法。

(2)发酵　基本同莱氏法，只是 *D*-山梨醇的投料浓度适当低些，10%左右。

(3)发酵液处理　发酵终点后对生成的 *L*-山梨糖（醪液）应立即于 80 ℃加热 10 min，杀死第一步发酵液微生物后，冷却至 30 ℃，再开始进行第二步的混合菌株发酵。

3. 2-酮基-*L*-古龙酸的制备工艺过程

(1)菌种　将保存于冷冻管的假单胞杆菌和氧化葡萄糖酸杆菌菌种活化，分离及混合培养后移入三角瓶种液培养基中，在 29～33 ℃振荡培养 24 h，产酸量在6～9 mg/mL，pH 值降至 7 以下，菌形正常无杂菌，再移入血清瓶中，即可接入生产。

(2)发酵　先在一级种子培养罐内加入经过灭菌后的辅料（玉米浆、尿素及无机盐)和醪液(折纯含山梨糖 1%),控制温度为 29～30 ℃,发酵初期温度较低,通入无菌空气维持罐压为 0.05 MPa,pH 6.7～7.0,至产酸量达合格浓度,且不再增加时,接入二级种子罐培养,条件控制同前。作为伴生菌的芽孢杆菌开始形成芽孢时,产酸菌株开始产生 2-酮基-*L*-古龙酸,直到完全形成芽孢和出现游离芽孢时,产酸量达高峰(5 mg/mL 以上)为二级种子培养终点。

供发酵罐用的培养基经灭菌冷却后,加入至山梨糖的发酵液内,接入第二步发酵菌种的二级种子培养液,在 30 ℃通入无菌空气进行发酵,为保证产酸正常进行,往往定期滴加灭菌的碳酸钠溶液调 pH 值,使保持 pH 7.0 左右。当温度略高(31～33 ℃)、pH 值在 7.2 左右、二次检测酸量不再增加、残糖量 0.5 mg/mL以下,即为发酵终点,得含古龙酸钠的发酵液。此时游离芽孢及残存芽孢杆菌菌体已逐步自溶成碎片,用显微镜观察已无法区分两种细菌的差别,整个产酸反应到此也就结束了。所以,根据芽孢的形成时间来控制发酵是一种有效的办法。在整个发酵期间,保持一定数量的氧化葡萄糖酸杆菌(产酸菌)是发酵的关键。

整个发酵过程可分为产酸前期、产酸中期和产酸后期。产酸前期主要是菌体适应环境进行生长的阶段。该阶段产酸量很少,为了提高发酵收率应尽可能缩短产酸前期。产酸前期长短与底物浓度、接种量、初始 pH 值及溶氧浓度等有关。产酸中期是菌体大量积累产物的时期。产酸中期的时间主要决定于产酸前期菌体生长的好坏和中期的溶氧浓度控制,也与 pH 值等有关。因此适宜的操作条件可获得较大的产酸速率和较长的发酵中期,从而可提高发酵收率。产酸后期,菌体活性下降,产酸速率变小,同时部分酸发生分解,引起酸浓度下降。生产上由于要求发酵液中残糖浓度小于 0.5 mg/mL,不可能提前终止发酵,所以在此期间应采取措施,设法延长菌体活性,使之继续产酸。

(3)工艺要点

①山梨糖初始浓度　在一定的温度(30 ℃)、压力(表压 0.05 MPa)和 pH 值(6.7～7.0)和溶液氧浓度(10%～60%)下存在一个极限浓度,此极限浓度为 80 mg/mL。当山梨醇浓度大于该浓度时,将抑制菌体生长,表现为产酸前期长,产酸速率变小,使发酵产率下降。从生产角度考虑,希望得到尽可能高的酸浓度,亦即要求山梨糖初始浓度越高越好。因此,较适宜的初始浓度为 80 mg/mL左右。在产酸中期,菌体生长正常时,高浓度的山梨糖对发酵收率影响不大。因此,在发酵过程中滴加山梨糖或一次补加山梨糖均能提高发酵液中产物浓度。

②溶氧浓度　在发酵过程中,溶氧不但是菌体生长所必需的条件,而且又是反

应物之一。在菌体生长阶段，高溶氧能使菌体很好地生长，而在中期，则应控制一定的溶氧浓度以限制菌体的过度生长，避免过早衰老，从而延长菌体的生产期。中期溶氧浓度越高，产酸速率越大，但产酸中期越短，这对整个发酵过程是不利的。因此，生产上一般前期处于高的溶氧状态；中期溶氧以 3.5～6.0 mg/mL 为宜；后期耗氧减少，大多数情况下溶氧浓度会上升。

③pH 值　发酵过程中如 pH 值降至 6.4 是不利的，通过连续的调节使 pH 值维持在 6.7～7.9 时对发酵是有利的。

# 第五节　螺旋霉素的发酵工艺

## 一、概述

1. 螺旋霉素(spiramycin)及其理化性质

螺旋霉素为白色或类白色无定形粉末，味苦，易溶于有机溶媒，如甲醇、丙酮、氯仿、乙酸乙酯、乙酸丁酯等，微溶于水，不溶于石油醚、四氯化碳、正己烷。化学性质稳定。在 231～232 nm 处有紫外吸收峰，本身带有发色基团，遇浓硫酸呈棕红色。是典型的大环内酯类抗生素。熔点 128～131 ℃(分解)。由链霉菌属 *Streptomyces ambofaciens* 生产，是螺旋霉素Ⅰ、Ⅱ、Ⅲ的混合物。

螺旋霉素有 3 种有效的组分，结构如图 8-10 所示。

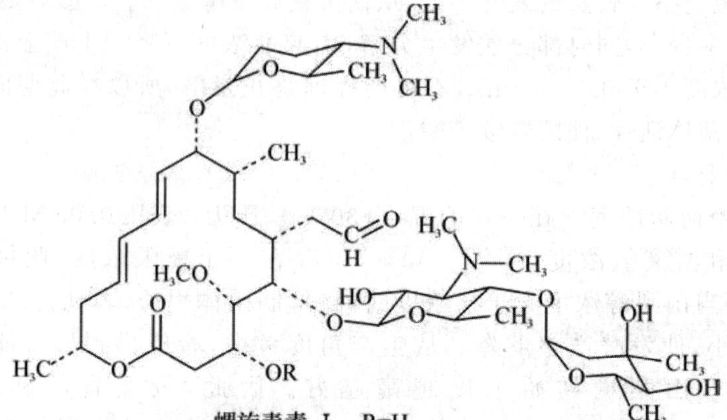


螺旋毒素 Ⅰ　R=H
螺旋毒素 Ⅱ　R=COCH$_3$
螺旋毒素 Ⅲ　R=COCH$_2$CH$_3$

**图 8-10　螺旋霉素的分子结构**

分子式与相对分子质量分别为：

| | | | |
|---|---|---|---|
| 螺旋霉素Ⅰ | $C_{43}H_{74}O_{14}N_2$ | 842 | （R=—H） |
| 螺旋霉素Ⅱ | $C_{45}H_{76}O_{15}N_2$ | 884 | （R=—$COCH_3$） |
| 螺旋霉素Ⅲ | $C_{46}H_{78}O_{15}N_2$ | 898 | （R=—$COCH_2CH_3$） |

2. 药理作用

螺旋霉素经酰化反应可合成乙酰螺旋霉素，后者对革兰氏阳性菌与奈瑟氏球菌有较好的抗菌作用，口服吸收良好，能迅速分布体内，有很高的组织浓度，具有临床实用价值。

## 二、工艺流程

螺旋霉素的发酵工艺流程图和设备流程图如图 8-11 和图 8-12 所示。

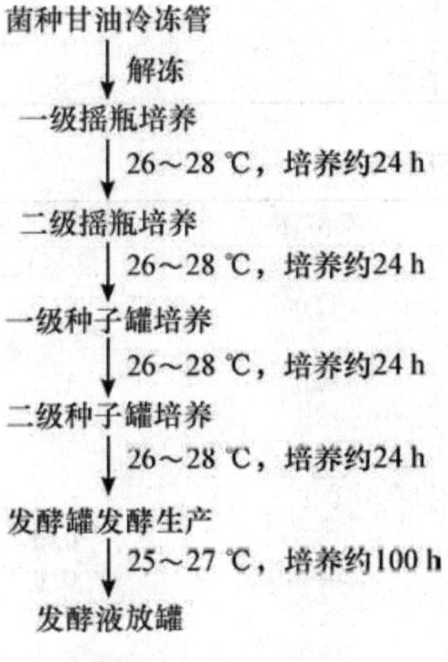


图 8-11　发酵工艺流程

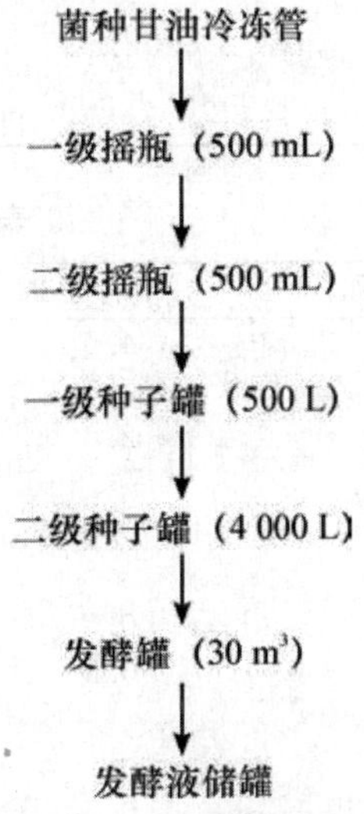


图 8-12　发酵设备流程

## 三、生产过程

(1)菌种　工业生产使用的螺旋霉素生产菌是螺旋霉素链霉菌经多次诱变后获得的高产菌种。菌种保藏采用菌丝体制备成甘油管，在冷冻条件下低温保存，保存期为 6 个月。

(2)种子和发酵培养基　螺旋霉素各级种子和发酵培养基的配方如表 8-4 和表 8-5 所示，在配制培养基的过程中要求确保各种成分齐全、称量准确无误。每组培养基都要做到灭菌彻底,以保证严格的纯种培养。

**表 8-4 摇瓶及发酵、肉汤培养基配方** %

| 原料名称 | 种子培养基 | 发酵培养基 | 肉汤培养基 |
|---|---|---|---|
| 淀粉 | 4.0 | 4.0 | |
| 玉米浆 | 0.5 | 1.0 | |
| 黄豆饼粉 | 2.0 | | |
| 鱼粉 | | 3.0 | |
| 蛋白胨 | 0.5 | | 0.5 |
| 葡萄糖 | | 1.0 | 0.5 |
| 牛肉膏 | | | 0.1 |
| 碳酸钙 | 0.5 | 0.5 | |
| 氯化钠 | 0.4 | 0.5 | 0.5 |
| 硝酸铵 | | 0.6 | |
| 硫酸镁 | | 0.1 | |
| 磷酸二氢钾 | 0.05 | 0.1 | |
| 豆油 | | 2.0 | |
| 酚红 | | | 1.0 |
| pH 值 | 自然 | 自然 | 7.9～8.1 |

**表 8-5 各级发酵及补料配方** %

| 原料名称 | 一级种子罐 | 二级种子罐 | 发酵罐 | 补料配方 |
|---|---|---|---|---|
| 淀粉 | 4.0 | 4.0 | 4.8 | 13.0～18.0 |
| 玉米浆 | 0.5 | 0.5 | 1.0 | 0.5 |
| 黄豆饼粉 | 2.0 | 2.0 | | |
| 鱼粉 | | | 3.0 | 1.5 |
| 蛋白胨 | 0.5 | 0.5 | | |
| 葡萄糖 | | | 1.0 | |
| 碳酸钙 | 0.5 | 0.5 | 0.5 | 0.5 |
| 氯化钠 | 0.2 | 0.2 | 0.5 | 0.5 |
| 硝酸铵 | | | 0.6 | 0.6 |
| 硝酸镁 | | | 0.1 | 0.1 |
| 磷酸二氢钾 | 0.5 | 0.5 | 0.1 | 0.1 |
| 豆油 | | | 1.4 | |
| 正丙醇 | | | 0.4 | |

(3)一级摇瓶菌丝的制备　将保存的冷冻管取出,放置室温或 37 ℃恒温室化冻后,在无菌条件下吸 3.5 mL 冷冻液接入有 75 mL 培养基的一级摇瓶,27 ℃振荡培养 24 h。菌丝要求镜检粗壮、呈团状、染色深、无空泡、无杂菌。一级种液应做肉汤培养以检查有无杂菌。

(4)二级摇瓶菌丝的制备　将长好的一级摇瓶菌丝在无菌条件下吸 3.5 mL 接入有 75 mL 培养基的二级摇瓶中,27 ℃振荡培养 24 h,得二级摇瓶菌丝。在无菌条件下以 6～8 瓶并成一瓶，倒入灭菌的接种瓶中，装好已灭菌的接种针头备用。操作同时，要将剩余的种液约 1 mL 倒入肉汤做无菌试验。离开无菌室后，进罐菌丝必须镜检，要求菌丝量多、网状、染色中等、无杂菌、允许有少量空泡。

(5)一级种子罐的菌种培养　将培养好的二级摇瓶菌丝在无菌条件下接入已灭菌的一级种子罐培养基中，在 26～28 ℃温度下培养 24 h，在确保菌体检验合格和无杂菌的情况下转入下级培养或降温保压。

(6)二级种子罐的菌种培养　将培养好的一级种子罐菌种在无菌条件下接入已灭菌的二级种子罐培养基中，在 26～28 ℃温度下培养 24 h，在确保菌体检验合格和无杂菌的情况下转入发酵罐或降温保压。

(7)三级种子罐的菌种培养　将培养好的二级种子罐菌种在无菌条件下接入已灭菌的三级发酵培养基中进行发酵，各级种子和发酵控制条件见表 8-6。大约在培养 100 h 发酵结束放罐，进入后续的提取工段。

**表 8-6　各级发酵工艺要求**

| 控制项目 | 一级罐 | 二级罐 | 三级罐 |
|---|---|---|---|
| 温度(℃) | 26～28 | 26～28 | 25～27 |
| 空气流量($m^3$/min) | | | 移种后调 10<br>一次补料后调 15<br>80 h 后调 20 |
| 罐压(MPa) | 0.05～0.07 | 0.05 | 0～0.02 |
| 移种条件 | | | |
| 培养时间(h) | 24 | 24 | 约 100 |
| 菌丝形态 | 中长、粗壮、舒展 | 中长、粗壮<br>舒展、略成网 | |
| 菌丝浓度 | 絮状，浓度 60%以上 | 絮状，浓度 60%以上 | |
| 无菌试验 | 无菌 | 无菌 | |
| 补料 | | | |
| 总糖(%) | | | 40 h 前：2.5～4.0<br>40～60 h：2.0～3.0<br>60～80 h：1.0～2.0 |
| 氨基氮(μg/mL) | | | 20 h 前：800～1 300<br>20～60 h：600～1 000<br>60 h 至放罐：400～600 |
| pH 值 | | | 6.0～6.5 |
| 放罐 | | | |
| 总糖(%) | | | ≤1.0 |
| 氨基氮(μg/mL) | | | 400～600 |
| pH 值 | | | 6.0～7.0 |
| 滤速 | | | ≥10(mL/5 min) |

## 本章小结

- 几种重要微生物药物的发酵工艺
  - 青霉素的发酵工艺
    - 菌种
    - 工艺流程
    - 工艺过程
    - 工艺控制要点
  - 红霉素的发酵工艺
    - 菌种
    - 工艺流程
    - 工艺过程
    - 工艺控制要点
  - 氨基酸的发酵工艺
    - 工艺流程
    - 生产过程
    - 工艺控制要点
  - 维生素C的发酵工艺
    - 莱氏法
    - 两步法
  - 螺旋霉素的发酵工艺
    - 概述
    - 工艺流程
    - 生产过程

## 复习思考题

1. 青霉素的产生菌是什么？其生长发育各阶段的主要特征是什么？
2. 青霉素发酵过程中的主要控制点是什么？
3. 简述红霉素的生产工艺过程。发酵过程控制要点是什么？
4. 试述谷氨酸发酵工艺的控制要点。
5. 两步发酵法生产维生素 C 的特点是什么？

# 第九章　微生物药物的分离与精制

**知识目标**

- 理解微生物工程下游加工过程的原理和方法。
- 了解微生物工程下游加工过程的一般程序以及发酵液的预处理。
- 掌握各种沉淀的方法。
- 掌握溶剂萃取的原理与方法。

**技能目标**

- 能够正确地选择离子交换树脂和控制操作条件。
- 熟练掌握各种沉淀的操作与结晶方法。

微生物经过适当条件培养后，菌体大量繁殖，合成并积累了相当浓度的代谢产物，这时便可以进入下游加工过程。下游加工过程是生物工程的一个组成部分，指从发酵液、反应液或培养液中分离、精制有关产品的过程。它是利用产物和杂质的物理化学性质的不同，提取产物或者从系统中去除杂质的操作。

## 第一节　概　述

### 一、微生物工程下游加工过程的特点

培养液(或发酵液)是复杂的多相系统，含有细胞、代谢产物和未用完的培养基等。分散在其中的固体和胶状物质，具可压缩性，其密度又和液体相近，加上黏度很大，属非牛顿性液体，使从培养液中分离固体很困难。

培养液中所含欲提取的生物物质浓度很低(几种不同类型产品的浓度示于表 9-1 中),但杂质含量却很高,特别是利用基因工程方法生产的蛋白质,常常伴有大量性质相近的杂质蛋白。从低浓度的混合物中分离纯组分,需要较大的能量。

**表 9-1 几种典型产品发酵液的浓度**

| 产品 | 典型浓度(g/L) | 产品 | 典型浓度(g/L) |
|---|---|---|---|
| 抗生素 | 25 | 有机酸 | 100 |
| 氨基酸 | 100 | 酶 | 20 |
| 酒精 | 100 | R-DNA 蛋白质 | 10 |

下游工程的第一个特点即起始浓度较低而杂质又较多,最后成品要求达到的纯度又较高,因此常需多步纯化操作。一个包含 6 步操作的纯化过程,即使每步操作都较完善、收率达到 90%,总收率也只有 53%。可见,尽量减少提取步骤是相当重要的。

第二个特点是欲提取的生物物质通常很不稳定,遇热、极端 pH 值、有机溶剂会引起失活或分解,特别是蛋白质的生物活性与一些辅因子(cofactor)、金属离子的存在和分子的空间构型有关。一般认为剪切力(shear)会影响空间构型和使分子降解,对蛋白质的活性影响很大。最近的研究则表明,当蛋白质分子处于气液交界面上或与膜结合的蛋白质均对剪切力较敏感,而溶解的蛋白质则受影响较小。

第三个特点是发酵或培养都是分批操作,且微生物总有一定的变异性,故各批发酵液不尽相同,这就要求下游加工有一定的弹性,特别是对染菌的批号,也要求能处理。

## 二、微生物工程下游加工的一般过程和单元操作

微生物工程下游加工过程是为了从微生物发酵液中获得高纯度的、符合质量标准要求的发酵成品。由于发酵产物存在形式不同,用途各异,而且对产品的质量有不同要求,所以分离纯化步骤可以有不同的组合,但大多数产品的下游加工过程常常按照生产过程的顺序分为 4 个步骤,即发酵液的预处理和固液分离、初步纯化(提取)、高度纯化(精制)、最后纯化(成品加工),见图 9-1。

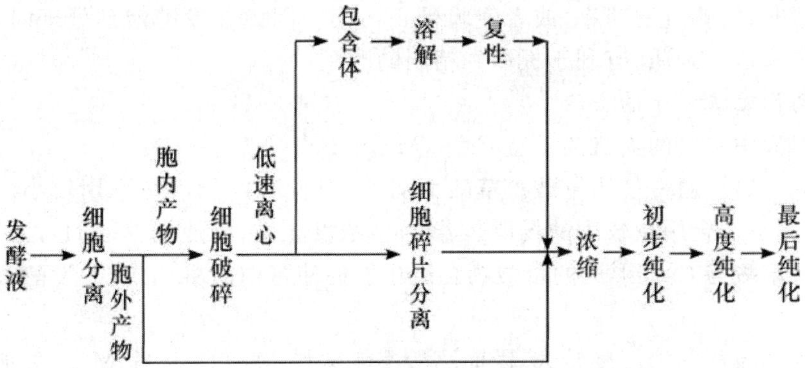


图 9-1 下游加工的工艺流程

发酵液的预处理和固液分离是采用凝聚和絮凝等技术，加速固、液两相分离，提高过滤速度。发酵产品如果是胞内产物，首先要进行细胞破碎，再分离细胞碎片。

初步纯化即提取，主要是除去与目标产物性质有很大差异的物质，使产物浓缩以及产品质量提高。常用方法有沉淀、吸附、萃取等。

高度纯化即精制，采用对产品有高度选择性的分离技术，除去与产物理化性质相近的杂质。典型的方法有层析、离子交换等。

成品加工是为了获得质量合格的产品，常用浓缩、结晶、干燥等技术方法。

## 第二节 发酵液的预处理及固液分离

发酵液的预处理及固液分离是发酵液下游加工的第一步操作。预处理的目的是改善发酵液的性质，去除部分可溶性杂质，分离菌体和其他悬浮颗粒，以利于提取和精制工序的操作。在预处理中常用酸化、加热、加絮凝剂等方法，而固液分离则常用过滤、离心等方法。如果目的产物存在于细胞内，则需要收集菌体或细胞，并对细胞进行破碎。

### 一、发酵液的预处理

发酵液中杂质很多，成分复杂。有些杂质直接影响产品质量和收率，对提取和精制也有很大影响，其中对纯化影响最大的是高价无机离子和杂蛋白等。采用离子交换法提取时，高价无机离子会影响树脂对生化物质的交换容量。杂蛋白的存在，不仅会在用离子交换法和吸附法提取时降低树脂的交换容量和吸附能力，而且在溶剂萃取时会发生乳化，影响两相分离。此外，在常规过滤和膜过滤时，易使过滤介质堵塞，影响过滤速率，或者使膜受到污染。因此在发酵液预处理时，采用适当方法去除这些杂质，有利于提取和精制的顺利进行。

1. 高价无机离子的去除

发酵液中主要的无机离子有 $Ca^{2+}$，$Mg^{2+}$，$Fe^{3+}$ 等。

去除钙离子通常使用草酸。草酸为弱酸，对发酵产物破坏作用较小。草酸溶解度较小，不适合用量较大的场所。若 $Ca^{2+}$ 浓度较高，可使用草酸的可溶性盐，如草酸钠。草酸与 $Ca^{2+}$ 形成的草酸钙沉淀还能促使蛋白质凝固，改善发酵液的过滤性能。

由于草酸镁的溶解度较大，因而草酸不能除尽 $Mg^{2+}$。去除 $Mg^{2+}$ 可加入三聚磷酸钠，它和 $Mg^{2+}$ 形成可溶性络合物，可消除对离子交换的影响。其反应式如下：

$$Na_5P_3O_{10} + Mg^{2+} \longrightarrow MgNa_3P_3O_{10} + 2Na^+$$

去除铁离子可用黄血盐。黄血盐与铁离子形成普鲁士蓝沉淀。其反应式如下：

$$3K_4Fe(CN)_6 + 4Fe^{3+} — Fe_4[Fe(CN)_6]_3 \downarrow + 12K^+$$

2. 杂蛋白的去除

(1)沉淀法　蛋白质是两性物质，在酸性溶液中带正电荷，在碱性溶液中带负电荷。大多数蛋白质的等电点在酸性范围(pH4.0～5.5)，当蛋白质处于等电点时，极易沉淀析出。但仅靠调 pH 值不能使大部分蛋白质沉淀，还必须与其他方法共用。在酸性溶液中，蛋白质与一些阴离子如三氯乙酸盐、水杨酸盐、过氯酸盐等形成沉淀；在碱性溶液中，能与 $Ag^+$，$Cu^{2+}$，$Zn^{2+}$ 等阳离子形成沉淀。或者加入碱金属中性盐作为脱水剂，破坏蛋白质分子的水化层，使蛋白质沉淀。

(2)变性法　蛋白质变性后，溶解度降低直至沉淀。使蛋白质变性的方法很多，最常用的是加热法。它是在目的产物耐热性允许的范围内，采用加热处理发酵液的方法。加热不仅可以达到去除杂蛋白质的目的，还能降低发酵液黏度，提高过滤速率。使蛋白质变性的其他方法还有大幅调节 pH 值、加有机溶剂(如乙醇、丙酮等)或表面活性剂等。变性法也有一定的局限性，如加热法只适合对热较稳定的目的产物，过酸过碱可能会导致某些产物失活。

(3)吸附法　利用某些吸附剂或沉淀剂的吸附作用去除杂蛋白质。例如在枯草芽孢杆菌发酵液中，常加入氯化钙和磷酸氢二钠，两者生成庞大的凝胶，把蛋白质、菌体、其他不溶性粒子吸附进去、包裹在其中而除去。

3.色素及其他物质的去除

色素可能是微生物代谢过程分泌的，也可能是培养基（如玉米浆等）带来的。对于药用发酵产品，特别是针剂产品要求不含色素、热源物质和毒素物质等。常用的脱色方法有离子交换剂、离子交换纤维、活性炭等材料的吸附法。

## 二、离心过滤与固液分离

发酵液中除了发酵产物，还含有大量的固体如菌体。为了方便提取和精制的进行，应该将菌体与发酵液分离。菌体分离通常采用离心分离和过滤两种方法。

离心分离就是在离心力场的作用下，将悬浮液中的固相与液相加以分离，多用于颗粒较小的悬浮液和乳浊液的分离。常采用的离心方法有差级离心法、密度梯度离心、等密度离心、平衡等密度离心。细菌和酵母菌为单细胞，体形较小，大多在 1 ～10 μm 范围，其发酵液一般采用高速离心机分离。而霉菌和放线菌为丝状菌，体形较大，菌体分离一般多采用过滤方法处理。

过滤的原理是悬浮液通过过滤介质时固态颗粒与溶液分离。根据过滤机理的不同，过滤可分为澄清过滤和滤饼过滤。在澄清过滤中，过滤介质为硅藻土、砂、颗粒活性炭等，它们填充在过滤器内构成过滤层，也有用烧结陶瓷、烧结金属等组成的成型颗粒滤层。当悬浮液通过滤层时，固体颗粒被滤层颗粒阻拦或吸附，滤液得以澄清。在滤饼过滤中，过滤介质为滤布。悬浮液通过滤布时，固体颗粒被滤布阻挡而逐渐形成滤饼。滤饼至一定厚度时即起过滤作用。

1.影响发酵液过滤的因素

发酵液属于非牛顿性液体，黏度大，过滤速度慢。发酵液的过滤速度与菌体细胞体积、各种发酵条件、未利用完的培养基浓度、消泡剂、发酵周期等有关。

菌体对过滤速度影响很大。一般真菌的菌丝体较粗大。例如产黄青霉菌丝直径为 10 μm，发酵液不需特殊处理就可过滤。放线菌菌丝细而分支，如链霉菌菌丝直径为 0.5～1 μm，发酵液中含有大量糖类物质，黏度高，过滤比较困难。培养基组成明显影响过滤速度。例如，用黄豆饼粉、花生饼粉做氮源，淀粉做碳源，过滤难度将加大。发酵周期也会影响过滤。周期太长，菌体发生自溶，代谢产物释放出来后，会使发酵液黏稠，影响过滤速度和分离效果。

2.改善发酵液过滤性能的方法

发酵液难以过滤时，需要通过改善过滤性能，降低滤饼比阻的方法，来提高过滤与分离的速率。改善发酵液性能的方法有调酸、热处理、添加凝聚剂、反应剂、助滤剂等。

（1）调 pH 值　利用酸来调节发酵液 pH 值，使之达到等电点，可除去蛋白质等两性物质。膜过滤中，发酵液中的大分子物质易与膜发生吸附，调 pH 值后，改变了易吸附分子的电荷性质，减少堵塞和污染。

(2)凝聚与絮凝 凝聚作用是指向胶体悬浮液中加入凝聚电解质(如硫酸铝、氯化铁等)，在电解质中异电离子作用下，胶粒的双电层电位降低，胶体粒子间相互碰撞而产生凝集的现象。絮凝作用是指悬浮液中加入聚丙烯酰胺、聚丙烯酸钠、聚季铵酯等絮凝剂后，由于这些高分子化合物呈长链状结构，分别吸附在不同胶粒表面，产生桥架连接时，形成较大的絮团。

(3)吸附剂法 将吸附剂加到细菌悬浮液中，使细菌细胞吸附在吸附剂上。常用的吸附剂有 $CaHPO_4$ 凝胶、氧化铝凝胶等。

(4)助滤剂法 加适量的硅藻土于细菌悬浮液中，细菌细胞吸附在硅藻土粒子表面，从而改变了滤饼结构。它的可压缩性下降了，过滤阻力降低了，因而能够加快过滤速度。

(5)反应剂法 某些不影响目的产物的反应剂加入后可以和某些可溶性盐类发生反应，形成不溶性沉淀(如 $CaSO_4$ 等)。沉淀既能防止菌丝体黏结，又可作为助滤剂，并能使胶状物和悬浮物凝固，从而改善过滤性能。

## 三、细胞破碎与分离

微生物的代谢产物并非都是分泌型的，部分可以直接分泌到细胞外，部分存在于细胞内部。如果是胞外产物，可以很方便地对发酵液进行预处理及过滤。如果要分离和提取的是胞内物质，如有些酶制剂、干扰素、胰岛素等，那么首先要收集菌体，进行细胞破碎，使代谢产物转入液相，再进行细胞碎片的分离。

### 1. 微生物细胞壁的组成与结构

微生物细胞的外围通常包括细胞壁和细胞膜，细胞破碎的主要阻力来自细胞壁。不同类型的微生物其细胞壁组成和结构不同，可以根据细胞壁组成结构特点选择合适的细胞破碎方法。

(1)细菌细胞壁 革兰氏阳性菌细胞壁较厚，主要由肽聚糖组成(40%～90%)，而革兰氏阴性菌肽聚糖层较薄。细胞破碎的主要阻力来自肽聚糖网状结构，网状结构的致密程度和强度取决于多糖链上肽键数量和交联程度。交联程度大，网状结构致密，破碎难度也就大。

(2)酵母菌细胞壁 酵母菌细胞壁比革兰氏阳性菌的稍厚，主要成分是葡聚糖、甘露聚糖和蛋白质等。细胞壁最里层为葡聚糖层，构成细胞壁的刚性骨架，使细胞维持一定形状。和细菌细胞壁一样，酵母菌细胞壁破碎的阻力主要取决于壁结构交联的紧密程度和它的厚度。

(3)其他真菌细胞壁 真菌细胞壁主要由多糖组成,还含有少量脂类、蛋白质。与细菌、酵母菌一样真菌细胞壁的强度与聚合物的网状结构有关。由于真菌细胞壁中含有几丁质或纤维素的纤维状结构,其强度比细菌和酵母菌的有所提高。

2. 常用的细胞破碎方法

细胞破碎的方法很多,根据是否使用外加作用力可分为机械法和非机械法。机械法有球磨法、高压匀浆法、超声波法、X-press 法等。用机械法破碎时,消耗的机械能转化为热量,会使温度上升,在大多数情况下要采取冷却措施,防止生物产品受热被破坏。非机械法有酶解法、化学法、物理法、干燥法等。

(1)机械法

①球磨法 进入球磨机的细胞悬浮液与极细的玻璃小球、石英砂、氧化铝等研磨剂一起快速搅拌或研磨,研磨剂、玻璃小球与细胞互相剪切、碰撞,使细胞破碎,释放出内含物。

②高压匀浆法 利用高压使细胞悬浮液通过针形阀,由于突然减压和高速冲击撞击环使细胞破碎。对于酵母等难破碎的、浓度高的或处于生长静止期的细胞可采用多次循环的操作方法进行破碎。

③超声波法 利用超声波的空穴作用进行细胞破碎。空穴泡受超声波的迅速冲击而闭合,产生极为强烈的冲击波压力,引起的黏滞性漩涡在介质中的悬浮细胞上造成了剪切应力,促使细胞内液体流动,从而使细胞破碎。通常采用的超声波破碎机的频率是 15～25 kHz。

(2)非机械法

①酶解法 酶解法是利用酶反应分解破坏细胞壁成分的特殊化学键,达到破碎细胞的目的。酶解法分为外加酶法和自溶法两种。在外加酶法中,溶菌酶是应用最多的酶,它专一性水解细胞壁糖蛋白分子的 $\beta$-1,4-糖苷键。自溶法是利用微生物的自溶作用。大多数微生物在代谢过程中能产生可以水解自身细胞壁上聚合结构的酶,以利于生长繁殖过程的继续进行。控制一定条件,可诱发溶胞酶过量产生或激发其他自溶酶产生,从而发生自溶现象。影响自溶的因素有温度、pH 值、激活剂等。微生物细胞自溶法常采用加热法或干燥法。

②渗透压法 细胞先放入高渗透压的介质中(如高浓度甘油或蔗糖溶液),达到平衡后转入低渗透压的缓冲溶液或纯水中,水迅速渗入细胞,引起细胞溶胀甚至破碎。此法适用于细胞壁较脆弱的细胞,或细胞壁预先处理过的或细胞壁合成受抑制的微生物。

③反复冻融法 细胞在低温下骤然冷冻,然后在室温下融化,反复多次,最后引起细胞破碎。冷冻使细胞膜的疏水键结构断裂,从而增加细胞的亲水性能,同时

胞内水结晶，使细胞内外溶液浓度变化，引起细胞膨胀破裂。此法可处理细胞壁较脆弱的菌体。在冻融过程中，可能引起对冻融敏感的蛋白质变性。

④干燥法　干燥使细胞壁膜的结合水分丧失，改变细胞的渗透性。再用丙酮、丁醇或缓冲液等处理，胞内物质就容易被抽提出来。

3.细胞碎片的分离

细胞碎片的分离常用离心分离法。细胞破碎后，颗粒减小，密度差也减小。同时高聚物分泌出来，使黏度加大，造成分离困难。近年来，利用双水相萃取法，使生物大分子或细胞碎片在两相或多相中进行不同的分配，达到分离的目的。另外，向细胞碎片悬浊液中加入某种固体吸附剂，或使悬浮液通过装有吸附剂的固定床，也可以达到去除细胞碎片的目的。

# 第三节　微生物药物的分离和精制

发酵液经过预处理和菌体分离后，发酵产物存在于滤液或离心上清液中，液体的体积很大，产物浓度很低。接下来要进行提取，提取的目的主要是浓缩，也有一些纯化作用。以下介绍常用的分离和精制方法。

## 一、沉淀法

沉淀法是通过改变条件或加入某种试剂，使发酵产物离开溶液，生成不溶性颗粒而沉降析出的过程。沉淀法浓缩作用大于纯化作用，常被用作初步分离的一种手段。沉淀法具有设备简单、成本低、原料易得、收率高、浓缩倍数高和操作简单等优点，不足之处在于过滤困难、产品质量较低、需要重新精制。根据所加入的沉淀剂的不同，沉淀法可以分成以下几类。

1.等电点沉淀法

等电点沉淀法是利用两性电解质（氨基酸、核苷酸、蛋白质、酶、核酸等）在电中性时溶解度最低的原理进行分离纯化。在低离子强度下，在溶液 pH 值处于等电点（pI）时，两性电解质所带净电荷为零，导致赖以稳定的双电层及水化膜削弱或破坏，分子间引力增加，溶解度降低。由于不同的两性电解质具有不同的等电点，通过等电点法可以把它们分离。等电点法的优点是操作十分简便，试剂消耗量少，给体系引入的外来物（杂质）也少，且许多蛋白质的等电点在酸性范围内，而许多无机酸价廉且为食品标准所允许，因此对于残余的酸，无需除去即可进行下一步纯化操作。主要缺点是蛋白质对低 pH 值较敏感，酸化时可能会引起蛋白质失活。需要注意的是蛋白质与金属离子结合后，等电点会偏移，因此在加入金属离子后，用等电点法沉淀时需要考虑到这点。

2. 盐析法

蛋白质在水中溶解度和其表面性质有关。在水溶液中，蛋白质分子的表面除带有电荷的基团外（如天冬氨酸、谷氨酸残基含羧基，组氨酸、精氨酸、赖氨酸残基含氨基）尚含有憎水基团形成的区域。例如苯丙氨酸、酪氨酸、亮氨酸、缬氨酸等的侧链。在憎水区域的周围，水分子呈有序排列（图9-2）。

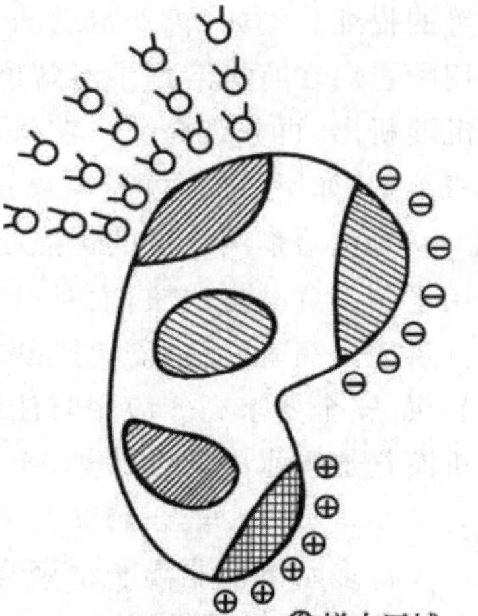

图 9-2　蛋白质分子表面的憎水区域和荷电区域

在蛋白质溶液中加入一定量的中性盐后，盐离子在水中发生水化，使蛋白质脱去水化膜层，暴露出疏水区域，疏水区域的相互作用使蛋白质沉淀；同时中性盐的解离，中和蛋白质表面所带电荷，使蛋白质分子间排斥作用减弱而能相互靠拢、聚集起来。盐析用的中性盐有硫酸铵、硫酸镁、硫酸钠、氯化钠等。硫酸铵由于价廉、溶解度大，且能使蛋白质稳定，在 2～3 mol/L$(NH_4)_2SO_4$ 中可保存几年，同时由于盐的浓度高，可防止蛋白酶和细菌作用，故是最常用的盐析剂。硫酸铵的缺点是水解后变酸，在高 pH 值下会释放出氨；腐蚀性强；残留的硫酸铵虽然量少，也会影响其味，在医疗上有毒，因此必须除去。

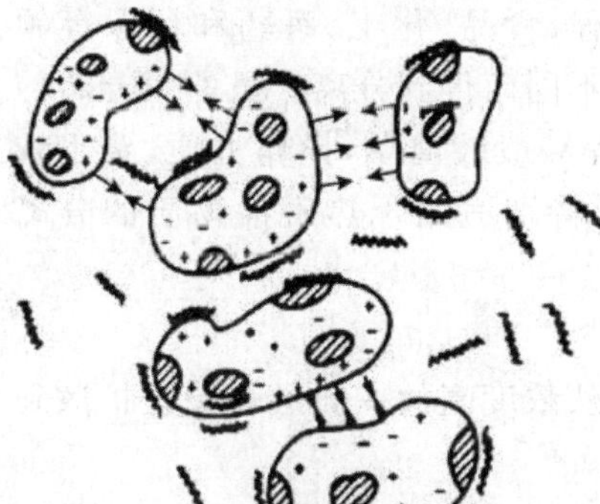

图 9-3　在有机溶剂-水混合物中蛋白质的聚沉

盐析法的优点是成本低、操作简单、安全和对许多生物活性物质具有稳定作用。

3. 有机溶剂沉淀法

利用和水互溶的有机溶剂（如丙酮、乙醇等）使溶于水的小分子物质以及核酸、蛋白质等生物大分子沉淀，主要是由于水溶液的介电常数降低，静电引力增大，带电溶质互相吸引凝集。对于具有水化层的生物分子，有机溶剂与水的作用，使得这些分子脱水而相互聚集析出，作用机理见图 9-3。

工业上应用较多，例如血浆蛋白质的分离纯化，至今仍采用本法。由于本法的机理和盐析法不同,可作为盐析法的补充。有机溶剂沉淀法可用于酶制剂、氨基酸、抗生素等的提纯。例如,将一定量的、某些能与水相混合的有机溶剂加入酶的溶液中,利用酶蛋白在有机溶剂中溶解度的不同,使酶蛋白与杂蛋白分离并得以浓缩,酶蛋白沉淀析出,再分级提纯。在氨基酸的提取中,首先去除发酵液菌体杂质,然后加有机溶剂(如甲醇、乙醇等),调 pH 值至氨基酸等电点,使氨基酸析出。

有机溶剂沉淀法的优点是,有机溶剂易蒸发除去,不会残留在成品中,因此适用于制备食品蛋白质,而且有机溶剂密度低,与沉淀物质密度差大,便于离心分离,分辨能力高,沉淀不需要脱盐;缺点是,容易使蛋白质变性失活,且有机溶剂易燃、易爆,安全要求高。应用时注意降低温度,以增加收率、减少蛋白质变性。另外,有机溶剂加入水中常会放热,操作时需要进行冷却。

4. 非离子型聚合物沉淀法

许多水溶性非离子型聚合物可用于选择性沉淀以纯化蛋白质,应用最多的是聚乙二醇(最常用 PEG6000 和 PEG20000)。对于聚合物作用机制,有几种假设,如认为聚合物与有机溶剂相似,能降低水化度,使蛋白质沉淀;或者与大分子形成复合物。聚乙二醇不可燃且与大分子发生共沉淀作用等非离子型聚合物沉淀法操作条件温和,不易引起生物大分子变性,沉淀效果好,沉淀后的聚合物容易除去,广泛应用于核酸、蛋白质、细菌和病毒等的分离纯化。

## 二、膜分离技术

近年来,膜分离技术已广泛地应用在生物工程、食品、化工、医药和环保等领域。膜分离过程的实质是物质通过膜的传递速度不同而得到分离。虽然膜分离的机理、操作方式各异,但它们具有相同的优点:过程一般较简单,操作方便,费用较低,效率较高,无相变,可在常温下操作,既节能又特别适用于热敏性物质的分离纯化。

1. 膜分离技术分类

(1)透析　透析是利用膜两侧浓度差,使溶质从浓度高的一侧通过膜孔扩散到浓度低的一侧,从而实现分离的过程。

(2)电渗析　电渗析是一种以电位差为推动力,利用离子交换膜选择性地使阴离子或阳离子通过的性质,达到从溶液中分离电解质目的的膜分离操作。

(3)微滤　即微孔过滤,利用孔径 0.025～14 μm 的多孔膜,过滤含有微粒的溶液,将微粒从溶液中除去,达到净化、分离和浓缩的目的。推动力为压力差,通常为 0.1～0.5 MPa。

(4)超滤　滤膜孔径为 1～20 nm,用于过滤含有微粒和大分子的溶液。超滤以压力差为推动力，通常为 0.1～0.6 MPa。

(5)反渗透　用反渗透膜（孔径 0.1～1 nm）对溶液施加压力，使溶剂通过反渗透膜从溶液中分离的操作。反渗透膜只能选择性地透过溶剂而不使溶质透过，截留所有可溶物。反渗透也是以压力差为推动力，操作压达 3～10 MPa。

(6)纳米过滤　以压力差为推动力，用纳米过滤膜（孔径约 2 nm）从溶液中分离出相对分子质量 300～1 000 的物质的膜分离过程。纳米过滤的特点是：在过滤分离过程中能截留小分子有机物，同时透析出盐，达到浓缩和透析目的；操作压力低，节约动力。

2.离子交换膜电渗析法

离子交换膜电渗析技术是利用可解离基团，在外加电场作用下，经有选择透过性的高分子膜，使各种带电性物质分离的技术。

根据膜结构离子交换膜可分为非均相、半均相和均相离子交换膜；按作用可分为阳离子交换膜、阴离子交换膜和具有特种性能的离子交换膜；根据膜的应用可分为电渗透浓缩用膜、电渗透脱盐用膜、电解隔膜、对特定离子具有选择透过性的离子交换膜、扩散渗透用离子交换膜、反渗透用离子交换膜。在发酵工业中，可利用离子交换膜的选择透过性，进行抗生素、柠檬酸和氨基酸等产物的提纯。

工业用离子交换膜应具备离子透过性高，导电性好，电解质扩散量小，水迁移量小，有一定机械强度，化学稳定性好，膜结构均匀一致，表面光洁，膨胀性小，价格便宜等特点。

## 三、萃取法

萃取是将某种溶剂加入到液体混合物中，根据混合物中不同组分在溶剂中溶解度的不同，将所需要的组分分离出来，因此萃取不仅可以提取和浓缩产物，还可以去除掉部分其他类似物质，使产物得到初步纯化。在液-液萃取过程中常用有机溶剂作为萃取试剂，因此液-液萃取常被称为溶剂萃取。溶剂萃取具有以下优点：比化学沉淀法分离程度高，比离子交换法选择性好、传质快，比蒸馏法能耗低且生产能力大、周期短、便于连续操作、容易实现自动化。近年来溶剂萃取法和其他新型分离技术结合，产生了一系列新型分离技术，如超临界流体萃取、双水相萃取技术等，用于生物制品如酶、蛋白质、氨基酸等的提取、精制。

1.溶剂萃取

溶剂萃取是利用萃取目标物质在两种互不相溶的溶剂中溶解度的不同，使其从一种溶剂转入另一种溶剂从而实现分离。在溶剂萃取中，被提取的溶液称为料液，从料液中提取出来的物质称为溶质，用来进行萃取的溶剂称为萃取剂，溶质转移到萃取剂中与萃取剂形成的溶液为萃取液，而被萃取出溶质的料液称为萃余液。

(1)分配定律　溶剂的萃取法是以分配定律为基础的。

将萃取剂和料液放在分液漏斗(图 9-4)中，振荡混合，然后静置分层形成两相，即萃取液(Ⅰ)和萃余液(Ⅱ)。此时有溶质在两相中进行重新分配。

在一定的温度和压力下，当达到平衡时有：

$$c_1/c_2 = \text{萃取相浓度}/\text{萃余相浓度} = K \qquad (9\text{-}1)$$

式(9-1)即分配定律，$K$ 称为分配系数。

若原来料液中除溶质 A 以外，还含有溶质 B，由于 A、B 的分配系数不同，萃取相中 A 和 B 的相对含量就不同于萃余相中 A 和 B 的相对含量。如 A 的分配系数较 B 大，则萃取相中 A 的含量(浓度)较 B 多(大)，这样 A 和 B 就得到一定程度的分离。萃取剂对溶质 A 和 B 分离能力的大小可用分离因子($\beta$)来表征：

$$\beta = (c_{1A}/c_{1B})/(c_{2A}/c_{2B}) = K_A/K_B \qquad (9\text{-}2)$$

式中：$\beta$ 为分离因子；$c_{1A}$，$c_{1B}$，$c_{2A}$，$c_{2B}$ 分别为萃取相和萃余相中溶质 A 和 B 的浓度。

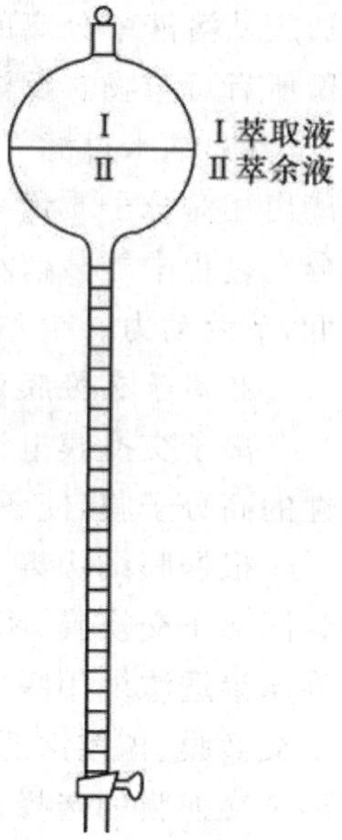


图 9-4　分液漏斗

由式(9-2)可知，$\beta$ 等于分配系数之比，$\beta$ 越大，表明分离效果越好，这由选择的溶剂而定。

(2)溶剂的选择　萃取用的溶剂除对产物有较大的溶解度，还应有良好的选择性。如上所述，选择性可用分离因素来表征。根据“相似相溶”的原则来选择溶剂，重要的“相似”就溶解度关系而论是在分子的极性上。

对于溶剂，除要求选择萃取能力高、分离程度高以外，在其操作使用方面还要求：①溶剂与被萃取的液相互溶度要小，黏度低，界面张力适中，使相的分散和两相分离有利；②溶剂的回收和再生容易，化学稳定性好；③溶剂价廉易得；④溶剂的安全性好，如闪点高、低毒等。在生化工程中常用的溶剂有乙酸乙酯、乙酸丁酯和丁醇等。

(3)水相条件的影响　影响萃取操作的因素很多，主要的因素有 pH 值、温度、盐析、带溶剂等。

①pH 值　在萃取操作中正确选择 pH 值很重要。一方面 pH 值影响分配系数，因而对萃取收率影响很大。如对弱碱性抗生素红霉素，当 pH 值为 9.8 时，它在乙酸戊酯与水相(发酵液)间的分配系数为 44.7，而在 pH 值为 5.5 时，红霉素在水相(缓冲液)与乙酸戊酯间的分配系数为 14.4。另一方面 pH 值对选择性也有

影响。如酸性物质一般在酸性下萃取到有机溶剂，而碱性杂质则成盐而留在水相。除了上述两方面外，pH值还应该选择在尽量使产物稳定的范围内。

②温度　温度对产物的萃取也有很大的影响，一般说来，生化产物在温度较高时都不稳定，故萃取应维持在室温或较低温度下进行。但在个别场合，如低温对萃取速度影响较大，此时为提高萃取速度可适当升高温度。此外，温度也会影响分配系数。

③盐析　加入盐析剂如硫酸铵、氯化钠等可使产物在水中溶解度降低而易于转入溶剂中去。另一方面也能减少有机溶剂在水中的溶解度。如提取维生素 $B_{12}$ 时加入硫酸铵对维生素 $B_{12}$ 自水相转移到有机溶剂中有利；提取青霉素时加入 NaCl 对青霉素从水相转移到有机溶剂中有利。盐析剂的用量要适当，用量过多会使杂质也一起转入溶剂中。同时当盐析剂用量大时，也应考虑其回收和再利用的问题。

④带溶剂　有的产物的水溶性很强，在通常有机溶剂中溶解度都很小，如要采用溶剂萃取法来提取，可借助于带溶剂，即使水溶性不强的产物，有时为提高其收率（如用于定量分析中）和选择性，也可考虑采用带溶剂。所谓带溶剂是指这样一种物质，它们能和欲提取的生物物质形成复合物而易溶于溶剂中，且此复合物在一定条件下又要容易分解。

水溶性较强的碱（如链霉素）可与脂肪酸（如月桂酸 $CH_3(CH_2)_{10}COOH$）形成复合物而能溶于丁醇、醋酸丁酯、异辛醇中。在酸性条件下（pH5.5～5.7），此复合物分解成链霉素而可转入水相。链霉素在中性条件下能与二异辛基磷酸酯结合而从水相萃取到三氯乙烷中，然后在酸性条件下再萃取到水相。链霉素还能和二元羧酸的单酯如2-乙基-己基邻苯二甲酸单酯形成能溶于异戊醇的复合物。

青霉素作为一种酸，可用脂肪碱作为带溶剂。如能和正十二烷胺、四丁胺等形成复合物而溶于氯仿中。这样萃取收率能够提高，且可以在较有利的pH值范围内操作，适用于青霉素的定量测定中。这种正负离子结合成对的萃取，也称为离子对萃取。

土霉素在碱性下成负离子能与溴代十六烷基吡啶相结合而溶于异辛醇中，然后再在酸性条件下萃取到水相。也可以看做土霉素负离子与溴离子相交换而溶于异辛醇中，因此这种带溶剂有时也称为液体离子交换剂。

柠檬酸在酸性条件下可与磷氧键类萃取剂如磷酸三丁酯（TBP）形成中性络合物而进入有机相（$C_6H_8O_7 \cdot 3TBP \cdot 2H_2O$），有时也称为反应萃取。

（4）乳化和去乳化　萃取时常发生乳化（一种液体分散在另一种不相混溶液体中的现象）。产生乳化后会使有机溶剂相和水相分层困难。如果发酵液夹带有机溶剂微滴，会造成发酵单位的损失，反之，有机溶剂相夹带发酵液微滴，会对以后的精制造成困难，所以必须破坏乳化。乳浊液破坏方法很多，常用的有过滤和离心分离、加热、稀释法、吸附法、加电解质（中和离子型乳浊液的电荷）等。

(5)工业萃取方式　通常包括3个步骤：

①混合　料液与萃取剂充分混合形成乳浊液，萃取目标物质从料液转入萃取剂。

②分离　乳浊液被分离为萃取相和萃余相。

③回收溶剂　从萃取相（有时需从萃余相）中分离并回收有机溶剂。因此萃取流程中包括混合器、分离器、回收器。

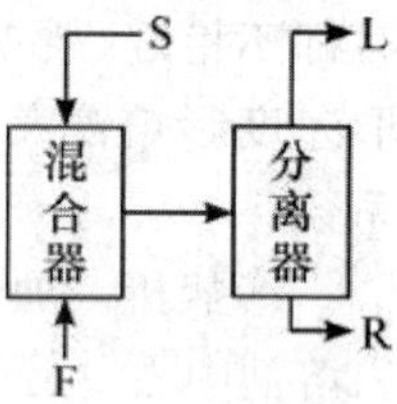


S. 溶剂　L. 萃取液
F. 料液　R. 萃余液

**图 9-5　单级萃取**

萃取操作流程分为单级萃取（图 9-5）和多级萃取，多级萃取又可分为多级错流萃取和多级逆流萃取（图 9-6 和图 9-7）。

①单级萃取　只使用一个混合器和一个分离器的萃取。流程最简单，一般收率不高。

②多级错流萃取　每级都加入新鲜萃取溶剂，溶剂消耗多，萃取液产物平均浓度较稀。优点是萃取较完全。

③多级逆流萃取　料液的走向与萃取的走向相反，萃取剂只在最后一级加入，萃取剂消耗少，萃取液产物平均浓度高，产物收率最高。

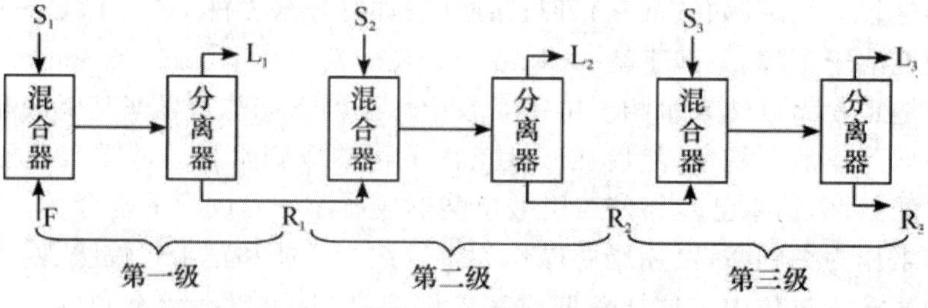


F. 料液　S. 溶剂　L. 萃取液　R. 萃余液　下标 1，2，3 为级别

**图 9-6　多级错流萃取**

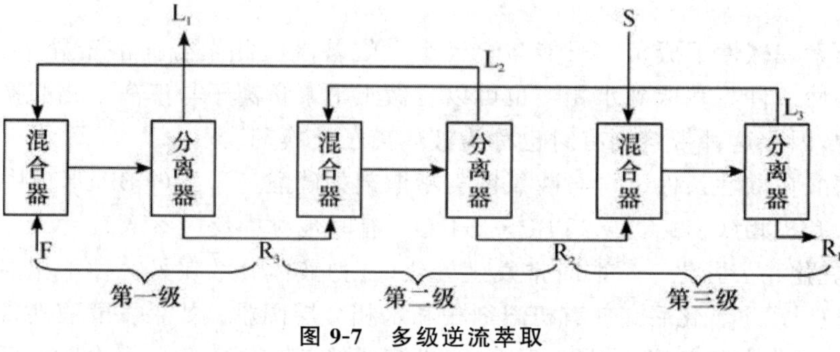


**图 9-7　多级逆流萃取**

符号说明同图 9-6

2.超临界流体萃取

超临界流体萃取是将超临界流体作为萃取剂，从固体或液体中萃取出某些高沸点或热敏性成分，达到分离和提纯的目的。超临界流体是物质处于临界温度、临界压力之上的一种流体状态，兼有气体、液体两重性的特点，即密度接近液体，而黏度和扩散系数与气体相似。因此它不仅具有与液体溶剂相当的萃取能力，而且具有传质扩散速度快的优点。在超临界流体萃取中，主要是溶剂(超临界流体状态)密度的大幅度增加，导致溶剂对溶质的作用力增大，从而形成了溶解物质的能力。在临界点附近，压力或温度的变化会引起超临界流体密度的大幅度变化，而溶剂萃取能力主要取决于其密度，因此，通过调节压力和温度，改变溶剂密度，进而改变其对物质的溶解能力。利用不同密度的溶剂对物质溶解能力的差异，实现萃取和分离的操作。超临界流体萃取过程由萃取阶段与分离阶段组成。

(1)等温法　等温条件下，萃取相减压、膨胀，溶质从分离槽下部取出。气体经压缩机加压后返回萃取槽。

(2)等压法　等压条件下，萃取相加热、升温，气体和溶质分离。气体冷却、压缩后回到萃取槽。

(3)吸附法　溶质从分离槽下部取出，气溶质被分离槽中的吸附剂吸附，气体压缩后回到分离槽。

3.双水相萃取

双水相萃取法是利用物质在互不相溶的两水相间分配系数的差异来进行萃取的方法，可用于分离和纯化酶、核酸、生长素、病毒、干扰素等。大多数亲水性聚合物水溶液与第二种亲水性聚合物混合，达到一定浓度时，即会产生两相，两种高聚物分别溶丁互不相溶的两相中。高聚物之间的不相溶性，使得它们无法相互渗透，不能形成均一相，从而具有相分离的倾向，在一定条件下，即能分为两相。聚合物与盐类溶液也能形成两相，这是由于盐析作用，如 PEG 与碱性磷酸盐或硫酸盐形成的两相。

溶质在两水相间的分配主要由其表面性质所决定，通过在两相的选择性分配而得到分离。分配能力的大小可用分配系数 $K$ 表示。分配系数与溶质的浓度和相体积比无关，主要取决于相系统的性质、被萃取物质的表面性质和温度。

## 四、树脂法

离子交换技术是根据物质的酸碱度、极性和分子大小的差异予以分离的技术，它所使用的离子交换剂是能和其他物质发生离子交换的物质，分为无机离子交换剂和有机离子交换剂(离子交换树脂)。在发酵工业中,用离子交换树脂法分离提纯各种生物活性代谢物质,具有成本低、操作方便、设备简单、提炼效率高、节约大量有机溶剂等优点。

1. 离子交换原理

离子交换树脂是具有一定孔隙度的高分子化合物,化合物的亲水性质使溶剂分子扩散到树脂颗粒内部。离子交换树脂具有酸性或碱性功能团,能交换阳、阴离子。大多数发酵产物都具有酸性或碱性功能团,在溶液中以离子形式存在,能与树脂的活性功能团交换。离子交换过程是:①离子吸附或扩散到树脂表面;②离子穿过树脂表面,吸附或扩散至树脂内部的活性中心;③离子与树脂中自由离子交换;④交换出来的离子从活性中心扩散到树脂表面;⑤离子再由树脂表面扩散至溶液中。

2. 离子交换树脂的结构与分类

离子交换树脂分为两部分,一部分是不能移动的、多价的高分子基团,构成树脂的骨架,使树脂具有不溶解性和化学稳定的性质;另一部分是可移动的离子,构成树脂的活性基团。活性基团可移动的离子在骨架中进出,产生离子交换现象。

根据离子交换树脂官能团的性质,将树脂分为阳离子交换树脂、阴离子交换树脂、选择性离子交换树脂、两性离子交换树脂、吸附树脂和电子交换树脂。

(1)阳离子交换树脂　阳离子交换树脂分为强酸性、中强酸性、弱酸性。强酸性阳离子交换树脂含有磺酸基($—SO_3H$),中强酸性含有磷酸基($—PO_3H_2$)、亚磷酸基($—HPO_2H$),弱酸性含有羧基($—COOH$)、酚羟基($—C_6H_4OH$)。树脂在离子交换时反应如下:

$$\text{强酸性}:R—SO_3—H^+ + Na^+ \longrightarrow R—SO_3—Na^+ + H^+$$

$$\text{弱酸性}:R—COOH + Na^+ \longrightarrow R—COONa^+ + H^+$$

(2)阴离子交换树脂　阴离子交换树脂分为强碱性、弱碱性。强碱性树脂含有季胺基[$—N(CH_3)_3$],而弱碱性树脂含有伯、仲、叔胺基($—NH_2$,$—NHR$,$—NR_2$)等,交换反应如下:

$$\text{强碱性}:R—N^+(CH_3)_3OH^- + Cl^- \longrightarrow R—N^+(CH_3)_3Cl + OH$$

$$\text{弱碱性}:R—N^+(CH_3)_2H \cdot OH^- + Cl^- \longrightarrow R—N^+(CH_3)_2HCl + OH$$

(3)选择性离子交换树脂　又称螯合性离子交换树脂,它与金属离子形成螯合物的基团,是对某些离子具有特殊选择性的树脂。树脂内如果含有能与某种离子生成螯合物的有机分子基团，那么在交换中优先选择与这种离子结合。例如，用含汞树脂分离含巯基化合物（如辅酶A、谷胱甘肽等）。

（4）两性离子交换树脂　树脂同时含有酸性、碱性基团，有强碱-弱酸［—NH($CH_3$)、—COOH］和弱碱-弱酸［—$NH_2$、—COOH］两种类型。

（5）吸附树脂　又称"脱色树脂"。它有较大的表面积，具多孔性，吸附能力强，但交换离子的能力很小。发酵工业中多用于脱色、吸附大分子的产物、除蛋白质等。

（6）电子交换树脂　又称氧化还原树脂。树脂的作用不是进行离子交换，而是电子转移，起到氧化还原作用。如吸附亚硫酸根的强碱性阴离子交换树脂。

3．树脂和操作条件的选择

采用离子交换法提取或去除离子型物质时，首先要选择合适的树脂。强碱性离子一般选用弱酸性树脂，如用强酸性树脂会造成解吸困难；弱碱性离子宜用强酸性树脂，如果用弱酸性树脂则不易吸附。同理，强酸性离子选用弱碱性树脂，弱酸性离子用强碱性树脂。如果要吸附大分子离子，选择交联度较低的树脂，以便大分子扩散到树脂内部。

选择合适的操作条件，需考虑以下因素：

（1）pH值　pH值满足在产物稳定范围内产物离子化以及树脂能解离两个条件。

（2）树脂类型　弱酸性和弱碱性树脂采用钠型或氯型；强酸性和强碱性树脂可采用任何类型；若产物在酸、碱性条件下易破坏，不宜选用氢型或羟型树脂。

（3）产物浓度　低价离子浓度增加有利于交换树脂，而高价离子稀释时易被吸附。

（4）洗脱条件　一般应和吸附条件相反。如碱性条件下吸附，则解吸应在酸性条件下进行。

## 五、吸附法

吸附法是利用吸附剂与杂质、色素物质、有毒物质（如热源质）、抗生素之间的分子引力，使它们吸附在吸附剂上。吸附一方面是将发酵产品吸附并浓缩，另一方面是去除杂质、色素物质、有毒物质等。吸附法具有以下优点：操作简便、安全、设备简单；不用或少用有机溶剂；pH值在生产过程中变化小，适用于稳定性较差的生化物质。缺点是：选择性差、吸附性能不稳定、收率不高、不能连续操作、劳动强度大等。由于以上原因，目前吸附法逐渐被其他方法取代，但是在许多发酵产品的提取、精制过程中，吸附法仍有广泛的应用。

1. 吸附剂种类

(1)疏水或非极性吸附剂　能从极性溶剂或水溶剂中吸附溶质,如活性炭。

(2)亲水或极性吸附剂　适用于非极性或极性较差的溶剂,如氧化铝、硅胶。

(3)各种离子交换树脂吸附剂　如用于脱色的大孔＃717 强碱性季胺型树脂。

2. 吸附法的应用

(1)活性炭吸附抗生素　抗生素发酵液中加入活性炭,搅拌或振摇一定时间,使抗生素有效成分吸附在活性炭上,然后过滤弃去滤液,炭饼洗涤,去除杂质后即可洗脱。吸附操作时注意事项:①调节适当的 pH 值。发酵液的酸碱度与吸附效率密切相关。如青霉素吸附应在微碱性条件。②保持一定温度。吸附能力一般是随温度升高而增大的,提高温度的同时须考虑抗生素的稳定性。③活性炭的用量。根据吸附容量、发酵液效价和性质而定,通常为 0.5%～3%。④吸附时间。滤液与活性炭混合均匀,充分搅拌,30～50 min 后即可吸附完全。⑤洗脱剂。通常是各种稀的无机酸或碱、各种有机溶剂。洗脱时选择适当的 pH 值和温度,洗脱剂用量常为发酵液的 5%～10%,分多次加入。

(2)离子交换树脂脱色　离子交换树脂的脱色作用主要靠树脂的多孔隙表面对色素进行吸附。吸附作用是树脂基团与色素的某些基团形成共价键,也有交换作用。

脱色：$R\equiv NCl + F^- \longrightarrow R—NF + Cl^-$　(F 为带负电荷的色素物质或杂质)

再生：$R\equiv NF + NaCl \longrightarrow R—NCl + NaF$

## 六、凝胶层析法

凝胶层析法是指混合物随流动相流经装有凝胶(固定相)的层析柱时,混合物中各物质因分子大小不同而得到分离的技术,具有操作方便、设备简单、不需要使用有机溶剂、对高分子物质分离效果好的优点。在发酵工业中,可用于脱盐、高分子溶液的浓缩、除热源物质,还广泛用于酶、蛋白质、氨基酸、核酸、核苷酸、激素、多糖、抗生素等物质的分离、提纯。

1. 凝胶层析法原理

含有各种组分的样品溶液缓慢流经凝胶层析柱时,各种物质在层析柱同时进行两种运动:垂直向下运动和无定向的扩散运动。大分子物质直径较大,不能进入凝胶颗粒的微孔中,而被排阻在凝胶颗粒之外,只能随流动相顺着颗粒间隙下流,向下移动的速度较快。而小分子物质除了在凝胶颗粒间隙中扩散,还可以进入颗粒的微孔中,因此在它向下移动的过程中,不断地进入和扩散,使得小分子物质下移速度落后于大分子物质,于是样品溶液中分子大小不同的物质,按照分子由大到小的顺序流出柱外而得到分离。

2. 凝胶层析法常用凝胶

凝胶是具有很微细的多孔网状结构的物质，可分为天然凝胶和人工合成凝胶。天然凝胶有马铃薯淀粉凝胶、琼脂和琼脂糖凝胶。人工合成凝胶有聚丙烯酰胺凝胶、交联葡聚糖凝胶。

3. 凝胶层析法的应用

(1)脱盐　通过凝胶层析法，可将高分子(如蛋白质、核酸、多糖等)溶液中的相对分子质量低的杂质除去。与透析法相比较，凝胶层析法脱盐速度更快、更完全。蛋白质样品在脱盐时，应注意溶液由于去除了电解质，蛋白质溶解度显著下降，沉淀析出，并被吸附在柱上而不能洗脱下来。解决办法是先使用含有挥发性盐类，如甲酰胺、醋酸铵等缓冲液使层析柱平衡，再加入样品，并用同种缓冲液洗脱，洗脱液再以冷冻干燥法除去挥发性盐类。

(2)纯化青霉素　青霉素致敏被认为是由于产品中存在一些高分子杂质，如青霉素聚合物或青霉素降解物青霉烯酸与蛋白质结合形成的青霉噻唑蛋白质，是具有强烈致敏性的完全抗原。高分子杂质可用凝胶层析法分离。

(3)去热原物质　热原物质是微生物产生的某些使人发热的物质，如某些多糖蛋白质复合物等。DEAE-A-25 凝胶对热原物质的吸附能力较强。当去离子水(含有热原物质)通过凝胶时，热原物质被除去，即可得到适于制备注射剂的无热源水。

(4)浓缩高分子溶液　干燥的葡萄糖凝胶颗粒内部有一定的孔隙容积。干燥的凝胶颗粒投入稀的高分子溶液中时，水和相对分子质量低的物质会进入凝胶粒子内部的孔隙，直到充满为止。而高分子物质则排阻于凝胶颗粒之外。通过离心或过滤，分离出膨胀的凝胶颗粒。得到浓缩的高分子溶液，而其中的离子强度和 pH 值保持不变。这种方法特别适用于不稳定的生物高分子溶液的浓缩。

(5)分析　相对分子质量相差较大的混合物，可以在用凝胶层析法分析基础上，配合使用纸层析法或薄层层析法鉴别出各个析离组分。

(6)测定高分子物质的相对分子质量　用一些已知相对分子质量的标准样品在同一层析柱内、同一条件下进行凝胶层析分离，记下每种成分的洗脱体积。以洗脱体积对相对分子质量的对数值作图，在一定相对分子质量范围内可得到一直线，即为相对分子质量的标准曲线。然后根据未知相对分子质量的样品的洗脱体积，可在标准曲线上查出它的相对分子质量。

# 第四节 微生物药物的成品加工

微生物药物由发酵液经过提取、精制后,还必须完成浓缩、结晶以及干燥等单元操作,才能获得质量合格的成品。

## 一、浓缩

浓缩通常在发酵液提取前后和结晶前进行,有时贯穿于整个发酵产品提取过程。浓缩方法有以下4种。

1. 蒸发浓缩法

蒸发是将稀溶液加热沸腾,使溶液中部分溶剂(通常是水)汽化后除去,从而将溶液浓缩的过程。它常作为下一工序的预处理(如结晶、干燥之前),以缩小被处理料液体积,节约能源和操作费用,提高得率。

蒸发设备通常是指创造蒸发必要条件的设备组合,由蒸发器、冷凝器、抽气泵等组成。工业上为了强化蒸发过程,一般采用的蒸发设备都是在沸腾状态下进行,因为液体在沸腾状态下,给热系数高、传热速度高。为强化蒸发,还可采用真空蒸发。真空蒸发时沸点降低,具有许多优点,如对热敏性物料破坏减小、减少蒸发器所需传热面积、可利用低压蒸汽或废蒸汽作为加热蒸汽等。由于各种溶液性质不同,蒸发要求的条件差别很大,所以选择蒸发器时必须考虑溶液的耐热性、结垢性、发泡性、结晶性、腐蚀性、黏滞性。

工业上应用的蒸发设备类型繁多,分类方式多样,按液体循环方式分为自然循环型、强制循环型、无循环型;按液体在传热面上的形状分为膜式和浸液式;按加热器的型式分直接加热型、夹套式、管式、板式等;按蒸发器的压力分为常压和真空蒸发设备。

2. 冰冻浓缩法

冰冻浓缩法常用于工业发酵中生物大分子和具有生理活性的发酵产品的浓缩。冰冻时水分子结成冰,盐类、发酵产品不进入冰内。浓缩时先将待浓缩溶液冷却,使之成为固体,然后缓慢熔解,利用溶质和溶剂熔解点的差别,达到去除大部分溶剂的目的。例如,冰冻法浓缩酶制剂的盐溶液时,纯水结晶浮在液面,酶集中在下层溶液,移去上层冰块可得酶的浓缩液。

3. 吸收浓缩法

通过吸收剂直接吸收除去溶液中溶剂分子,使溶液浓缩。吸附剂与溶液不起化学反应,对生物大分子、发酵产品无吸附作用,易与溶液分开。吸附剂除去溶剂后，可重复使用。实验室中常用的吸附剂有聚乙二醇、蔗糖、凝胶等。

4. 超滤浓缩法

超滤是利用特别的薄膜对溶液中各种溶质分子进行选择性过滤，适用于生物大分子的发酵产品，特别是酶和蛋白质的浓缩或脱盐，具有成本低、操作方便、条件温和、能较好保持生物大分子生理活性、回收率高等优点。

## 二、结晶

结晶是过饱和溶液缓慢冷却（或蒸发）使溶质呈晶体析出的过程。结晶过程具有高度选择性，只有同类分子或离子才能结合成晶体，因此析出的晶体很纯粹。很多发酵产品如味精、柠檬酸、核苷酸、酶制剂、抗生素等，通过结晶的方法来制取高纯度产品。

1. 结晶原理

晶体置于未饱和溶液中，会吸附能量而溶解，同时已溶解的固体也会释放能量而重新结晶析出。溶解与结晶处于动态平衡的溶液称为饱和溶液。物质的溶解度主要由它的化学性质和溶液的性质决定，也与温度有关。溶解度与温度的关系可以用饱和曲线描述。从理论上讲，任一温度下超过饱和曲线，就会有固体溶质析出，但实际上用缓慢冷却方法或移除部分溶剂的方法使溶液微呈过饱和，通常并没有晶体析出，只有达到某种程度的过饱和状态，才会有晶体自然析出。晶体的产生最初是形成极细小的晶核，然后再成长为一定大小的晶体。开始有晶核形成的过饱和浓度与温度的关系用过饱和曲线来描述（图 9-8）。图中实线表示饱和曲线，虚线表示过饱和曲线，各种溶液的过饱和曲线与饱和曲线大致平行，由此把温度-浓度图分成 3 个区域：

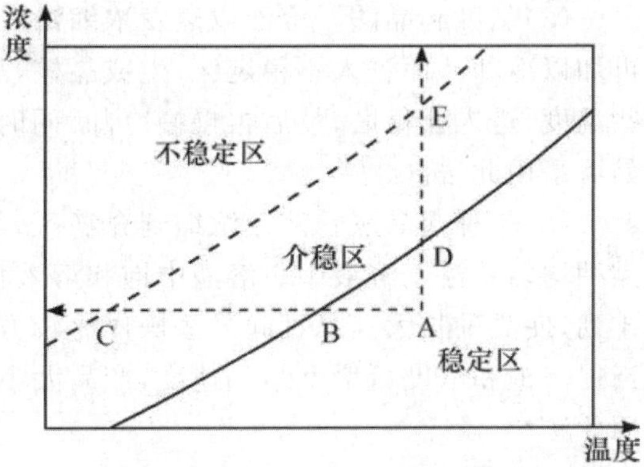

图 9-8　饱和曲线与过饱和曲线

①稳定（不饱和）区　不会发生结晶。

②不稳定（过饱和）区　结晶能自发形成。

③介稳区　在稳定区与不稳定区之间，结晶不能自动进行，但在介稳溶液中加入晶体，能诱导结晶产生，晶体能生长。这种加入的晶体称为晶种。

溶液在介稳区或不稳定区才能结晶，在不稳定区结晶形成很快，易形成大量细小晶体，这是工业结晶所不希望的。为获得颗粒较大、整齐的晶体，通常加入晶种

后把溶液浓度控制在介稳区,使在较长时间内在晶种表面上慢慢长大。使溶液达到结晶区域有以下方法:

①冷却结晶　将一定浓度溶液冷却到介稳区域以上;

②蒸发结晶　将稀溶液加热去除部分溶剂,使浓度达到介稳区域以上;

③真空结晶　利用真空使溶液同时冷却和蒸发。

2.起晶方法

(1)自然起晶法　将溶液用蒸发浓缩方法排除大量溶剂,使溶液浓度进入过饱和不稳定区,溶液自然结晶,大量生成晶核。随晶核生成,溶液浓度迅速下降,降至介稳区下部,不再生成晶核,晶体只在已有晶面上长大。自然起晶法起晶迅速,但难以控制晶核数量,而且需要的过饱和浓度较高,耗热多,蒸发时间长。

(2)刺激起晶法　溶液以蒸发浓缩法排除部分溶剂,使溶液浓度进入介稳区,再加以冷却从而进入不稳定区,生成晶核,晶核数量达到一定时,改变条件,回升一些温度,进入介稳区,然后再慢慢冷却,同时搅拌,使晶体长大。如味精、柠檬酸结晶可采用此法。

(3)晶种起晶法　溶液浓缩到介稳区,加一定大小、数量的晶种,缓慢搅拌,使晶种均匀悬浮于溶液中。溶液中饱和溶液慢慢扩散到晶种周围,在晶种各晶面上排列,使晶种长大。晶种起晶法操作比较方便,在保持不产生新晶核的条件下,适当提高饱和浓度可增大结晶速度,产品大小均匀,晶型一致。工业结晶过程大多采用此法。

## 三、成品干燥

干燥是利用热能使湿物料中的湿分(水或其他溶剂)汽化而除去。干燥是发酵产品提取过程中的最后一个环节。许多发酵产品,如味精、酶制剂、柠檬酸、酵母等,需要进行干燥以除去物料中的水分,使产品便于储存、运输,并防止产品的变性、变质。

1.常用干燥方法

(1)对流加热干燥法　又称空气加热干燥法,它是利用加热的空气,将热量带入干燥器并传给物料,使物料水分汽化,水蒸气由空气带走。空气既是载热体,又是载湿体。此法在工业发酵中得到广泛应用,常用的有气流干燥、沸腾干燥、喷雾干燥等。

(2)接触加热干燥法　又称加热面传热干燥法,即利用加热面与物料相接触的方法传热给湿物料,使水分汽化。例如箱式干燥和真空干燥等。

(3)红外线干燥法　利用红外线辐射作为热源,向湿物料供热。按波长可分为近红外和远红外,后者干燥速度更快,但能耗较大。

(4)冷冻升华干燥法　物料冷冻至冰点以下,使水分结冰,然后在较高的真空条件下使冰直接升华而除去。此法适合具有生理活性的生物大分子和酶制剂、维生素、抗生素等发酵产品的干燥。

2. 工业发酵中常用的干燥过程

(1)气流干燥　气流干燥就是把呈泥状、粉粒状或块状的湿物料,经过适当方法分散于热气流中,在与热气流并流输送的同时进行干燥而得到粉粒状干燥制品的过程。适用于对味精、柠檬酸、葡萄糖等的干燥。

气流干燥具有以下优点:①干燥强度大;②干燥时间短,适用于热敏性或低熔点物料的干燥;③热效率高;④处理量大;⑤设备简单;⑥应用范围广。缺点是:气流速度较高,粒子有一定磨损和粉碎,因此不太适用于对成品外形有一定要求的物料或非常黏稠的液体物料,热利用效率较低。

气流干燥器类型很多,目前我国常用的可分为长管式气流干燥器(长 10～20 m)、短管式气流干燥器(长 4 m 左右)、旋风气流干燥器和短管旋风气流干燥器等。

采用长管式气流干燥器干燥味精的流程为:空气被鼓风机抽吸,经过过滤器、空气加热器后,被送入气流干燥管。味精(含水分约 4%)经料斗和分配器均匀地由干燥管的下部送入,由热空气流送入干燥管脱水干燥,再经过旋风分离器分离,进入振筛分级得到味精产品(含水约 0.2%)。尾气经幼粉回收器回收味精粉末后排入大气。

(2)沸腾干燥　沸腾干燥是利用热的空气流体使孔板上的粒状物料呈流化沸腾状态,使水分迅速汽化达到干燥的目的。干燥时,使气流速度与颗粒的沉降速度相等,粒子在气体中呈悬浮状态。目前沸腾干燥法在工业发酵中广泛用于柠檬酸、四环素、土霉素等产品的干燥。

沸腾干燥的优点是传热传质速率高、干燥湿度均匀、容易控制,对无严重凝聚现象的湿物料(颗粒直径 30～300 μm)一般都能适用。缺点是对气流速度有要求,应在使颗粒流化范围内,要求较高的热风压强使物料流态化;此外因摩擦作用较强,对易碎物料或对表面形状、光泽有所要求的不宜采用。

沸腾干燥设备的种类很多,按照操作条件可分为连续的和间歇的沸腾操作;按照设备结构和形式,可分为单层沸腾干燥器、多层沸腾干燥器、沸腾床干燥器、振动沸腾干燥器、脉动沸腾干燥器以及喷雾沸腾造粒干燥器等。沸腾床干燥器如图 9-9 所示。

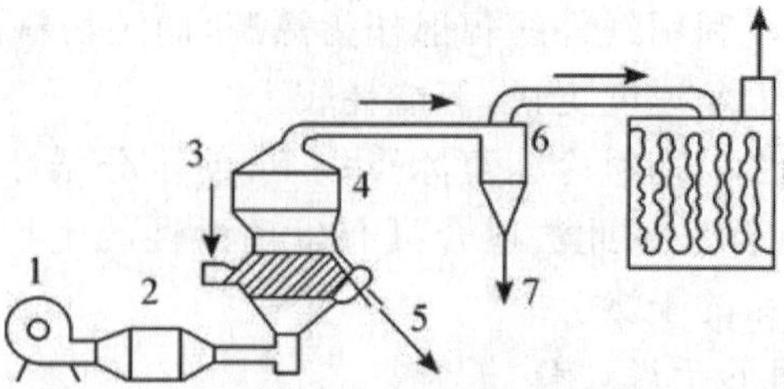


1. 风机　2. 加热器　3. 加料　4. 流化床　5. 卸料　6. 旋风分离器　7. 细粉　8. 袋滤器

**图 9-9　沸腾床干燥器**

(3)喷雾干燥　喷雾干燥是利用不同的喷雾器，将溶液、乳浊液、悬浊液或浆料喷成雾状，使其在干燥室中与热空气接触，水分被蒸发而成为粉末状或颗粒状的产品。酶制剂粉、酵母粉、链霉素粉及其他药品或各种热敏性物料，多采用喷雾干燥方法。

喷雾干燥具有以下优点：干燥速度快，干燥时间短；干燥过程中液滴的温度不高，产品质量较好；产品具有良好的分散性、流动性和溶解性；生产过程简化，操作控制方便；适宜连续化大规模生产。缺点是：干燥强度较小；干燥设备比较庞大，占地面积较大，设备投资费用较大；热利用率较低，功能消耗较多；废气中回收微粒的分离装置要求较高。

按照喷雾方法不同，喷雾干燥可分为压力式喷雾干燥、气流式喷雾干燥和离心喷雾干燥。

①压力式喷雾干燥　利用喷嘴在高压之下(5.1～20.3 MPa)将物料喷成均匀的雾滴。此法不适用于悬浮液的喷雾。

②气流式喷雾干燥　利用压缩空气(压强为147～490 kPa)通过气流喷雾器而使液体喷成雾状。适用于各种料液的喷雾。

③离心喷雾干燥　将料液注于急速旋转的喷雾盆上，借助离心力的作用，使料液分散成雾状。此法适用于各种料液的喷雾，应用较广，但功率消耗比压力式喷雾干燥大。

(4)冷冻干燥　在冷冻干燥过程中，被干燥的产品首先进行预冻，然后在真空状态下进行升华，使水分直接由冰变成汽而获得干燥。冷冻干燥可以有效地干燥热敏性物料，而不致影响其生物活性或效价。冷冻干燥后物料呈多孔的海绵状结构，保持完整的形态、完整的生物活性和溶解度，并可长期保存。缺点是冷冻干燥速率较低，设备复杂，操作要求高，投资和管理耗费较大，使成品的成本较高。

## 本章小结

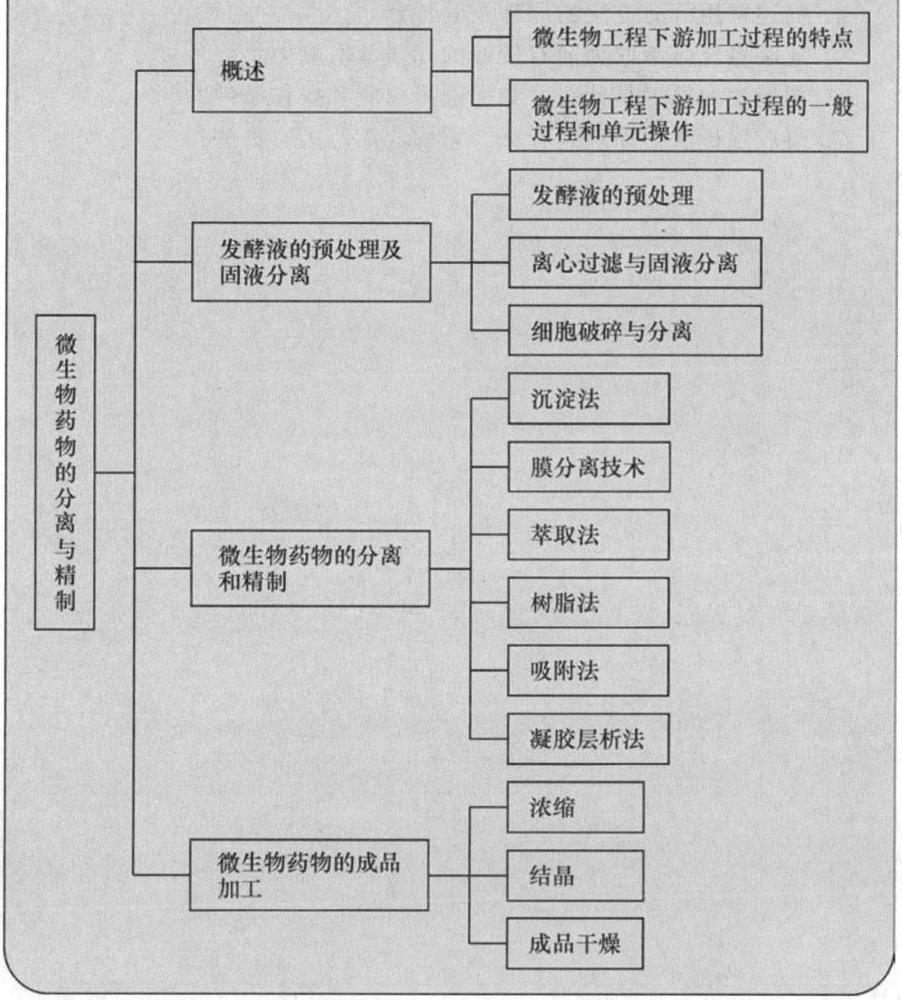
微生物药物的分离与精制
概述
微生物工程下游加工过程的特点
微生物工程下游加工过程的一般过程和单元操作
发酵液的预处理及固液分离
发酵液的预处理
离心过滤与固液分离
细胞破碎与分离
微生物药物的分离和精制
沉淀法
膜分离技术
萃取法
树脂法
吸附法
凝胶层析法
微生物药物的成品加工
浓缩
结晶
成品干燥

## 复习思考题

1. 除去发酵液中杂蛋白质的方法有哪些？
2. 改善发酵液过滤性能的主要方法有哪些？简述其机理。
3. 简述常用细胞破碎方法的原理和特点。
4. 简述常用沉淀方法的原理及其特点。
5. 超临界流体萃取为何有较好的物质萃取能力？
6. 树脂法的原理是什么？如何选择树脂和操作条件？
7. 凝胶层析法的原理是什么？它的应用范围有哪些？

# 第十章　微生物产生的生物活性物质

**知识目标**

- 了解微生物产生的生物活性物质的主要种类。
- 理解抗生素及其他活性物质的结构特点及作用机制。
- 熟悉微生物产生的功能性低聚糖、活性蛋白类、生物抗氧化剂以及微生态制剂等活性物质的种类、名称和用途。

**技能目标**

- 熟练掌握不同生物活性物质的应用领域。
- 能够根据活性物质的结构特点和作用机制推测其应用领域。

近20年来，由微生物产生的各种新的生物活性物质不断被发现，比如免疫调节剂、酶抑制剂以及由重组微生物产生的活性蛋白质等，其中有些也已经用于临床。下面，按照应用领域，对目前已经发现的或正在使用的微生物活性物质进行相应的介绍。

## 第一节　抗肿瘤抗生素

从发现放线菌素对网状淋巴细胞肉瘤有作用以后，人们已经发现了大量的抗癌抗肿瘤抗生素，它们中最重要的是蒽环类(anthracycline)和我国自主开发的博来霉素类(bleomycin)抗生素。

### 一、蒽环类抗生素

蒽环类抗生素是含有7,8,9,10-四氢-5,12-四并苯醌的糖苷，化学结构中均具有蒽环，且环上还有1个以六元环为基础的侧链与1个氨基糖。常见的这类抗生素和产生菌如表 10-1 所示。

**表 10-1　蒽环类抗生素及其产生菌**

(《微生物制药》,吴剑波,2002)

| 蒽环类抗生素 | 产生菌 | 蒽环类抗生素 | 产生菌 |
|---|---|---|---|
| 紫红霉素(rhodomycin) | *Str. purpurascens* | PR-32999 | *Str. atrobiolaceus* |
| 吡咯霉素(pyrromycin) | *Streptomyces* | 巴优霉素(baumycin) | *Str. coeruleorubidus* |
| 加利红霉素(galirobin) | *Str. galilaeus* | 阿克拉霉素(aclacinomycin) | *Str. galilaeus* |
| 阿克拉菌素(aklavine) | *Streptomyces* | 阿洛堡霉素(akrobomycin) | *Actinomad roseoviolacea* |
| 烬灰红霉素(cinerubin) | *Str. antibioticus* | 斯堡霉素(steffimycin) | *Str. steffisburgensis* |
| 卢迪红霉素(rhodirubin) | *Streptomyces* | 橙色霉素(auramycin) | *Str. garilaeus* |
| 麻细霉素(marcellomycin) | *actimosparangium* | 硫质霉素(sulfumycin) | *Str. garilaeus* |
| 缪泰霉素(musetlamycin) | *actimosparangium* | 诺加霉素(nogalamycin) | *Str. nogalater* |
| 道诺霉素(daunomycin) | *Str. peuceticus* | 红网霉素(ruticulomycin) | *Str. rebrireticuli* |
| 阿霉素(adriamycin) | *Str. peuceticus* | 乳变红霉素(decilorubicin) | *Str. virginiae* |
| 洋红霉素(carminomycin) | *Actinomadura carminata* | 非皱褶霉素(arugomycin) | *Str. violochromogenes* |

此类抗生素在临床上主要用于乳腺癌、恶性淋巴瘤、胃癌、肺癌、急性白血病、肝癌等的治疗。试验研究证明,此类药物可与 DNA 发生交叉联结,部分断开 DNA 的双螺旋结构,与 DNA 键合后可抑制 DNA 聚合酶和核酸的合成。另外,蒽环类药物可稳定 DNA 酶和高二聚体拓扑异构酶Ⅱ的亚型结构,对 DNA 的双链结构有破坏作用。

1. 道诺霉素

道诺霉素又名柔红霉素,它是第一代用于抗肿瘤的蒽环类抗生素。其化学结构如图 10-1 所示。道诺霉素的作用特点是对 $G^+$ 有一定的抗菌性,可抑制噬菌体和病毒的繁殖,对细菌、肿瘤细胞有显著的抑制作用。

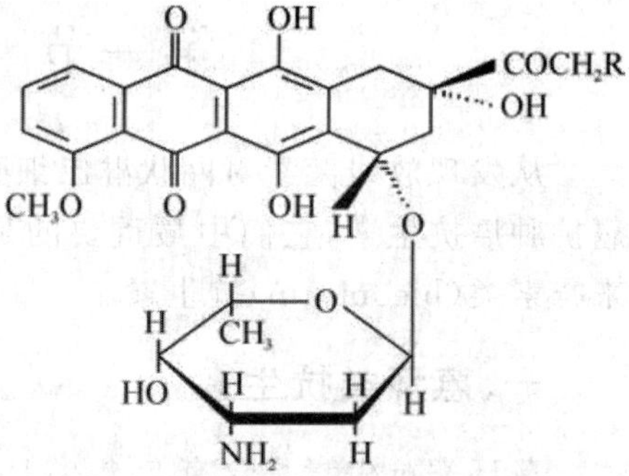


**图 10-1　道诺霉素(R＝H)和阿霉素(R＝OH)的化学结构图**

其作用机制是:道诺霉素通过其结构上的蒽环平面,可嵌合于 DNA 碱基对之间并紧密地结合到 DNA 上,因而使核酸中含有相当高浓度的道诺霉素，这种嵌合可导致DNA空间结构的障碍，从而抑制DNA及DNA依赖的RNA合成，对RNA的影响尤为明显，并可选择性作用于嘌呤核苷。道诺霉素虽为细胞周期非特异性药物，对增殖细胞各期均有杀伤作用，但对$G_2$作用更为显著。

在临床上，道诺霉素主要用于各种类型的急性白血病（包括粒细胞性、淋巴细胞性和单核细胞性以及粒-单核细胞性）、红白血病、慢性粒细胞性白血病、恶性淋巴瘤，也可用于神经母细胞病、尤因肉瘤和肾母细胞瘤等。

需要注意的是，道诺霉素毒性强，会引起骨髓抑制，导致红细胞、白细胞和血小板减少，造成贫血和出血。同时，对心脏有毒，引起心动过速、心律不齐等症状。

在国内，同类物质称为正定霉素。

2. 阿霉素

阿霉素是继道诺霉素之后的第二代抗肿瘤抗生素的代表。在结构上它与道诺霉素相似（图10-1），可从道诺霉素转化而来。由于其结构上含有脂溶性的蒽环配基，又有水溶性的柔红糖胺，并有酸性酚羟基和碱性氨基，因此具有抗瘤谱广、临床疗效高、对乏氧细胞有效的显著特点。

该抗生素的作用机制是：可穿透细胞核与染色体结合，直接插入DNA的双螺旋链，使其解开，改变DNA的模板性质，抑制DNA聚合酶，从而既抑制DNA也抑制RNA合成。作为一种周期非特异性抗癌化疗药物，本品对各期细胞均有作用，但对S期的早期最为敏感，M期次之，而对$G_1$期最不敏感，对$G_1$、S和$G_2$期有延缓作用。

在临床上，阿霉素适用于急性白血病（淋巴细胞性和粒细胞性）、何杰金氏病及恶性淋巴瘤、乳腺癌、支气管肺癌（未分化小细胞性和非小细胞性）、卵巢癌、软组织肉瘤、成骨肉瘤、横纹肌肉瘤、尤文肉瘤、肾母细胞瘤、神经母细胞瘤、膀胱癌、甲状腺癌、前列腺癌、头颈部鳞癌、睾丸癌、胃癌、肝癌等。阿霉素的副作用与道诺霉素近似。

3. 阿克拉霉素

阿克拉霉素又名阿柔比星，具有多种组分，其中以阿克拉霉素A抗瘤活力最好，且毒副作用小。其结构式如图10-2所示。

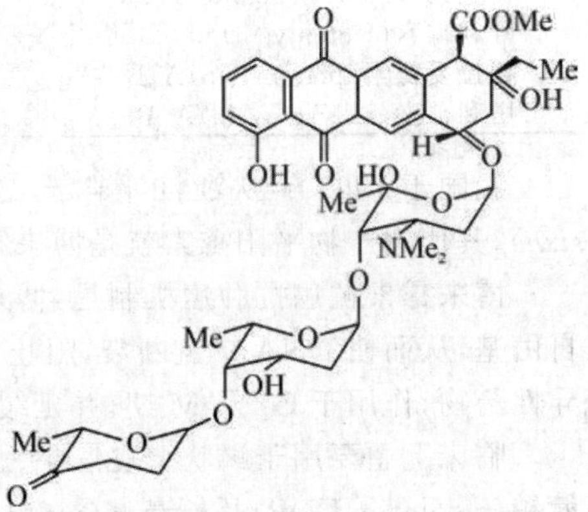


**图10-2 阿克拉霉素A的化学结构图**

作用机制是：阿克拉霉素具有亲脂性，能迅速转运进入细胞内，并维持较高浓度。它能嵌入癌细胞的DNA，抑制核酸的合成，特别是RNA的合成，为周期非特异性药物，在 $G_1$ 晚期和S晚期阻断细胞周期。

临床上主要用于治疗急性粒细胞性白血病、急性淋巴细胞性白血病、恶性淋巴瘤，对胃癌、肺癌、乳腺癌、卵巢癌也有效。

4. 蒽环类抗肿瘤抗生素衍生物

目前出现的蒽环类抗肿瘤抗生素衍生物主要有以下几种：4-脱甲氧基-3′-脱氨基-3′-吖啶基-甲磺酰基-柔红霉素、3′-去氨基-3′-吗啉代-13去氧代-10-羟基-盐酸洋红霉素(MX2)、1,4-蒽醌、DA-125、甲氧基吗啉代多柔比星、3′-脱氨基-3′-羟基-4′-(O-L-daunosaminyl)-4-脱甲氧柔红霉素(MEN10755)和肽-药物结合物。这些衍生物中很多已经应用于临床，并取得了良好的效果。

## 二、博来霉素-腐草霉素类抗生素

博来霉素-腐草霉素类抗生素是属于弱碱性糖肽类抗生素，其主要种类见表10-2。在这些抗生素中，以博来霉素最为常见，它是一种多组分抗生素，共有从 $A_1 \sim A_6$ 和 $B_1 \sim B_6$ 12个类型，其中以 $A_2$ 为主要成分，图10-3即为博来霉素 $A_2$ 的化学结构图。

**表10-2 博来霉素-腐草霉素类抗生素**
(《微生物制药》，吴剑波，2002)

| 抗生素 | 产生菌 |
|---|---|
| 腐草霉素(phleomycin) | *Streptomyces vericillus* |
| 博来霉素(bleomycin) | *Streptomyces vericillus* |
| 佐博霉素(zorbamycin) | *Streptomyces bokiniensis var zorbonensis* |
| 佐博诺霉素(zorbonomycin)B,C | *Streptomyces bokiniensis var zorbonensis* |
| 抗生素YA56(antibiotic YA56) | *Streptomyces humidus* |
| 胜利霉素(bictomycin) | *Strptosporangium violaceochromogenes* |
| 普拉妥霉素(platomycin)A,B | *Strptosporangium violaceochromogenes* |
| 塔利霉素(tallysomycin)A,B | *Actinomycetes* |

我国于1969年从浙江平阳土壤中分离获得平阳链霉菌(*S. pingyanggensisn*)，其代谢产物平阳霉素就是博来霉素的 $A_5$ 成分。

博来霉素抗癌抗肿瘤机制是：博来霉素能与铜或铁离子络合，使氧分子转成氧自由基，从而使DNA单链断裂，阻止DNA复制，干扰细胞分裂繁殖。属周期非特异性药物，作用于 $G_2$ 及M期，并延缓 $S/G_2$ 边界期及 $G_2$ 期时间。

临床上主要用于鳞状上皮癌(头、颈、口腔、食管、阴茎、外阴、宫颈等)。与顺氯氨铂(cisplatin,DDP)及长春碱(vinblastin,VLB)合用治疗睾丸癌，可达根治效果。也用于淋巴瘤的联合治疗。但博来霉素对骨髓和免疫有一定的抑制作用。

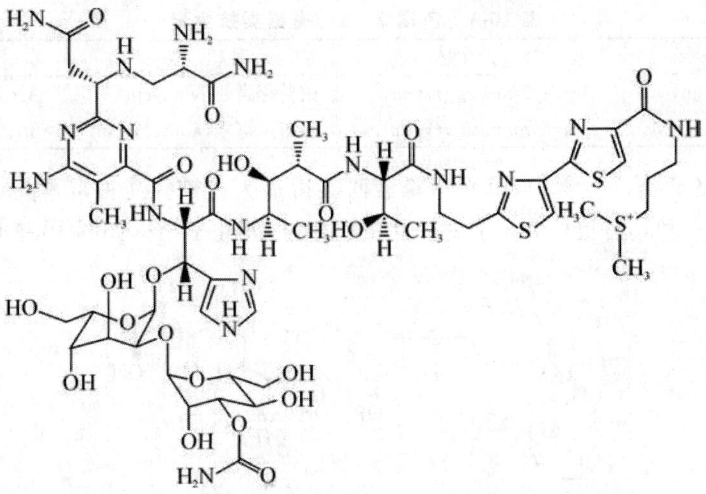

图 10-3　博来霉素 $A_2$ 的化学结构图

## 三、丝裂烷类抗生素

丝裂烷类抗生素是一类结构中含有吖啶吡咯并吲哚醌杂环化合物，主要种类包括丝裂霉素 A-M 和丝紫霉素，其化学结构如图 10-4 所示。

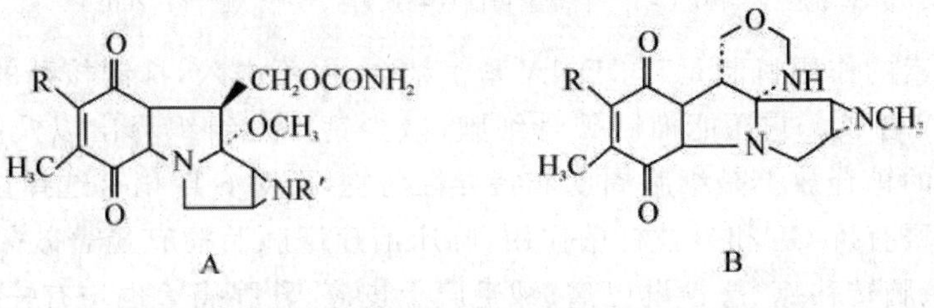

图 10-4　丝裂霉素(A)和丝紫霉素(B)的化学结构图

作用机制是：丝裂烷类抗生素能与 DNA 的双链交叉联结，可抑制 DNA 复制，也能使部分 DNA 断裂。属周期非特异性药物。

丝裂烷类抗生素抗瘤谱广，以丝裂霉素 C 活性最强，临床上主要应用在胃、肺、乳癌及慢性粒细胞白血病、恶性淋巴瘤等。

## 四、色霉素-橄榄霉素类抗生素

该类抗生素主要种类如表 10-3 所示。

表 10-3 色霉素-橄榄霉素类抗生素

| 种 类 | 产生菌 | 种 类 | 产生菌 |
|---|---|---|---|
| 色霉素(chromomycin) | *Streptomyces griseus* | 橄榄霉素(olivomycin) | *Act. olilvoreticus* |
| 光神霉素(mithramycin) | *Streptomyces argillaceus* | 阿布拉霉素(aburamycin) | *Str. abraviensis* |

在所有的此类抗生素中,以光神霉素研究得最为透彻。光神霉素是弱酸性物质,易溶于水,是一种具有抗癌和降血钙作用的抗生素,其化学结构如图 10-5 所示。

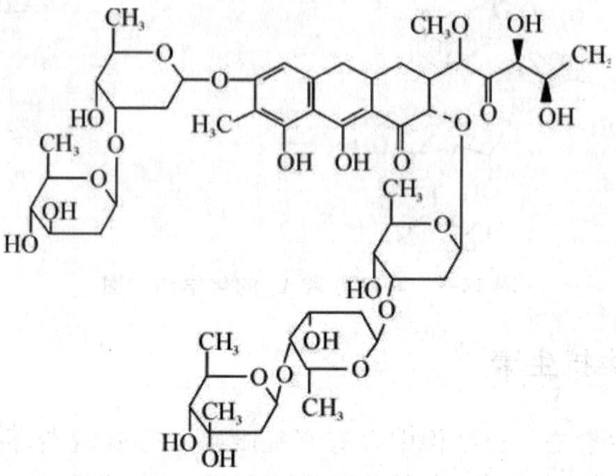

图 10-5 光神霉素的化学结构图

(《抗生素与微生物产生的生物活性物质》,张致平,姚天爵,2005)

光神霉素的作用机制是:与 DNA 紧密结合,但不嵌入,抑制核酸的合成,主要是抑制 RNA 合成。它还能抑制破骨细胞,减少钙由骨组织释出以及阻断甲状旁腺激素引起的钙释放。是细胞周期非特异性药物,而对 S 期稍有选择性。

光神霉素有抗 $G^+$ 和分枝杆菌作用,临床治疗睾胚胎瘤有显著效果,其他如脑胶质细胞瘤、脑转移癌、恶性淋巴瘤、绒毛膜上皮癌、乳腺癌等也均有一定疗效。

## 五、放线菌素类抗生素

放线菌素类抗生素是一类性质十分接近的红色抗肿瘤抗生素,最早从 *S. antibioticus* 中分离得到,目前很多放线菌和小单孢菌都能产生,已发现的放线菌素有 50 多种。其结构含有噻酚酮稠环发色基和两个环形肽,天然的放线菌素间的相互差别仅在于环肽链上氨基酸的组列。

放线菌素对革兰氏阳性细菌极为敏感,能抑制多种病毒与实验肿瘤生长。放线菌素的多种成分都曾试用于临床化疗,但有价值的仅限于放线菌素 C 和放线菌素 D(图 10-6)等。

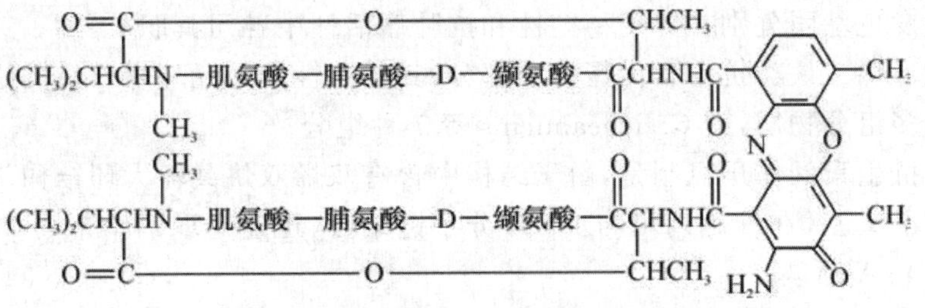

图 10-6　放线菌素 D 的化学结构图

放线菌素 D 的抗肿瘤机制是：能嵌入 DNA 双链，作用于 mRNA，干扰细胞的转录过程，阻止蛋白质的合成。

临床上放线菌素 D 主要用于肾母细胞瘤、神经母细胞瘤、睾丸肿瘤及横纹肌瘤，对霍奇金氏病、绒毛膜上皮癌、恶性葡萄胎及恶性淋巴瘤亦有一定疗效。

## 六、烯二炔类抗生素

烯二炔类抗生素，天然来源的都由放线菌产生（表 10-4），对多种肿瘤细胞均有强烈的杀伤作用，且作用迅速，是迄今发现的活性最强的抗肿瘤类抗生素，对肿瘤细胞的杀伤作用浓度均在 pg/mL 水平左右，其抗肿瘤活性较阿霉素、丝裂霉素强 1 000 倍以上，在某些方面可达 1 万倍左右。

表 10-4　烯二炔类抗生素

| 类　别 | 抗生素 | 产生菌 |
|---|---|---|
| 九元环烯二炔类 | 新制癌菌素（neocarzinostatin） | *Streptomyces carzinostaticu* |
| | 可达菌素（kedarcidin） | *Streptomyces*. sp |
| | 力达菌素（lindamicin，C-1027） | *Streptomyces flob D* |
| | 马杜拉肽（maduropeptin） | *Antinomadura*. sp |
| 十元环烯二炔类 | 卡利霉素（calicheamicin） | *Micromonospora echinaspora* Ssq. calichensis NRRL 15839 |
| | 伊斯帕霉素（esperamicin） | *Antinomadura verrucospora* BBM 1675 ATCC 39334 |
| | 迪尼霉素 H（dynemicin） | *Micromonospors nigra* c5308 |
| | 迪尼霉素（dynemicin） | *Micromonospors chersina* |

就目前已确定的几个结构而言，烯二炔类抗肿瘤抗生素可进一步分九元环烯二炔和十元环烯二炔 2 种类型，其结构均由蛋白质和发色基团两部分组成。烯二炔是这类抗生素共有的结构部分，是裂解 DNA 的活性中心。

九元环烯二炔类抗生素由蛋白质和发色基团以非共价键结合而成，呈水溶性，蛋白质和发色基团分别在分子稳定性和抗肿瘤活性中各司其职。

十元环烯二炔类抗生素无蛋白质部分，其稳定性较九元环烯二炔类好，呈脂溶性。其是多组分物质，有 Calicheamicins 等 7 种组分。

该类抗生素的作用机制是：由于结构中含有双烯双炔共轭大环结构，活化后可形成苯型游离基，在细胞内可与 DNA 分子链结合，迅速夺取两个来自 DNA 的氢原子，使 DNA 断裂。

烯二炔类抗生素最显著的特点是对白血病表现出特殊的抗性，同时在乳腺癌、骨髓瘤、卵巢癌、肝癌、肺癌、胰腺癌、胃癌、黑色素瘤等方面也表现出较强的作用。

### 七、吡喃并蒽醌类抗生素

又可统称为醌类抗生素。分子中具有蒽醌的基本结构，为橙色或黄色粉末。脂溶性碱性或中性化合物，易溶于乙酸乙酯、苯等有机溶剂，不溶于水、环己烷、石油醚，在碱性溶液中呈紫色，在酸性溶液中呈黄色。存放于溶液中不稳定。对革兰氏阳性细菌有较强的抑制作用，而对阴性菌作用弱，对肿瘤细胞有强的抑制作用。作用机理是与 DNA 结合，抑制以 DNA 为模板的 DNA 多聚酶与 RNA 多聚酶。小鼠体内试验表明毒副作用大，无临床应用价值。主要代表有贵田霉素（kidamycin）、赫达霉素（hedamycin）、多色霉素（pluramycin）、新多色霉素（neoplu ramycin）、异样霉素（iyomycin）、美浓霉素（minomycin）、红玉黄菌素（rubiflavin）DC92-B，D 和 septamycin 等。

## 第二节　微生物产生的酶抑制剂

酶抑制剂就是对生物体内的酶活性有抑制作用的物质。酶抑制剂的概念是在 20 世纪 60 年代由 Umezawa 提出来的，从而将微生物来源的生物活性物质从抗生素扩大到了新的领域。

此前的酶抑制剂都来自动植物，种类较少，分子质量较大；而来自于微生物的酶抑制剂分子量小，结构多种多样，特异性强，毒副作用低，并且产生酶抑制剂的微生物种类较多，真菌、放线菌和细菌均能产生，尤其是放线菌。另外，这些酶抑制剂展现出不同的生理功能，包括降血压、降血糖、抗肿瘤、抗消炎、治哮喘和调节免疫性能等多方面的功能。

### 一、蛋白酶抑制剂

蛋白酶与很多生命活动，比如炎症、癌变、免疫应答、病毒侵染等疑难病症有着密切的关系，因此找到蛋白酶的抑制剂对攻克这些疾病有着重要的促进作用。对于微生物来源的蛋白酶抑制剂，它们的主要产生菌是链霉菌和少数细菌。

由于蛋白酶根据其对合成底物的作用方式可分为内切酶和外切酶，对它的抑制剂我们也根据这个分类进行阐述。

1. 内切酶抑制剂

蛋白内切酶主要是一些蛋白水解酶，根据被抑制催化残基的结构，可以分为丝氨酸蛋白酶、巯基蛋白酶、羧基蛋白酶和金属蛋白酶。

目前已经发现的主要的蛋白内切酶抑制剂中，亮肽素、抗痛素、糜蛋白酶抑制剂、抑弹性蛋白醛、碱性蛋白酶抑制素、硫醇蛋白酶抑素等属于丝氨酸-巯基蛋白酶抑制剂；胃酶抑素 A-H、抑胃酶酮 A、环噻唑霉素等属于羧基蛋白酶抑制剂；放线酰胺素等属于金属蛋白酶抑制剂。

2. 外切酶抑制剂

蛋白外切酶主要是一些存在于细胞膜上的酶类，包括氨肽酶、酯酶、磷酸酯酶等。相对应的这些抑制剂主要是氨肽酶 A 抑制剂、氨肽酶 B 抑制剂、氨肽酶 M 抑制剂、酯酶抑制剂、磷酸化酶抑制剂等，它们的化学结构图如图 10-7 所示。

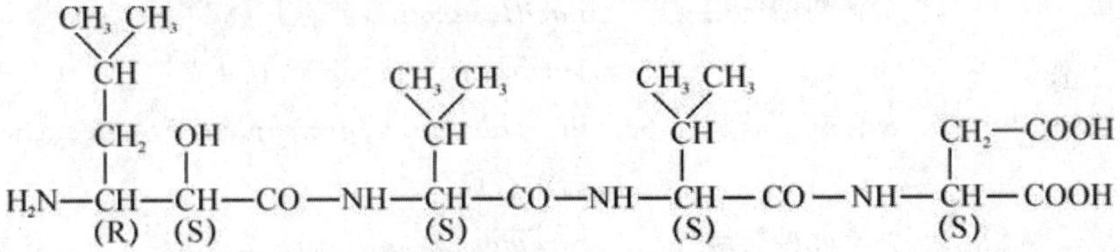

氨肽酶A抑制剂

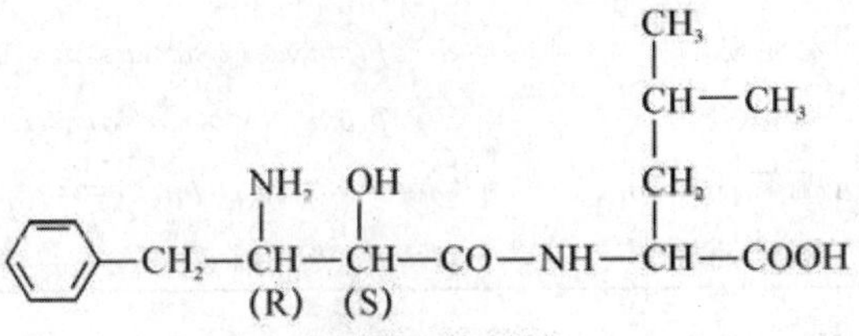

氨肽酶B抑制剂

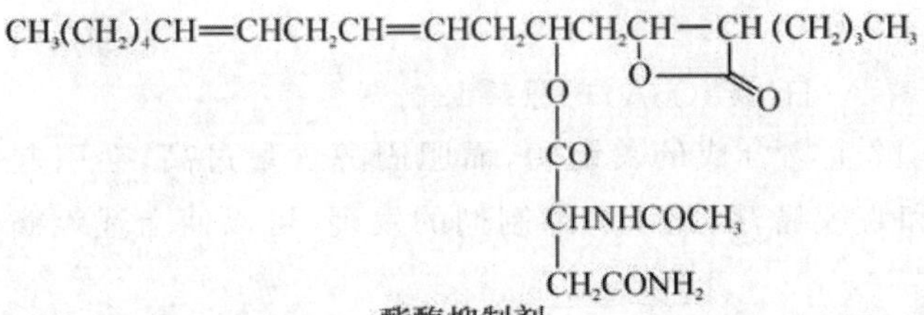

酯酶抑制剂

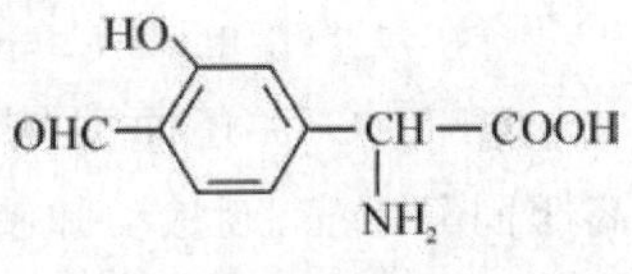

磷酸化酶抑制剂

**图 10-7　几种外切酶抑制剂的化学结构图**

（《应用微生物学》，王文仲，1996）

## 二、糖水解酶抑制剂

糖水解酶主要包括糖苷酶和淀粉酶。这些酶类对生物体内正常的代谢至关重要，正常情况下，这些酶的活力和含量是稳定的，当机体受到损伤时，这些酶活力会明显增强。比如，β-葡萄糖苷酶，在肿瘤、肝脏疾病患者中，其活力上升明显；另外，淀粉酶活力的升高也能判断机体是否患有糖尿病、肥胖症、腮腺炎等疾病。因此这些酶抑制剂的研究和发现对上述疾病的预防和治疗都起到积极的作用。

属于此类别的几种重要的抑制剂归纳于表 10-5。

**表 10-5 微生物产生的糖水解酶抑制剂**

| 抑制剂 | 靶 酶 | 产生菌 |
|---|---|---|
| 野尻霉素 | α-葡萄糖苷酶 | *Streptomyces* |
| 阿卡波糖 | α-葡萄糖苷酶 | *Actinoplanes* sp. |
| 米格列醇 | α-葡萄糖苷酶 | *Bacillus subtilis* 产生 1-deoxynojirimycin 后半合成 |
| 伏格列波糖 | α-葡萄糖苷酶 | *Streptomyces hygroscopicus* 产生 Valienamine 后半合成 |
| 吡啶哚醇 | β-半乳糖苷酶 | *Streptomyces alboverticillatus* |
| 半乳糖苷酶抑素 | β-半乳糖苷酶 | *Streptomyces lydicus* PA-5726 |
| 义戊他定 | α-淀粉酶 | *Streptomyces cyaneus* nov ssp. *jingxingensis* |
| 泛涎菌素 | 唾液酸酶 | *Streptomyces pseud-overticillus* |
| WF3681 | 醛糖还原酶 | *Chaelamella raphigera* |
| WF2421 | 醛糖还原酶 | *Humicola grisea* |

## 三、脂质代谢酶抑制剂

1. β-羟基-β-甲基戊二酰辅酶 A(HMG-CoA)还原酶抑制剂

HMG-CoA 还原酶是胆固醇生物合成的关键酶，而胆固醇含量过高，会引起高胆固醇血症、冠状动脉硬化和心绞痛，因此该酶抑制剂的发现，可以使上述疾病得到有效的控制。

目前微生物产生的或半合成的 HMG-CoA 还原酶抑制剂主要有洛伐他定(lovastatin)、普伐他定(pravastatin)和辛伐他定(simvastatin)。

2. 磷脂酶

磷脂酶能选择性地分解磷脂中的酯键，按照作用方式，可分为 A、B、C 和 D 四组，A 是磷脂-2-酰基水解酶，B 是溶血卵磷脂酰基水解酶，C 是磷脂酰胆碱磷水解酶，D 是磷脂酰胆碱磷脂水解酶。磷脂酶 C 抑制剂可选择性抑制与生长因子和癌基因信号相关的酶，可开发为抗癌药。磷脂酶 $A_2$ 抑制剂具有良好的抗炎症作用。

# 第三节　微生物产生的受体拮抗剂

受体是细胞膜或细胞内的一些能首先与生物活性分子（药物、毒素、神经递质、激素和抗原等）相互作用的分子，识别与结合、转导信号、产生相应的生物效应是它具有的 3 个相关联的功能，并且这些过程都具有特异性。

随着分子水平筛选模型的多样化，近年来，药物研究工作者更注意分子水平、作用靶位选择性极高的受体拮抗剂类药物的研究，目前来源于微生物的受体拮抗剂主要分为：与血压有关的受体拮抗剂，与血栓形成有关的受体拮抗剂，作用于性激素的受体拮抗剂，与炎症有关的受体拮抗剂；作用于神经系统的受体拮抗剂；其他类受体拮抗剂。

## 一、与血压有关的受体拮抗剂

与血压有关的受体拮抗剂的主要代表是内皮素受体拮抗剂和血管紧张素受体拮抗剂，这些拮抗剂的研究和发现为高血压、充血性心力衰竭、心肌梗死、脑血管痉挛、急性肾衰竭、哮喘和动脉粥样硬化等疾病的治疗提供了新的方法。

微生物产生的作用与血压有关的受体拮抗剂归纳于表 10-6。

**表 10-6　与血压有关的受体拮抗剂**

| 受体拮抗剂 | 产生菌 | 生物活性 | 作用机制 |
|---|---|---|---|
| Ⅰ 内皮素受体拮抗剂（endothelin，ET） | | | |
| BE-18257A，B | 三崎链霉菌 | 拮抗 ET2 | 抑制受体细胞合成肌醇三磷酸 |
| WS-7338A，B，C，D | 链霉菌 | 拮抗人主动脉受体<br>B 是 ET-1 的特异性拮抗剂 | 抑制受体细胞合成肌醇三磷酸 |

续表 10-6

| 受体拮抗剂 | 产生菌 | 生物活性 | 作用机制 |
|---|---|---|---|
| WS-009A 和 B | 链霉菌 | 拮抗主动脉 ET-1，ET-2 | 抑制肌醇三磷酸在胞内的积累 |
| asterric acid | 曲霉 | ET-1 的特异性拮抗剂 | 抑制 ET-1 与 ETA 的结合 |
| cochinmicins A,B,C,D,E | 小双孢菌 | 选择性拮抗 ET-1 | 抑制肌醇磷脂的转化 |
| RES-1149-1 和-2 | 曲霉菌属 | 竞争性抑制 ET-1 与 $ET_B$ 受体的结合 | |
| haloemodins | 镰孢菌属 | $ET_B$受体拮抗剂 | |
| aselacin A，B，C | 真菌 | 牛动脉膜和猪脑膜中，抑制内皮素与其受体结合 | |
| stachybocin A，B 和 C | 葡萄穗霉属 | 拮抗大鼠 $ET_A$、$ET_B$ 受体 | |
| RES-701-1 | 链霉菌属 | 抑制 $ET_B$受体 | |
| Ⅱ 血管紧张素Ⅱ受体拮抗剂 | | | |
| cytosporin A，B 和 C | 壳囊孢属菌 | | AⅡ受体 AT2 亚型的特异性拮抗剂 |
| Ⅲ 心房利钠因子受体拮抗剂 | | | |
| anantin | 淡天蓝链霉菌 | | 竞争性地与 ANF 受体的单一位点结合 |

## 二、与血栓形成有关的受体拮抗剂

属于该类受体拮抗剂的主要有以下 3 类。

1. 血小板受体拮抗剂

血小板受体拮抗剂有两种类型，其中来自于微生物的是第二种(另外一种是化学合成的二磷酸腺苷受体拮抗剂)，即血小板膜 GPⅡb/Ⅲa 受体拮抗剂。血小板膜 GPⅡb/Ⅲa 受体拮抗剂是近年来研究的新型抗血小板药物，主要应用于不稳定型心绞痛、冠脉介入治疗前后防止血栓形成发生和再狭窄等，主要包括 Abciximab、肽类埃替巴肽和非肽类替罗非斑。

拮抗机制是:血小板黏附、激活、凝集和释放导致血小板血栓形成,在自然止血和病理血栓的行程中占有重要地位,不论引起血小板凝集的激活剂是什么,必须经过糖蛋白体 GPⅡb/Ⅲa 才能使相邻的血小板经配体连接起来形成凝集,GPⅡb/Ⅲa 是血小板凝集的共同通路,阻断 GPⅡb/Ⅲa 即可消除一切凝集剂引起的血小板凝集。一旦血小板被激活,GPⅡb/Ⅲa 受体形态发生变化,呈活化状态,能够和纤维蛋白原等配体结合,在相邻的血小板之间形成桥,引起血小板凝集。因此,血小板膜 GPⅡb/Ⅲa 受体拮抗剂可以使血小板凝集的各类配体无法与受体结合,不能激活血小板,防止血栓。

2. 纤维蛋白原受体拮抗剂

血小板凝集在正常人的凝血中起关键性作用。血小板首先黏附和分散于血管损伤处,当被激动剂如二磷酸腺苷(ADP)、胶原或凝血酶激活时,以 $Ca^{2+}$ 依赖的异源二聚物复合体形式存在的纤维蛋白原受体,通过分子内变构而获得与纤维蛋白原结合的能力。结合于血小板表面受体的纤维蛋白原是血小板凝集的前体物质。因此,拮抗纤维蛋白原受体是抑制血小板凝集的靶位。

纤维蛋白原受体拮抗剂目前发现的主要有两种,一种是从链霉菌属 NR0637 菌中分离得到其代谢产物 N-[(S)-5 胍基-2-羟基戊基]-*L*-苯丙氮酸(monamidocin),主要拮抗纤维蛋白原受体,此外,monamidocin 还可抑制由 ADP、胶原和凝血酶诱导的人血小板凝聚;另一种是 tetrafibricin,主要拮抗 GPⅡb/Ⅲa 受体。

3. vWF 受体拮抗剂

von-Willebrand 因子(vWF)在血小板凝集中的角色主要是血小板通过其膜上的糖蛋白受体与其结合,从而黏附到血管壁上,因此阻断这个结合也可以防止血栓的形成。

目前 vWF 受体拮抗剂主要是由 *Chryseobacterium* NR2993 产生的 sulfobacin A,B。

## 三、作用于性激素的受体拮抗剂

1. 雌激素受体拮抗剂

雌激素主要用于治疗雌激素缺乏的疾病或者前列腺癌,其受体在细胞浆之中,它的受体拮抗剂主要用于乳腺癌的激素治疗。目前该类的拮抗剂主要有两种:一是 BE-14348,其产生菌是禾粟链菌(*Streptomyces graminofaciens*)BA14398,其结构如图 10-8 所示。其中以 BE-14348B 活性最好,拮抗雌激素,用于前列腺癌的治疗。二是 R1128,其产生菌是链霉菌属(*Streptomyces* sp. No.

1128)，共有 A～D 4 种类型，其结构图如图 10-9 所示。其中 R1128B 活性最好，它不但是雌激素受体拮抗剂，也能抑制雌激素应答人乳腺癌 MCF-7 的集落形成，不刺激 MCF-7 细胞的生长。

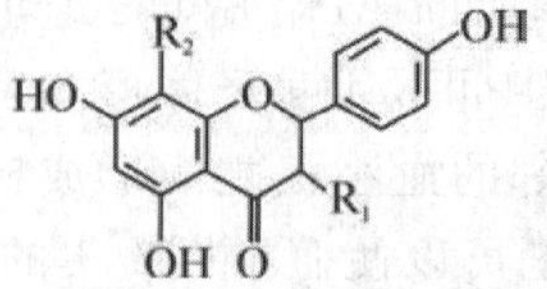


| | R1 | R2 | |
|---|---|---|---|
| BE-14348A | H | H | |
| BE-14348B | $CH_3$ | H | 2(S)：3(S) |
| BE-14348C | $CH_3$ | H | 2(S)：3(R)与 2(R)：3(S)的外消旋混合物 |
| BE-14348D | $CH_3$ | Cl | 2(S)：3(S) |
| BE-14348E | $CH_3$ | Cl | 2(S)：3(R)与 2(R)：3(S)的外消旋混合物 |

**图 10-8 BE-14348A-E 的化学结构**

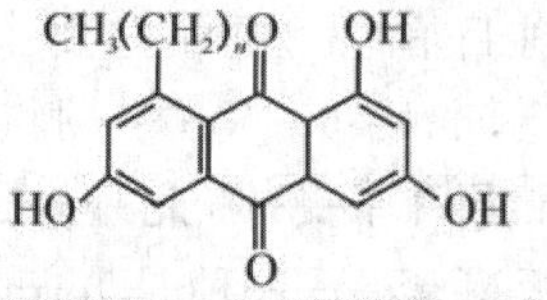


R1128A $n$=2 R1128C $n$=4
R1128B $n$=3 R1128D $n$=5

**图 10-9 R1128 的化学结构图**

2. 雄激素受体拮抗剂

雄激素在前列腺增生和前列腺癌的发生过程中起着重要的作用，其受体拮抗剂用于治疗雄激素应答异常引起的相关疾病。

此类拮抗剂主要包括 WB2838、WS9761A、WS9761B 和 WS9558A、WS9558B，其中 WS9761A、WS9761B 和 WS9558A 、WS9558B 效果良好，WB2838 作用不明显。

## 第四节 微生物产生的免疫调节剂

免疫调节剂(immunomodulator)，是一种能够调节机体免疫功能的物质，从广义上讲，它属于免疫佐剂，其特点是具有双向免疫反应调节功能，即对于不同免疫状态下的机体可作为免疫增强剂提高免疫反应，或作为免疫抑制剂降低机体免疫反应性。因此我们可以根据作用的性质将免疫调节剂分为免疫增强剂(immunopotentiator)和免疫抑制剂(immunosuppressant)。

## 一、微生物产生的免疫增强剂

随着人们对疾病治疗观念的转变,治疗的重点已经由直接杀伤外源性病原体转向调整生物机体自身功能,因此免疫增强剂在医学的应用引起广泛的关注,免疫增强剂的研究已成为应用医学最活跃的研究领域之一。

免疫增强剂是指单独或与抗原同时使用时能增强机体免疫应答的物质。虽然免疫增强剂的种类繁多,不下十几类上百种,但是理想的免疫增强剂并不多见。本文主要介绍几种微生物来源的免疫增强剂。

1. 多糖类免疫调节剂

(1)香菇多糖(lentinan)　香菇多糖是从香菇子实体中提取、分离、纯化获得的多糖。在医学临床上主要作为抗肿瘤药物与其他化疗药物联合使用。

香菇多糖是一种宿主防卫增强剂,它能恢复或加强宿主对淋巴细胞、激素及其他生物活性因子的作用,通过刺激免疫活性细胞的成熟、分化和繁殖,使机体的淋巴细胞大量增殖。同时,香菇多糖也可激活补体,增加巨噬细胞非特异性细胞毒作用及增加中性粒细胞对肿瘤结节的浸润,促使宿主因癌症及感染而引起体内平衡失调的恢复。另外,它能诱导不同的抗肿瘤效应细胞如 T-杀伤细胞、自然杀伤细胞和细胞毒性巨噬细胞,这些效应细胞可选择性或非选择性作用于靶细胞。需要注意的是,香菇多糖的免疫增强作用或抗肿瘤功能与其剂量有关,过量时就会减少其作用。

(2)云芝多糖(coriolus versicolor polysaccharides,CVP)　云芝多糖是从担子菌纲、多孔菌科、云芝属真菌云芝或培养的菌丝中提取的一种多糖类物质,目前也主要被用作一种辅助性抗肿瘤药物。功能上主要具有明显抗肿瘤、免疫调节、促进多种细胞因子的产生、抗损伤、促进受损肝细胞恢复和改善某些老年性疾病症状等作用。其调节机制是,云芝多糖能增强超氧化物歧化酶(SOD)和谷胱甘肽过氧化物酶(GSH-Px)的活性,有效提高机体清除活性氧的能力,从而避免病理状态下活性氧对机体的损伤。

2. 分子类免疫增强剂

(1)卡介苗(Bacilus Calmette-Guerin,BCG)　卡介苗是一种非特异性免疫增强剂,可增强巨噬细胞的吞噬活性,活化淋巴细胞,提高机体细胞免疫和体液免疫水平,是一种常用的免疫增强剂。

其免疫增强作用有多种成分共同完成:卡介苗素(BCG-PSN)和卡介苗多糖

(BCG-PSA)是良好的巨噬细胞激活剂,卡介苗胞壁酰二肽(BCG-MDP)和卡介苗细胞壁骨架(BCG-CWS)具有免疫佐剂功能,而卡介苗甲醇提取残余物(BCG-MER)则对恶性黑色素瘤有较好的治疗效果。

现用于治疗恶性黑色素瘤,或在肺癌、急性白血病、恶性淋巴瘤根治性手术或化疗后作为辅助治疗,均收到一定疗效。此外,死卡介苗还用于小儿哮喘性支气管炎的治疗、小儿感冒的预防以及成人慢性气管炎的防治。

(2)干扰素(IFN) 干扰素作为抗病毒因子已被公认为是一种临床治疗病毒性疾病和肿瘤的有效生物反应调节剂,干扰素通过诱生多种抗病毒蛋白来抑制病毒在细胞内的复制,能增强吞噬细胞的能力,增强 NK 细胞的杀伤活性,增强免疫调节作用,同时对免疫功能的自身稳定也有调节作用。

目前我国共有 4 种基因工程干扰素批准上市,包括重组人干扰素 α-1b、α-2a 和 α-2b 和 γ-干扰素。

(3)白介素-2 白介素-2 是一种淋巴因子,也是非特异性的免疫增强剂,具有促进淋巴细胞生长,提高吞噬细胞的活性,并刺激淋巴细胞分泌免疫干扰素(γ-干扰素)、抗体等多种功能,在抗病毒、抗肿瘤和增强机体免疫功能等方面有显著作用。由于慢性 HBV 感染者白介素-2 活性显著下降,细胞毒性 T 细胞的功能降低,不能有效地清除感染的肝细胞,故白介素-2 可用于乙型肝炎的抗病毒治疗。

同样,白介素-2 也是通过重组的工程菌进行生产并应用的。

实际上,同属于分子类免疫增强剂的还有肿瘤坏死因子(TNF)、转移生产因子(TGF)和激落刺激因子(CSF)等,由于篇幅问题,此处不再详述。

## 二、微生物产生的免疫抑制剂

免疫抑制剂是指能够抑制免疫反应的药物。它能抑制淋巴细胞增殖、分化和影响淋巴细胞的功能。选择性免疫抑制剂是指对淋巴细胞有专一性作用,对红细胞生成几乎没有影响,无毒性或毒性极微,不损害宿主对细菌和真菌的感染防御机制或者不损害宿主对肿瘤的防御机制。

微生物产生的免疫抑制剂应用于器官移植中的抗排斥作用,治疗自身免疫性疾病如风湿性关节炎、全身性红斑狼疮、多发性硬化病、霉菌病、臆性肾小球性肾炎、炎性晒病、自身免疫溶血性贫血等,以及治疗各种因机体过度免疫引起的过敏反应,如特应性皮肤炎。正是这些免疫抑制剂的应用,使人类器官移植的成功率得到大大的提高。下面介绍几种临床上应用比较多的微生物产生的免疫抑制剂。

1. 环孢菌素 A（cyclosporine A，CsA）

环孢菌素是一种中性、高亲脂性的由 11 个氨基酸组成的聚肽（图 10-10），相对分子质量为 1 120。目前已经发现的环孢菌素已达 30 多种，其产生菌也达 15 种之多，只是产量每个菌株都是以 CsA 最多。

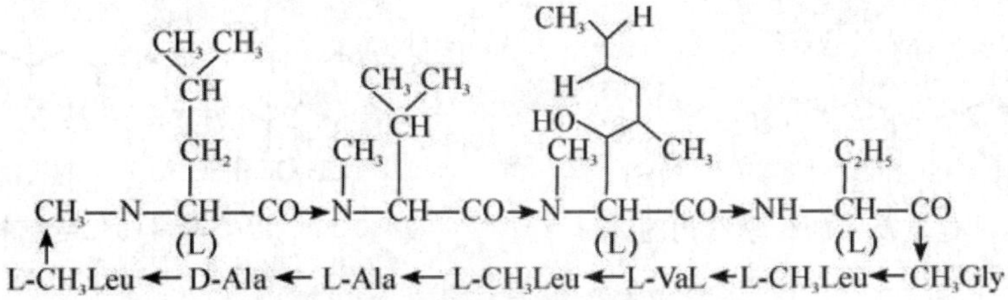

图 10-10　环孢菌素 A 的化学结构图

CsA 的使用给器官移植带来了巨大的变化，尤其进入 20 世纪 90 年代以后，使得器官移植的成功率从原来的 50%提高到 80%以上。另外，CsA 对自身免疫性疾病如类风湿性关节炎、系统性红斑狼疮、牛皮癣、哮喘、再生障碍性贫血、皮肤肌炎、内源性葡萄膜炎及肾病综合症等的治疗有效，对血吸虫病、疟疾也有一定疗效，还可防止艾滋病病毒的扩散。此外，它对某些植物病如苹果瘸病等有效。

CsA 的作用机理主要是，通过抑制钙调磷酸酶的活性而抑制了 IL-2 的表达，从而抑制 T 细胞的活化和增生。

2. 他克莫司（tacrolimus，FK506）

他克莫司是 1984 年 Kino 等从日本北部土壤中分离出的链霉菌新种橄榄灰链霉菌（*Streptomyces tsukubaenMs*）FERM BP-927 产生的代谢产物，是 23 元环的大环内酯。具有抗丝状真菌烟曲霉和 *Fusarium exysporum* 的活性，但对酵母和细菌没有作用。

他克莫司在大鼠心脏移植实验、狗和狒狒的肾移植实验、狗和猴的肝移植实验模型中都显示了强有力的免疫抑制效果。他克莫司由于在动物实验中获得成功而应用于临床，开始作为一种援救药物用于对常规免疫抑制剂环孢菌素、皮质类甾醇和硫唑嘌呤无反应的器官排斥；后用于临床中的肝移植和肾移植。从效果来看，使用他克莫司比使用环孢菌素所取得的效果好，他克莫司的效力比环孢菌素高 100 多倍，严重的不良反应较少并有较强的亲肝效应（如再生、修复和保护肝细胞）。实际上他克莫司是第一种用于肝脏再生和修复的口服药。另外，他克莫司也用于肾、心脏、心肺、肺、胰腺、小肠和胰岛细胞移植。

其化学结构如图 10-11 所示。

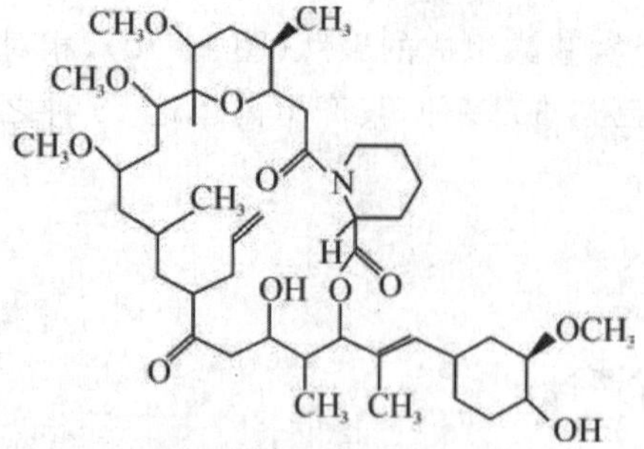


**图 10-11　他克莫司的化学结构图**
(《微生物制药》,吴剑波,2002)

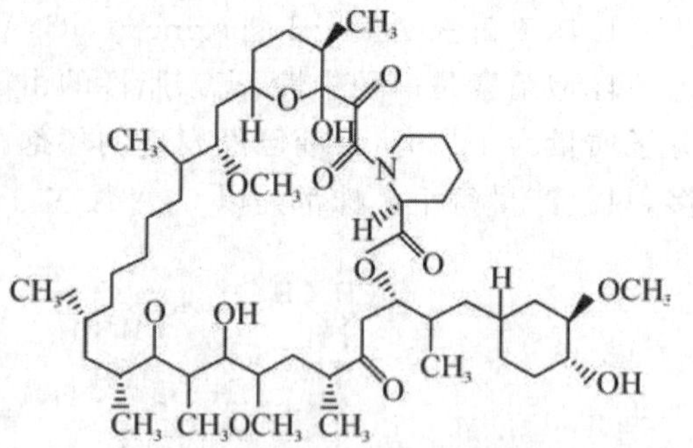


**图 10-12　雷帕霉素的化学结构图**
(《微生物制药》,吴剑波,2002)

3. 雷帕霉素(rapamycin,RPM)

RPM 是从土壤样品中分离的链霉菌 AYB-944 所产生的一种亲脂性大环内酯抗真菌抗生素(图 10-12),后来发现在链霉菌 AYB-1 206 中 RPM 产量更高,且杂质少。

在作为抗生素方面,雷帕霉素可以抑制酵母和某些丝状真菌,但对细菌没有作用。

在作为免疫抑制剂方面,RPM 是一种极强的小鼠胸腺细胞增殖(由 PHA 诱导)抑制剂,至少比 CsA 强 10 倍,对外用血单核细胞(PBMC),RPM 的抗增殖的有效作用比 CsA 强 50～500 倍。RPM 对小鼠、大鼠、猪、犬、猴的肾移植和心脏移植的抗排斥作用比 CsA 强数十倍,比 FKS06 强数倍。更有意义的是它能同 CsA 和 FK506 联合用药,相同剂量的 3 种药物一起使用,不但比单独应用更有效且也比 RPM＋MPA 或 CsA＋MPA 的两种药物联合应用时效果更佳。

4. 咪唑立宾(mizoribine)

咪唑立宾为咪唑核苷,是日本 1971 年为了代替硫唑嘌呤从 *Penicillum* sp. 中开发出免疫抑制剂,在 20 世纪 70 年代后期应用于临床。咪唑立宾抑制核酸嘌呤合成。从实际情况看,咪唑立宾具有不错的免疫抑制作用,尤其是体液免疫。临床上还可减少皮质激素的用量,感染发生率低,是一种安全、有效、耐受性好的药物。主要用于肝功能不正常、严重白细胞减少的患者。其化学结构如图 10-13 所示。

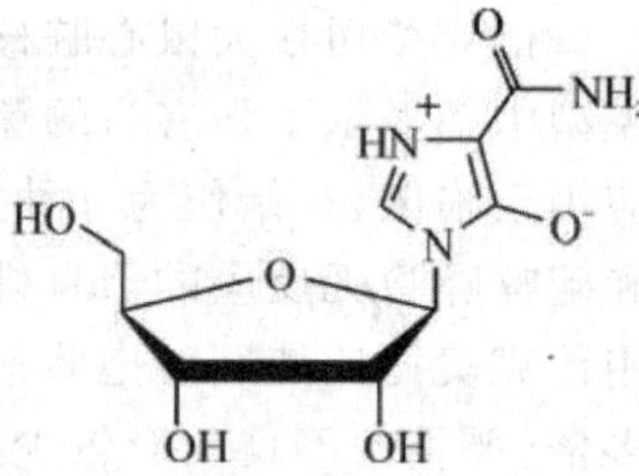


**图 10-13　咪唑立宾的化学结构图**

# 第五节　微生物产生的其他生物活性物质

微生物产生的具有生物活性的物质，除去上述的抗生素、酶抑制剂、免疫调节剂和受体拮抗剂，还包括维生素、甾体激素、植物生长激素、功能性低聚糖、活性蛋白类、生物抗氧化剂以及微生态制剂等。本节主要介绍后 4 种生物活性物质。

## 一、功能性低聚糖

功能性低聚糖是由 2～10 个相同或不同的单糖以糖苷键结合而成，不被胃酸及酶降解，即一般所讲的不消化糖类。它集营养、保健、食疗于一体，广泛应用于食品、保健品、饮料、医药、饲料添加剂等领域。

从严格意义上讲，功能性低聚糖不是微生物的直接产物，也就是说，功能性低聚糖的生产是以相应聚糖为底物，在微生物产生的酶的作用下分解而得到的。目前，此类物质主要包括水苏糖、棉籽糖、异麦芽酮糖、乳酮糖、低聚果糖、低聚木糖、低聚半乳糖、低聚异麦芽糖、低聚异麦芽酮糖、低聚龙胆糖、大豆低聚糖、低聚壳聚糖等。

其生理活性主要有以下几个方面：①促进双歧杆菌的增殖，抑制病原菌和腹泻；②减少有毒发酵产物及有害细菌酶的产生；③防止便秘；④保护肝脏功能；⑤降低血清胆固醇；⑥降低血压；⑦增强机体免疫力，抵抗肿瘤；⑧生成营养物质；⑨低能量或零能量，适合特殊人群使用。

另外，低聚糖在抗衰老、预防和治疗癫痫病、促进 $Ca^{2+}$ 的吸收、抑制炎症发生以及神经系统疾病治疗方面也有相应的功能。

## 二、活性蛋白类

1. 酶制剂

将酶加工成不同纯度和剂型(包括固定化酶和固定化细胞)的生物制剂就称为酶制剂。生产酶制剂的微生物有丝状真菌、酵母、细菌 3 大类群，主要是用好气菌。目前主要的工业化酶制剂和生产菌简要介绍如下：

淀粉酶：以芽孢杆菌属的枯草芽孢杆菌和地衣形芽孢杆菌深层发酵生产为主，后者产生耐高温酶。另外，也用曲霉属和根霉属的菌株深层和半固体发酵生产，适用于食品加工。淀粉酶主要用于制糖、纺织品退浆、发酵原料处理和食品加工等。葡糖淀粉酶能将淀粉水解成葡萄糖，现在几乎全由黑曲霉深层发酵生产，用于制糖、酒精生产、发酵原料处理等。

蛋白酶：使用菌种和生产品种最多。用地衣形芽孢杆菌、短小芽孢杆菌和枯草芽孢杆菌以深层发酵生产细菌蛋白酶；用链霉菌、曲霉深层发酵生产中性蛋白酶和酸性蛋白酶，用于皮革脱毛、毛皮软化、制药、食品工业。

纤维素酶：纤维素酶的生产菌多采用真菌，其中产酶活力较强的是木酶、青酶、曲霉和根酶。生产方法多采用固体发酵和液体深层发酵。主要应用于纺织、造纸、酿造和饲料等。

其他重要工业用酶还有曲霉生产的果胶酶、半纤维素酶，曲霉和青霉深层发酵生产的葡糖氧化酶和过氧化氢酶，用假丝酵母、曲霉深层发酵生产的脂肪酶，用黑曲霉深层或半固体发酵生产的葡糖淀粉酶、葡糖氧化酶、过氧化氢酶、脂肪酶、乳糖酶等。

2. 活性肽

生物活性肽种类繁多，在抗菌、增强免疫活性、抗氧化、抗高血压、降胆固醇、促生长、抗血栓、抑制肿瘤转移等方面具有广阔的应用前景。

目前，来自于微生物的功能性多肽主要有以下几种：

抗菌肽：是细菌、真菌等微生物在生长过程中为了生存竞争需要而产生的化学物质，比如短杆菌肽，能抑制革兰氏阳性细菌的生长。其他的抗菌肽还有乳酸杀菌素(lactocin S)、枯草菌素(subtilin)及乳链球菌素(nisin)等。

免疫调节肽：主要有干扰素和白介素，上文已有介绍。

## 三、生物抗氧化剂

抗氧化剂是阻止氧气不良影响的物质，是一类能帮助捕获并中和自由基，从而祛除自由基对人体损害的一类物质。

从作用机制上，抗氧化剂主要分为3类：

1. 酵素类

属于此类别的抗氧化剂主要有超氧化歧化酶(SOD)、谷胱甘肽过氧化酶、过氧化氢酶，主要促使自由基、过氧化物等被还原。

2. 预防性的抗氧化剂

此类抗氧化剂主要作用是排除变性的金属离子，如铁、铜离子等，如体内运送铁的蛋白质、运送铜的蛋白质等。

3. 清道夫(scavenging)或打破连锁(chain-breaking)的抗氧化剂

这类物质可在自由基产生后与之结合，使自由基被还原，而自己则被氧化为相当不具活性的自由基，此类自由基不会再造成连锁反应。这类抗氧化剂包括维生素 C、维生素 E、β-胡萝卜素及人工合成药物。

上述抗氧化剂中的很多种类都可通过微生物发酵获得，如江苏省微生物研究所股份有限公司利用三孢菌发酵制备的天然番茄红素，还有利用沼泽红假单胞菌、啤酒酵母菌、植物乳杆菌等进行厌氧发酵得到的抗氧化剂（多种抗氧化剂的混合物）等。

## 四、微生态制剂

所谓微生态制剂，是利用正常微生物或促进物质制成的活的微生物制剂。也就是说，一切能促进正常微生物群生长繁殖的及抑制致病菌生长繁殖的制剂都称为"微生态制剂"。

按微生物菌种的类别把微生态制剂可分为芽孢杆菌制剂、乳酸杆菌制剂、酵母菌制剂、光合细菌制剂和双歧杆菌制剂等。

1. 芽孢杆菌制剂

目前该类制剂应用于生产的是蜡状芽孢杆菌和枯草杆菌，是以内孢子的形式零星存在于动物肠道的微生物群落，在使用时多制成该菌休眠状态的活菌制剂，或与乳酸菌混合使用。

应用领域包括婴幼儿腹泻、肠炎、痢疾，同时对仔猪、雏鸡、犊牛和羔羊下痢均有治疗作用。

2. 乳酸杆菌制剂

该类制剂主要有嗜酸乳杆菌、粪链球菌以及尿链球菌，它们的共同特征是代谢过程大量产酸，因此它们具有在肠道内能抑制病原菌生长、合成维生素、促进食物消化、帮助营养吸收、促进代谢等生理功能。

3. 酵母菌制剂

产生此类制剂的微生物属于囊菌纲。目前常用的制品有两种：米曲霉及酿酒酵母培养物，它们是包括真菌及其培养物的制剂，多用在反刍动物中。

4. 光合细菌制剂

光合细菌制剂是一类有光合作用能力的异养微生物，主要利用小分子有机物而非二氧化碳合成自身生长繁殖所需要的各种养分，富含蛋白质、B 族维生素、辅酶 Q、抗活性病毒因子等多种生物活性物质及类胡萝卜素、番茄红素等天然色素，具除粪臭、促生长、抗病、改善畜禽产品品质等作用。

5. 双歧杆菌制剂

双歧杆菌是寄生在动物小肠的重要正常菌群，与动物和人体的许多生理功能如生长发育、营养物质的消化和吸收、生物拮抗和免疫功能有关，特别是维护微生态平衡、防止菌群失调以及外来致病菌的入侵等方面。

## 本章小结

- 微生物产生的生物活性物
  - 抗肿瘤抗生素
    - 蒽环类抗生素
    - 博来霉素-腐草霉素类抗生素
    - 丝裂烷类抗生素
    - 色霉素-橄榄霉素类抗生素
    - 放线菌素类抗生素
    - 烯二炔类抗生素
    - 吡喃并蒽醌类抗生素
  - 微生物生产的酶抑制剂
    - 蛋白酶抑制剂
    - 糖水解酶抑制剂
    - 脂质代谢酶抑制剂
  - 微生物生产的受体拮抗剂
    - 与血压有关的受体拮抗剂
    - 与血栓形成有关的受体拮抗剂
    - 作用于性激素的受体拮抗剂
  - 微生物生产的免疫调节剂
    - 免疫增强剂
    - 免疫抑制剂
  - 微生物生产的其他生物活性物质
    - 功能性低聚糖
    - 活性蛋白类
    - 生物抗氧化剂
    - 微生态制剂

## 复习思考题

1. 简述抗肿瘤抗生素的主要种类和其作用机制。
2. 根据相应内容，总结能够用于对其他抗生素耐药的葡萄球菌抗生素的种类。
3. 简述酶抑制剂、受体拮抗剂和免疫调节剂的主要用途。
4. 总结不同的生物活性物质的主要应用领域。

# 第十一章 发酵技能实训

**知识目标**

- 理解抗生素药物、维生素类药物、氨基酸类药物和酶类药物的发酵原理。
- 掌握各种药物类型的发酵特性。

**技能目标**

- 掌握青霉素发酵指数的计算方法。
- 掌握四环素研究中常用的比色、纸色谱等实验技术。
- 能够熟练使用华勃氏呼吸仪测定谷氨酸含量。
- 熟练掌握糖化酶活力测定的原理和方法。

## 实训一 青霉素的发酵生产

### 一、实验目的

1. 了解青霉素发酵原理及控制过程。
2. 掌握青霉素发酵指数的计算方法。

### 二、实验原理

青霉素发酵过程属于二次微生物代谢的过程，所获得的是下一级代谢的产物，即菌种在一定条件下（培养基、温度、pH 值、通气搅拌等）进行培养发酵，经过下一级代谢得到生成物青霉素。此环节是在发酵罐中进行的，最终是微生物分泌大量的抗生素。为了保证发酵过程正常进行，需对一些物理、化学、生理参数进行检测和控制。检测的物理参数有罐温、罐压、冷却水流量及进出口温度，化学参数有尾气中 $O_2$ 含量、$CO_2$ 含量、罐内溶解氧、pH 值等；生理参数有菌丝浓度、基质浓度、代谢产物浓度等，由于传感器及检测元件等原因，目前生理参数还不能直接在线测量，只能采用模型进行在线推算或离线化验分析。另外，发酵过程中还存在一些通过可测参数在线计算来得到的重要参数，如氧摄取率、呼吸熵、生物热等。罐温、发酵液 pH 值、发酵液中的 $CO_2$ 及罐压等环境参数对菌丝的生长、衰老及青霉素的合成有很大的影响，因此，控制系统主要就针对这些参数实行自动控制。

## 三、试剂、材料及仪器

1. 菌种

产黄青霉 P-8。

2. 培养基

斜面母瓶培养基：甘油 1.5%，葡萄糖 1.5%，玉米浆 0.5%（以干物质计），蛋白胨 0.6%，氯化钠 0.5%，氯化钾 0.05%，磷酸二氢钾 0.03%，七水硫酸镁 0.005%，五水硫酸铜 0.002%，七水硫酸亚铁 0.001 5%，七水硫酸锰 0.000 02%，琼脂 2.5%；pH7.0。

大米孢子培养基：葡萄糖 4%，硝酸钠 0.3%，磷酸二氢钾 0.2%，七水硫酸镁 0.05%，氯化钾 0.05%，硫酸亚铁 0.001%，琼脂 2.5%；pH7.0。

种子培养基：玉米浆 4.0%（以干物质计），蔗糖 2.4%，硫酸铵 0.4%，碳酸钙 0.4%，豆油 0.2%，消沫剂 0.06%；pH6.2～6.5。

发酵培养基：玉米浆 3.8%（以干物质计），磷酸二氢钾 0.54%，无水硫酸钠 0.54%，碳酸钙 0.07%，硫酸锰 0.018%，硫酸亚铁 0.002 5%，消沫剂 0.01%；pH4.7～4.9。

3. 试剂

青霉素钾对照品，含量 99.99%。

4. 仪器和其他物品

离心机、pH 计、显微镜、WZZ-1 自动显示旋光仪或者其他型号的旋光仪。

## 四、步骤及方法

1. 工艺流程

冷冻管（25 ℃，孢子培养，7 天）→斜面母瓶（25 ℃，孢子培养，7 天）→大米孢子（26 ℃，种子培养 56 h，1：1.5 v/v/m）→一级种子培养液（27 ℃，种子培养，40～56 h，1：1.5 v/v/m）→二级种子培养液（26～27 ℃，24 h，1：1.5v/v/min）

→发酵(22～27 ℃,6～7 天,1∶0.95 v/v/min)→发酵液。

2.工艺控制要点

(1)种子质量的控制　丝状菌的生产种子是由保藏在低温的冷冻安瓿管经甘油、葡萄糖、蛋白胨斜面移植到大米固体上,25 ℃培养 7 天,真空干燥并以这种形式保存备用。生产时它按一定的接种量移种到含有葡萄糖、玉米浆、尿素的种子罐内,26 ℃培养 56 h 左右,菌丝浓度达 6%～8%,菌丝形态正常,按 10%～15%的接种量移入含有花生饼粉、葡萄糖的二级种子罐内,27 ℃培养 24 h,菌丝体积 10%～12%,形态正常,效价在规定范围内(国际标准品青霉素 G 钠盐 0.6 μg 为 1 IU)便可作为发酵种子。

球状菌的生产种子是由冷冻管孢子经混有 0.5%～1.0%玉米浆的三角瓶培养原始亲米孢子,然后再移入罗氏瓶培养生产大米孢子(又称生产米),亲米和生产米均为 25 ℃静置培养。需经常观察生长发育情况,在培养到 3～4 天、大米表面长出明显小集落时要振摇均匀,使菌丝在大米表面能均匀生长,待 10 天左右形成绿色孢子即可收获。亲米成熟接入生产米后也要经过激烈振荡才可放置恒温培养,生产米的孢子量要求每粒米 300 万只以上。亲米、生产米孢子都需保存在 5 ℃冰箱内。

工艺要求将新鲜的生产米(指收获后的孢瓶在 10 天以内使用)接入含有花生饼粉、玉米胚芽粉、葡萄糖、饴糖的种子罐内,28 ℃培养 50～60 h,当 pH 值由6.0～6.5下降至 5.5～5.0,菌丝呈菊花团状,平均直径在 100～130 μm,每毫升的球数为 6 万～8 万只,沉降率在 85%以上,即可根据发酵罐球数控制在 8 000～11 000 只/mL 范围的要求,计算移种体积,然后接入发酵罐,多余的种子液弃去。球状菌以新鲜孢子为佳,其生产水平优于真空干燥的孢子,能使青霉素发酵单位的罐批差异减少。

(2)培养基成分的控制

①碳源　产黄青霉菌可利用的碳源有乳糖、蔗糖、葡萄糖等。目前生产上普遍采用的是淀粉水解糖、糖化液(DE 值 50%以上)进行流加。

②氮源　氮源常选用玉米浆、精制棉籽饼粉、麸皮,并补加无机氮源(硫酸氨、氨水或尿素)。

③前体　生物合成含有苄基基团的青霉素 G,需在发酵液中加入前体。前体可用苯乙酸、苯乙酰胺,一次加入量不大于 0.1%,并采用多次加入,以防止前体对青霉素的毒害。

④无机盐　加入的无机盐包括硫、磷、钙、镁、钾等,且用量要适度。另外,由于铁离子对青霉菌有毒害作用,必须严格控制铁离子的浓度,一般控制在 30 μg/mL。

(3)发酵培养的控制

①加糖量控制　加糖量是根据残糖量及发酵过程中的 pH 值确定，最好是根据排气中 $CO_2$ 量及 $O_2$ 量来控制，一般在残糖降至 0.6%左右、pH 值上升时开始加糖。

②补氮及加前体　补氮是指加硫酸铵、氨水或尿素，使发酵液氨氮控制在 0.01%～0.05%，补前体以使发酵液中残存苯乙酰胺浓度为 0.05%～0.08%。

③pH 值控制　对 pH 值的要求视菌种不同而异，一般为 pH6.4～6.8，可以补加葡萄糖来控制。目前一般采用加酸或加碱控制 pH 值。

④温度控制　前期 25～26 ℃，后期 23 ℃，以减少后期发酵液中青霉素的降解破坏。

⑤溶解氧控制　一般要求发酵中溶解氧量不低于饱和溶解氧的 30%。通风比一般为 1∶0.8 L/(L・min)，搅拌转速在发酵各阶段应根据需要而调整。

⑥泡沫控制　在发酵过程中产生大量泡沫，可以用天然油脂如豆油、玉米油等或用化学合成消泡剂“泡敌”来消泡，应当控制其用量并要少量多次加入，尤其在发酵前期不宜多用，否则会影响菌体的呼吸代谢。

⑦发酵液质量控制　生产上按规定时间从发酵罐中取样，用显微镜观察菌丝形态变化来控制发酵，惯称“镜检”。根据“镜检”中菌丝形态变化和代谢变化的其他指标调节发酵温度，通过追加糖或补加前体等各种措施来延长发酵时间，以获得最多青霉素。当菌丝中空泡扩大、增多及延伸，并出现个别自溶细胞，这表示菌丝趋向衰老，青霉素分泌逐渐停止，菌丝形态上即将进入自溶期，在此时期由于菌丝自溶，游离氨释放，pH 值上升，导致青霉素产量下降，使色素溶解和胶状杂质增多，并使发酵液变黏稠，增加下一步提纯时过滤的困难。因此，生产上根据“镜检”判断，在自溶期即将来临之际迅速停止发酵，立刻放罐，将发酵液迅速送往提炼工段。

(4)青霉素含量测定

①旋光测试参数设置　温度 25 ℃，以蒸馏水为空白调零，旋光度值取 3 次平均值，读数间隔时间为 60 s，批间总测量时间在 1 h 以内。

②标准曲线的制备及计算公式　将青霉素对照品用蒸馏水稀释成 1.0、2.0、3.0、4.0、5.0 mg/mL 系列浓度进行测定，以青霉素浓度对旋光度作标准曲线。从标准曲线可以看出浓度在 1.0～5.0 mg/mL 范围内呈良好线性关系。

计算公式：

$$c=k\times a+b$$

式中：$c$——青霉素浓度，mg/mL；

$a$——旋光度。

利用标准曲线求得 $k$ 和 $b$ 值。

③发酵样品青霉素浓度测定　取 100 mL 发酵样品经滤纸过滤后用旋光仪测定。

## 五、数据处理

(1)菌浓测定　取发酵液 10 mL 于离心管中，离心(3 000 r/min)5 min，测得沉淀物在培养液中的体积比即为菌浓。

(2)发酵效价测定　发酵效价(单位/mL)$=\frac{c}{0.6}\times 1\,000$。

(3)发酵指数计算　发酵指数=(发酵效价×发酵液体积)/(发酵罐体积×发酵周期)。

## 六、结果与讨论

1. 计算青霉素的发酵指数。
2. 讨论影响青霉素发酵的因素。
3. 在实验报告中给出完整的实验步骤，讨论各步骤的注意事项与必要性。

# 实训二　四环素的发酵生产

## 一、实验目的

1. 加深对四环素代谢调控发酵的理解。
2. 掌握四环素研究中常用的比色、纸色谱等实验技术。
3. 掌握沉淀法精制四环素的原理、方法和基本操作技术。
4. 熟悉 pH 值的控制与产量、质量的关系。

## 二、实验原理

金霉素在化学结构上与四环素十分相似，区别仅在 C-7 位上，以 Cl 取代了 H。所以，金霉素又称为 7-氯四环素。金霉素链霉菌是金霉素的产生菌，但当培养基中存在抑氯物质时，由于氯的掺入受阻，而使得金霉素链霉菌的生物合成方向发生变化，并使四环素成为主要产物。本实验以 M-促进剂(2-硫醇基苯并噻唑)作为氯化酶的抑制剂，以溴化钠作为竞争性抑制剂进行四环素的定向发酵。

四环素是两性化合物，其等电点为5.4，当溶液pH值等于等电点时，四环素呈游离碱形式，从水溶液中沉淀出来。利用这一性质，可将四环素从发酵液中提取出来。通常可以采用沉淀法、溶媒萃取法或离子交换法进行提取。本实验主要采用了沉淀法，主要是利用了四环素既可以与酸、碱反应，同时又可以与某些金属离子形成盐类，及其在不同溶剂、不同pH值时溶解度不同的特性，进行反复萃取，最后通过精制结晶和洗涤而获得成品。

在连续结晶过程中，pH值的高低对产量、质量都有一定的影响。四环素的等电点为5.4，在pH值为4.5～7.5时游离碱在水中的溶解度几乎不变。若pH值控制在接近等电点，沉淀结晶虽然比较完全，收率也高，但此时会有大量杂质同时析出，影响产品的色泽和质量；若pH值控制得较低一些，对提高产品质量虽有好处，但沉淀结晶不够完全，收率会低些，影响产量。因此，在选择沉淀结晶pH值时，必须同时考虑到产量、质量的效果。在正常情况下，工艺上控制pH4.8左右。若沉淀结晶质量较差，pH值可控制得稍低些，有利于结晶质量的改善，但不能低于4.5，否则收率低，影响产量。

## 三、试剂、材料及仪器

1. 器材

1 000 mL烧杯，250 mL三角瓶（12个），500 mL三角瓶（48个），50 mL容量瓶。10 mL、5 mL和1 mL吸管，粗口吸管，量筒，新华1号滤纸，层析缸，比色计，搅拌器，布氏漏斗，抽滤瓶，pH试纸，温度计，酸度计，玻璃水泵，表面皿等。

2. 培养基

（1）孢子培养基（g/L）

小麦麸皮35，琼脂20，合成溶液[$MgSO_4$ 0.1，$KH_2PO_4$ 0.2，$(NH_4)_2HPO_4$ 0.3]；蒸馏水配制，自然pH值。

（2）种子培养基（g/L）

黄豆饼粉20，淀粉40，酵母粉5，蛋白胨5，$(NH_4)_2SO_4$ 3，$MgSO_4$ 0.25，$KH_2PO_4$ 0.2，$CaCO_3$ 4。

（3）发酵培养基（g/L）

黄豆饼粉40，淀粉100，酵母粉2.5，蛋白胨15，$(NH_4)_2SO_4$ 3，$MgSO_4$ 0.25，$CaCO_3$ 4；α-淀粉酶活力为105 U/mL 0.1 mL。

3. 试剂

草酸、EDTA、HCl、NaOH、pH0.3柠檬酸缓冲液、正丁醇、氨水、300 g/L草酸溶液、200 g/L黄血酸钾溶液、200 g/L硫酸锌溶液、200 g/L硼砂溶液、3 g/L草酸溶液。

4.菌种

金色链霉菌(*Sreprtomyces aureofaciens*)。

## 四、步骤及方法

1.孢子制备

金霉素霉菌接种在杀菌后的孢子斜面培养基上,37 ℃培养 5 天,当孢子长成灰色时,可用于接种摇瓶。

2.种子制备

将种子培养基 25 mL 加入到 250 mL 摇瓶中,杀菌后接种 1 $cm^2$ 斜面孢子,于 28 ℃培养 20 h,观察浓度,达到要求时可转接发酵摇瓶。

3.发酵

在发酵培养基中分别加入下列成分进行发酵,比较它们对四环素产生的影响:①加 0.2%的 NaBr;②加 0.2%的 KCl;③加 0.2%的 NaBr,0.002 5%M-促进剂(原始溶液浓度为 50%);④对照(除发酵培养基外不加其他物质)。

于 500 mL 摇瓶中装入发酵培养基 50 mL,杀菌后接入 10%种子,在 28 ℃摇床培养 5 天,每隔 12 h 分别采用纸色谱法测定效价,用质量法测定菌体量。

4.四环素效价测定

取一定量发酵液,加草酸调节 pH 值至 1.5～2.0 后过滤,取滤液 1 mL(效价约为 1 000 U/mL)于 50 mL 容量瓶中,加入 1%的 EDTA 溶液,加水 9 mL,再加入 1 mL 3 mol/L 的 NaOH,20～25 ℃保温 15 min 后加入 2.5 mL 6 mol/L 的 HCl,煮沸 15 min 后,冷却,在分光光度计上于 440 nm 处测定其吸光值。

对照样品与上述步骤一样,只是在加入 HCl 后不加热,稀释至刻度。

5.纸色谱鉴定

在 pH2.5 的磷酸缓冲液中将新华滤纸条(长 24 cm)浸湿,取出后用干滤纸将多余的缓冲液吸去,晾干。用毛细管将 4 种发酵滤液和四环素以及金霉素标准品溶液分别滴在处理过的滤纸上,圆点直径不大于 0.4 cm,间距 3 cm;一般效价控制在 1 000 U/mL 以上滴 3 点,500～1 000 U/mL 滴 4 点,200～500 U/mL 滴 5 点。滴好样品后将滤纸放入展开剂中饱和 6 h 以上;用 pH3.0 柠檬酸缓冲液饱和的正丁醇作展开剂,在室温下展开 6～8 h(与温度有关)。展开后将滤纸取出,于溶剂前沿画记号,晾干,用氨水熏数秒后即可在紫外灯下显影,画出黄色斑点,分别算出 $R_f$ 值。

6.酸化

取 600 mL 四环素发酵液,置装有机械搅拌的 1 000 mL 烧杯中,开始搅拌,等发酵液温度降至 20 ℃以下时,缓缓加入草酸溶液,草酸加入量为 27～35 g/L,并不时测定发酵液的 pH 值。当发酵液 pH 值为 1.7～1.8 时(用酸度计测定),酸化完毕。

7.纯化

在酸化反应的烧杯中,按酸化的发酵液净体积,边搅拌边依次缓慢加入纯化剂、黄血酸钾溶液、硫酸锌溶液、硼砂溶液,每种溶液终浓度均为 2 g/L,加入时间间隔 15 min,以便作用完全。

8.过滤

将布氏漏斗装于抽滤瓶上,铺好滤纸,开起水泵,用少量水将滤纸湿润,并使滤纸紧贴布氏漏斗。将纯化后的溶液缓缓倒入布氏漏斗,过滤。滤液应完全澄清,否则必须重新过滤,直到完全澄清。

9.结晶

将抽滤瓶中的滤液倒入装有机械搅拌的 1 000 mL 烧杯中,开动搅拌,并用水或冰水冷却。待滤液温度冷却至 5～7 ℃时,慢慢加入经过滤的浓氨水,并随时用 pH 试纸测定溶液的 pH 值,当 pH 值达到 4.6～4.8 时(用酸度计测定),停止加入氨水,并继续搅拌 2 h,使结晶完全。

装好布氏漏斗后,将上述溶液缓缓倒入布氏漏斗,过滤。结晶液全部倒入后,抽干。用 35～45 ℃的热水充分洗涤粗结晶 3 次,抽干,再用 0.3%草酸洗涤,抽干。合并洗涤液,下批套用。

## 五、数据处理

发酵培养时,每一种培养基用 500 mL 摇瓶 12 个,分别在 0 时间和间隔 12 h 取一瓶,除测定四环素效价外,采用质量法测定菌体量,记录结果于表 11-1。

**表 11-1　不同发酵时间菌体的生长状况及四环素的效价**

| 时间(h) | 四环素效价(U/mL) | 菌体量(g/L) | 单位菌体产量(U/g) | 菌体生产率(U/(g·h)) |
|---|---|---|---|---|
| 0 | | | | |
| 12 | | | | |
| 24 | | | | |
| 36 | | | | |
| 48 | | | | |
| 60 | | | | |
| 72 | | | | |
| 84 | | | | |
| 96 | | | | |
| 108 | | | | |
| 120 | | | | |

## 六、结果与讨论

1. 四环素是由糖和 $NH_2$ 基衍生而成，四环素的母核是由乙醚或丙二酸单位缩合形成的四联环，氨甲酰基和 N-甲基分别来自 $CO_2$ 和甲硫氨酸。根据这一原理，试讨论四环素的合成途径。

2. 除按表 11-1 给出相应数据外，并以时间为横坐标，表中数据为纵坐标绘图，分析各量的变化规律。

3. 计算四环素的得率。

4. 讨论影响四环素得率和纯度的因素。

5. 在实验报告中给出完整的实验步骤，讨论各步骤的注意事项与必要性。

# 实训三　维生素 C 的发酵生产

## 一、实验目的

1. 了解维生素 C 的发酵过程。

2. 加深对维生素 C 两步发酵法的理解。

## 二、实验原理

维生素 C 即抗坏血酸，是人体必需的一种维生素，生理作用广泛，是一类重要的细胞代谢氧化-还原化合物，在医学上有重要用途，在食品上用做抗氧化剂、烘焙剂，此外，还作为饲料添加剂和某些作物的催熟剂，在化妆品中也有应用。

两步发酵法是美国的 Tengerdy 和 Huang 等首先发现的，其经过的是 *L*-山梨糖的途径，即 *L*-山梨醇先经过细菌转化的 *L*-山梨糖，后者再经过细菌发酵生成维生素 C 前体 2-酮基-*L*-古龙酸（2-KGA）。国外的两步发酵法研究较早，*L*-山梨糖代谢途径和代谢机制研究也比较深入，但是由于其 2-KGA 转化率低而至今未被用于生产实践。我国维生素 C 两步发酵法是由中国科学院微生物研究所和北京制药厂合作于 20 世纪 70 年代初发明的，它是目前唯一成功应用于维生素 C 工业生产的微生物转化法，该办法属 *L*-山梨糖途径，其特点为第二步发酵由氧化葡萄糖酸杆菌和巨大芽孢杆菌等伴生菌混合发酵完成。我国最初筛选出的一组能利用 *L*-山梨糖产生 2-KGA 的优良菌株是氧化葡萄糖酸杆菌及其伴生菌条纹假单孢菌，以后经不断实践改进，1976 年 6 月通过中试鉴定并逐渐在全国范围内推广使用。该法大都采用液体物料反应，为实现工业生产过程的机械化、连续化、自动化创造了有利条件。

我国维生素 C 两步发酵法涉及小菌和大菌两个菌株，其中小菌为产酸菌，但单独培养传代困难，而且产酸能力很低；大菌不产酸，但可以促进小菌生产和产酸，为小菌的伴生菌。研究证实，大菌胞体液和胞外液均可以促进小菌生长，缩短小菌生长的延迟期。大菌的胞外液可促进小菌产酸，说明大菌通过释放某些代谢活性物质促进小菌产酸，现已经从大菌胞外液中分离出一种可促使小菌产酸的蛋白，该活性蛋白的形成规律和作用机制尚在探索中。

在两步发酵法中，参与第一步发酵的酶是 *L*-山梨醇脱氢酶，该酶存在于细胞膜上，是膜结合酶，由 4 个分子质量为 58 ku 的相同亚基组成，属黄素蛋白，与细胞色素紧密相连，对 *L*-山梨糖有很高的专一性，可被 *L*-山梨糖或 *D*-山梨醇诱导合成。参与第二步发酵的酶是 *L*-山梨酮氧化酶，它主要存在于胞质中，*L*-山梨酮是其最适应物，酶活为 $NAD^+$ 或 $NADP^+$ 所加强。

2-酮基-*L*-古龙酸在强酸介质中经加热内酯化烯化反应转化为维生素 C，利用维生素 C 与 $I_2$ 起氧化还原反应测定出维生素 C 的含量，根据测得维生素 C 的量，折算样品中古龙酸的量。

维生素 C 分为还原型和脱氢型两种，根据它具有的还原性质可测定其含量，测定方法一般有 2,6-二氯酚滴定法，2,4-二硝基苯肼法和荧光分光光度法。《中华人民共和国药典》(2000 年版二部)采用碘量法测定维生素 C 的含量：利用维生素 C 在酸性溶液中与碘发生氧化还原反应，生成去氢维生素 C 和碘化氢，终点时过量 1 滴，碘遇淀粉指示剂形成蓝色。

## 三、试剂、材料及仪器

1. 菌种

小菌：氧化葡萄糖酸杆菌(*Gluconobacter oxydans*)

大菌：枯草芽孢杆菌(*Bacillus sbtilis*)

2. 培养基

斜面培养基：山梨醇-酵母膏培养基：*D*-山梨醇 20 g，酵母膏 3 g，蛋白胨 10 g，尿素 1 g，$KH_2PO_4$ 1 g，$MgSO_4 \cdot 7H_2O$ 0.02 g，$CaCO_3$ 1 g，琼脂 20 g，pH 值为 7.0，用自来水定容至 1 L，20 min 灭菌。

种子培养基：山梨醇-酵母膏液体培养基：*D*-山梨醇 20 g，酵母膏 3 g，蛋白胨 10 g，尿素 1 g，$KH_2PO_4$ 1 g，$MgSO_4 \cdot 7H_2O$ 0.02 g，$CaCO_3$ 1 g，pH 值为 7.0，用自来水定容至 1 L，20 min 灭菌。

发酵培养基：*D*-山梨醇 80 g，玉米浆 10 g，尿素 15 g，$KH_2PO_4$ 1 g，$MgSO_4$ ·

$7H_2O$ 0.1 g，$CaCO_3$ 6 g，pH 值为 7.0，用自来水定容至 1 L，20 min 灭菌。

3. 试剂

7.00 mol/L 硫酸；碘滴定液（0.1 mol/L）；1%淀粉指示剂（1%的淀粉水溶液，称取可溶性淀粉 1 g 于小烧杯中，加少量水溶解搅匀后缓慢倒入沸水中，并用水洗净烧杯，倒入沸水中，随加随搅拌，使总体积为 100 mL，继续煮沸 2 min，放冷倾取上清液即得）。

4. 器材

1 000 mL 烧杯，250 mL 三角瓶，500 mL 三角瓶，50 mL 容量瓶，水浴锅，滴定管，接种环，吸管等。

## 四、步骤及方法

1. 一步菌种培养

（1）一步菌种斜面制备操作　在无菌条件下，用接种环在原始菌面上挑取少许菌苔，用划线法接入空白培养合格的斜面培养基上。塞棉塞，包纱布，于 35 ℃恒温培养 60 h，观察斜面生长情况，菌苔较厚、淡红色、无杂菌者，于 2～5 ℃冰箱中保存，备用。

（2）一步种液的制备　无菌条件下，用接种环挑取斜面菌苔一环，接入三角瓶种液培养基中，将菌苔打散，于 35 ℃静止培养 60 h，为第一代。用无菌吸管吸第一代种液 5 mL 接入另一三角瓶种液培养基中，于 35 ℃静止培养 60 h，为第二代。同样办法，每隔 $x$ h 传代一次，每次均定糖，计算发酵率，镜检。第十代后，发酵率在 40%以上，镜检菌体均匀，无菌检查无杂菌即可扩接克氏瓶。另外，三角瓶传代超过 100 代或染菌者终止传代。在无菌条件下，将培养 10 代后合格的三角瓶种液，除继续用于三角瓶传代外，其余种液在无菌操作条件下，以倾倒法全部接入一个克氏瓶种液培养基中，于 35 ℃静止恒温培养 40 h，为第一代克氏瓶种液（F1）。将 F1 以倾倒法接入 3 个克氏瓶种液培养基中，于 35 ℃静止恒温培养 40 h，为第二代克氏瓶种液（F2）。以同样方法传至第三代克氏瓶种液（F3），每代均测 pH 值、定糖、计算发酵率、镜检。每 4 瓶 F3 合入一个 500 mL 三角瓶中，余下一瓶可继续传代。500 mL 三角瓶摇匀后，对平皿做无菌检查后，包纱布、牛皮纸，放于 2～5 ℃冰箱保存。质量合格后，方可并瓶使用。

（3）一步菌种的分离纯化及菌种保藏　将 10～30 代的三角瓶合格种液稀释至 $10^{-8}$～$10^{-7}$，吸取 0.1 mL，加入分离培养基平皿上，用无菌刮棒涂布均匀，35 ℃倒置，恒温培养 5～7 天，至溶液钙圈清晰为止，挑选溶钙圈大的圆形菌落，接斜面培养传代两次后，保存备用。至少每半年分离一次。斜面传代保藏。

2. 二步菌种培养

(1)大菌的分离纯化　用接种环挑取色白，无皱，饱满且边缘齐的大菌菌落一个，加到 9 mL 无菌水中摇匀，以稀释分离法，分离于大菌纯化培养基平皿中，30 ℃恒温培养 2 天，观察分离平皿生长情况，挑选完全纯化好的菌落平皿备用，2～5 ℃冰箱保存，不超过一周。

(2)茄子瓶斜面制备　将培养好的合格无菌的新鲜种液稀释 $10^{-7}$～$10^{-6}$ 倍，吸 0.1 mL 涂布分离于分离培养基平皿中，30 ℃倒置恒温培养 1 天。挑选生长良好、既有大菌又有小菌的平皿，准备进行搭配。搭配时，挑取大菌周围的小菌，直径为 1 mm 左右。用接种针挑取单菌落若干接入茄子瓶斜面，以划线方式涂布均匀。塞棉塞，包纱布，30 ℃恒温培养一天后备用。在完全纯化好的大菌菌落平皿，用大针蘸取适量大菌，以划线方式接于茄子瓶斜面，前密后疏，塞棉塞，包纱布，30 ℃恒温培养 2 天后，选择小菌生长均匀，大小菌比例适合，无分化菌、无杂菌的茄子瓶斜面备用。放于 2～5 ℃冰箱中，保存期不超过一周。

(3)二步种液的制备　在无菌室内、无菌条件下，在生长良好、无杂菌的茄子瓶斜面中，加入 10 mL 无菌水，轻轻将菌刮下，摇匀制成菌悬液。吸取 3 mL 接入种液培养基中，30 ℃恒温振荡培养 18～21 h，每 5 瓶合入 1 只 1 000 mL 的无菌三角瓶中。接种、合瓶后，划线做无菌检查，接发酵瓶及定酸，测 pH 值，镜检，种液放于 2～5 ℃冰箱中保存，保存期不超过 5 天，合格种液供生产使用。

3. 发酵摇瓶试验

取 1 mL 培养好的种液接入发酵培养基中，30 ℃振荡培养做发酵摇瓶跟踪试验。20 h、40 h、60 h 分别测 pH 值、酸检、镜检，另外 40 h 划线做无菌检查，60 h 测残糖。

## 九、数据处理

1. 菌体浓度的测定

采用比浊法(OD 法)：取混匀的发酵液，稀释适当的倍数后，用 UV755B 分光光度计，以蒸馏水为参比，在 650 nm 下测定发酵液的吸光度，然后根据菌体浓度与吸光度间的关联式，计算出菌体浓度。实验条件下，一般需稀释 10 倍。菌体浓度可以按照 $x=6.568(D-D_0)$ 来计算，其中 $D$ 和 $D_0$ 分别为发酵液及其接种前的光密度。

2. 2-酮基-*L*-古龙酸含量的测定

准确吸取样品 2 mL 于 25 mL 试管中，加入 2 mL 7 mol/L 的硫酸，摇匀，于沸水中加热煮沸 25 min，取出稍冷，用蒸馏水分次洗入 250 mL 三角瓶中，以淀粉为指示剂，用0.1 mol/L碘标准液滴至蓝色(30 s不退即可)为终点。

计算方法：每1 mL的碘滴定液(0.1 mol/L)相当于8.806 mg的维生素C。

说明：滴定反应在酸性溶液中进行，可使维生素C受空气中氧的氧化速度减慢；加沸后放冷的新鲜水溶解是为了减少溶解氧的影响；溶液显蓝色并持续30 s不退为终点；如有还原性物质存在时，易使结果偏高。

## 六、结果与讨论

1. 计算2-酮基-*L*-古龙酸的得率。
2. 讨论影响2-酮基-*L*-古龙酸得率和纯度的因素。
3. 在实验报告中给出完整的实验步骤，讨论各步骤的注意事项与必要性。

# 实训四　谷氨酸的发酵生产

## 一、实验目的

1. 了解发酵工业菌种的制备工艺和质量控制，并为发酵实验准备菌种。
2. 了解谷氨酸的发酵生产过程。
3. 了解华勃氏呼吸仪的使用方法。
4. 熟悉用华勃氏呼吸仪测定谷氨酸含量。

## 二、实验原理

菌种制备的主要手段是扩培，其出发点就是尽可能培养出高活性、能满足大规模发酵需要的纯种。由于现代生产菌种的生产性能已非常高，谷氨酸发酵的糖酸转化率已达到60%，因此，其自发突变往往以负向突变为主，加上平时操作中有可能污染，菌种很容易退化。所以菌种的管理非常重要，管理方式主要有两种：一是分纯，二是扩培。

分纯是为了保证菌种的性能稳定，一般每2个月左右就应分纯一次。菌种分离纯化一般分两步进行。第一步是平板稀释分离，目的是分离出单细胞菌落。具体方法是把待分离的菌株用无菌生理盐水做成菌悬液，并在装有玻璃珠的三角瓶中充分振荡(可以放在摇床上振荡20～30 min)，利用玻璃珠的滚动，使菌体细胞分散，然后将菌悬液稀释成一定的浓度，分别作平板培养，使被分离的单细胞长成单菌落。第二步是挑若干单菌落移接于试管斜面培养基上，然后把这些菌株分别用三角瓶进行摇瓶发酵试验，比较各菌株产酸的高低，选择其中产酸高的菌株供生产用。

菌种扩培的顺序是：斜面菌种、一级种子、二级种子。

发酵液中谷氨酸含量的测定，普遍使用华勃氏呼吸仪，利用专一性较高的大肠杆菌 *L*-谷氨酸脱羧酶，在一定温度（37 ℃）、一定 pH 值（4.8～5.0）和固定容积的条件下，使 *L*-谷氨酸脱羧生成二氧化碳。通过测量反应系统中气体压力的升高，可计算出反应生成的二氧化碳的体积，然后换算成试样中谷氨酸的含量。

## 三、试剂、材料及仪器

1. 器材

试管、三角瓶、抽滤瓶、高压灭菌锅、摇床、培养箱、显微镜、发酵罐、华氏呼吸仪、1 mL 移液管、检压管、反应瓶等。

2. 培养基

斜面培养基配方：葡萄糖 0.1%，蛋白胨 1%，牛肉膏 1.0%，氯化钠 0.5%，琼脂 2.0%；pH 7.0。

一级种子培养基：葡萄糖 2.5%，尿素 0.5%，硫酸镁 0.04%，磷酸氢二钾 0.1%，玉米浆 2.5%～3.3%，硫酸亚铁、硫酸锰各 $2\times10^{-6}$（0.000 2%）；pH 7.0，用 1 000 mL 三角瓶装 200 mL 培养基，0.1 MPa 灭菌 30 min。

二级种子培养基：葡萄糖 2.5%，尿素 0.34%，磷酸氢二钾 0.16%，糖蜜 1.16%，硫酸镁 0.043%，消泡剂 0.086 mL/L，硫酸亚铁、硫酸锰各 $2\times10^{-6}$（0.000 2%）；pH 7.0，0.1 MPa 10 min 杀菌。

发酵培养基配方：葡萄糖 13%，硫酸镁 0.06%，磷酸氢二钾 0.1%，糖蜜 0.3%，$MnSO_4$ 和 $FeSO_4$ 各 $2\times10^{-6}$，氢氧化钾 0.04%，玉米浆 0.125%，消泡剂 0.01%；pH7.0。实罐灭菌温度为 121 ℃，25 min。

3. 试剂

布氏检压液：称取牛胆酸钠 5 g，氯化钠 25 g，伊文氏（Evan）蓝 0.1 g，用少量水溶解后定容至 500 mL，用精密比重计测定比重，用水或氯化钠溶液调整比重至 1.033。将此液用微量注射器注入洗净干燥的检压管下端的橡皮管中，约 1 个月更换一次。

pH 4.8～5.0 的 2 mol/L 的醋酸-醋酸钠缓冲液：称取化学纯醋酸钠（$CH_3COONa\cdot3H_2O$）27.2 g，加水溶解，加醋酸调 pH 值至 4.8～5.0，用蒸馏水定容至 100 mL。

2%大肠杆菌酶液：称取大肠杆菌酶粉 2 g，溶解于 100 mL 0.5 mol/L 醋酸-醋酸钠缓冲液中（pH 4.8～5.0）。

0.5 mol/L 醋酸-醋酸钠缓冲溶液：称取醋酸钠 68.04 g，用水溶解并定容至 1 000 mL，用冰醋酸调 pH4.8～5.0。

4. 菌种

谷氨酸棒杆菌。

## 四、步骤及方法

### (一)种子准备

1. 斜面种子的制备

①将试管清洗干净，晾干，塞好棉塞，并 7 支一组捆扎好，放于高压蒸汽灭菌锅中空消，空消条件为 0.1 MPa 30 min。

②配制斜面培养基，加热，将融化的培养基分装到已消毒的空试管中，装量约为 1/5，0.1 MPa 灭菌 30 min，冷却到 45 ℃后摊成斜面。

③将摊好的斜面在 37 ℃恒温箱中空培 24 h，检查无菌后备用。

④将原种上的菌苔划线接种到新制斜面上，37 ℃培养 24 h，制成斜面菌种。

2. 一级种子的制备

一级种子的培养目的在于制备大量高活性的菌体，用 250 mL 三角瓶装 30 mL 培养基，8 层纱布封口，0.1 MPa 灭菌 30 min，冷却后接入 1/3 斜面菌苔，置冲程 7.6 cm、频率为 97 次/min 的往复摇床上培养 12 h，培养温度为 30～32 ℃。如用旋转式摇床，转速为 170～190 r/min。

一级种子质量标准：

| | |
|---|---|
| 种龄 12 h | $\Delta A$(560 nm 吸光度净增值)>0.5 |
| RG(残糖)0.5%以下 | pH6.4±0.1 |

3. 二级种子的制备

二级种子的培养目的在于培养和发酵罐体积及培养条件相称的高活性菌体，配制方法同一级种子，0.1 MPa 杀菌 10 min，冷却后接种，接种量为 10%(30 mL 养基中接入一级菌种 3 mL)，摇床培养 7～8 h。

二级种子的质量标准如下：

| | |
|---|---|
| 种龄 7～8 | pH 7.2 |
| $\Delta A_{560} \geqslant 0.6$ | 无菌检查　阴性 |
| 噬菌体检查　阴性 | |

4. 并种

将每 5 瓶二级种子在无菌条件下合并在 500 mL 的抽滤瓶里(抽滤瓶先经 0.1 MPa空消 30 min)，放入冰箱待用。

**(二)发酵**

使用 6 L 或者 8 L 发酵罐,发酵时间 36 h。

**(三)谷氨酸含量测定**

1. 检压管及反应瓶的准备

将标定完反应瓶常数的检压管及反应瓶磨砂口上的高真空油脂用毛边纸擦拭干净,再用棉花蘸少量二甲苯擦一次,用自来水洗净后再用稀释液浸泡约 3 h,用自来水洗净,蒸馏水淋洗 2 次,去水后低温烘干。

在检压管下端接上一干净的短橡皮管,橡皮管末端用玻璃珠塞住。小心将检压管固定在金属板上,在橡皮管内注入检压液。

打开三通活塞,旋动螺旋压板,检压液应能上升到最高刻度处。液柱必须连续,不能有气泡,两边高度应一致。

2. 发酵液的稀释

本法要求试样含谷氨酸 0.05%～0.15%,否则反应生成二氧化碳太多,压力升高太多,以致超过检压管刻度而无法读数。一般发酵终了发酵液含谷氨酸 6%～8%,故应稀释 50 倍,即吸取发酵液 2 mL,注入 100 mL 容量瓶中,用水稀释至刻度,摇匀即可。

3. 加液

分别吸取上述发酵稀释液 1 mL,pH 5.0 醋酸-醋酸钠缓冲液 0.2 mL 和蒸馏水 1.0 mL,置入反应瓶主室,另吸取 0.3 mL 2%大肠杆菌谷氨酸脱羧酶液置于反应瓶侧室内,使总体积为 2.5 mL。主、侧二室瓶口均以活塞脂涂抹,旋紧瓶塞,将反应瓶用小弹簧紧固在检压管上,将检压计装在仪器的恒温水浴振荡器上。

4. 预热

将仪器的电源接通,调节水浴温度为 37 ℃,打开三通活塞,旋动螺旋压板,调节液面高度达 250 mm 以上,开启振荡,使在 37 ℃水浴中平衡约 10 min。

5. 初读

关闭三通活塞,调节右侧管液面在 150 mm 处,再振荡约 5 min,待左侧管液面达到平衡后,记下读数 $H_1$(mm)。若 $H_1$ 变化较大,则需要重新平衡。

6. 反应

记下 $H_1$ 后用左手指按紧左侧管口,立即取出检压计,迅速将酶液倒入主室内(不要倒入中央小杯里),稍加摇动后放回水浴中,放开左手指,继续振荡让其反应,20 min 后调节右侧管液面于 150 mm 处,振荡 3 min 开始读数,继续振荡 3 min 后再读数,直至左侧管液柱不再上升为止。记下反应完的左侧管读数 $H_2$(mm)。

7. 空白试验

由于测压结果与环境温度、压力有关，故测定时需同时做一个空白对照。空白对照瓶不将酶液倒入主室反应即可，或者在反应瓶内置入 2.5 mL 蒸馏水代替，同样进行初读和终读，其差值即为空白数 $H$。空白读数可正可负。

## 五、数据处理

$$谷氨酸含量(g/100\ mL)=(H_2-H_1-H)K\times N\times 100\div 1\,000$$

式中：$K$——常数；

$N$——稀释倍数；

$H_2$、$H_1$、$H$——检压管反应后、反应前和空白管的读数。

## 六、结果与讨论

1. 记录谷氨酸含量测定结果。
2. 大肠杆菌谷氨酸脱羧酶的活力对结果是否有影响？
3. 影响华氏呼吸仪测定精度的主要因素有哪些？
4. 在实验报告中给出完整的实验步骤，讨论各步骤的注意事项与必要性。

# 实训五　黑曲糖化酶的发酵生产

## 一、实验目的

1. 学习制作糖化曲的方法。
2. 掌握糖化酶活力测定的原理和方法。

## 二、实验原理

1. 淀粉糖化为可发酵性糖

糖化酶是一种习惯上的名称，学名为 α-1,4-葡萄糖水解酶（α-1,4-Glucanglucohydrolace），常用名为葡萄糖淀粉酶和淀粉葡萄糖苷酶，缩写为 GA，是一系列微生物分泌的具有外切酶活性的胞外酶，从淀粉的非还原性末端依次水解 α-1,4 糖苷键，切下一个葡萄糖单元，并像 β-淀粉酶一样，使水解下来的葡萄糖发生构型变化，形成 β-*D*-葡萄糖。对于支链淀粉，当水解到分支点时，一般先将 α-*D*-1,6 糖苷键断开，然后继续水解，所以能将支链淀粉全部水解成葡萄糖，糖化酶也能微弱水解 α-*D*-1,3 糖苷键，但水解 α-*D*-1,4 糖苷键的速度最快。

糖化曲是发酵工业中普遍使用的淀粉糖化剂，种类很多，如大曲、小曲、麦曲和麸曲等。曲中菌类复杂，曲霉菌是酒精和白酒生产中常用的糖化菌，含有许多活性强的糖化酶，能把原料中的淀粉转变成可发酵性糖。在酒精和白酒生产中应用最广的是黑曲霉。黑曲霉是好气性菌，生长时需要有足够的空气。因此，在制备固体曲时，除供给其生长繁殖必需的营养、温度和湿度外，还必须进行适当的通风，以供给曲霉呼吸用氧。

2. 糖化酶活力的测定

固体曲糖化酶活力的测定，采用可溶性淀粉为底物，在一定的 pH 值与温度条件下，使之水解为葡萄糖，以斐林试剂快速法测定。斐林试剂由甲、乙液组成，甲液为硫酸铜溶液，乙液为氢氧化钠与酒石酸钾钠溶液。平时甲、乙液分别贮存，测定时二者等体积混合。混合时硫酸铜与氢氧化钠反应，生成氢氧化铜沉淀，沉淀与酒石酸钾钠反应，生成酒石酸钾钠铜络合物，使氢氧化铜溶解。酒石酸钾钠铜络合物中二价铜是一个氧化剂，能使还原糖中的羰基氧化，而二价铜被还原成一价的氧化亚铜沉淀。反应终点用次甲基蓝指示剂显示。由于次甲基蓝氧化能力较二价铜弱，故待二价铜全部被还原后，过量一滴还原糖被次甲基蓝氧化，次甲基蓝本身被还原，溶液蓝色消失以示终点。

温度对糖化酶活力影响甚大，糖化温度一定要严格控制。反应是在强碱性溶液中、沸腾情况下进行，产物极为复杂，为得到正确的结果，必须严格按操作规程进行。斐林试剂甲、乙液平时应分别贮存，用时混合。反应液的酸碱度要一致，要严格控制反应液的体积。反应时温度需一致，温度恒定后才加热，并控制在 2 min 内沸腾。滴定速度需一致(按 4～5 s 一滴的速度进行)。反应产物中氧化亚铜极不稳定，易被空气所氧化而增加耗糖量。故滴定时不能随意摇动三角瓶，更不能从电炉上取下后再行滴定。

## 三、试剂、材料及仪器

1. 试剂

斐林试剂，0.1%标准葡萄糖溶液，pH 4.6 的乙酸-乙酸钠缓冲液，可溶性淀粉溶液，0.1 mol/L NaOH 溶液。

2. 材料

菌种：AS3.4309 黑曲霉斜面试管菌。

培养料：麸皮，谷皮。

3. 器材

恒温水浴箱、恒温培养箱、高压锅、瓷盘、试管、三角瓶、50 mL 比色管或容量瓶、酸式滴定管。

## 四、步骤及方法

1. 糖化曲制备(以浅盘麸曲为例)

(1)菌种的活化 无菌操作取原试管菌一环接入察氏培养基斜面,或用无菌水稀释法接种,31 ℃保温培养 4～7 天,取出,备用。

(2)三角瓶种曲培养 称取一定量的麸皮,加入 70%～80%水,搅拌均匀,润料 1 h,装瓶,料厚 1.0～1.5 cm,包扎,在 $9.8\times10^4$ Pa 压力下灭菌 40 min。冷却后接种,31～32 ℃培养,待瓶内麸皮已结成饼时,进行扣瓶继续培养 3～4 天即成熟。要求成熟种曲孢子稠密、整齐。

(3)糖化曲制备

①配料 称取一定量的麸皮,加入 5%谷皮,加入原料量 70%水,搅拌均匀。

②蒸料 上汽后蒸煮 40～60 min。时间过短,料蒸不透,对曲质量有影响;过长则麸皮易发黏。

③接种 将蒸料冷却,打散结块,当料冷至 40 ℃时,接入 0.25%～0.35%(按干料计)三角瓶种曲,搅拌均匀,将其平摊在灭过菌的瓷盘中,料厚 1～2 cm。

④前期管理 将接种好的料放入培养箱中培养,为防止水分蒸发过快,可在料面上覆盖灭菌纱布。这段时间为孢子膨胀发芽期,料醅不发热,控制温度 30 ℃左右。8～10 h,孢子已发芽,开始蔓延菌丝,控制品温 32～35 ℃。若温度过高,则水分蒸发过快,影响菌丝生长。

⑤中期管理 这时菌丝生长旺盛,呼吸作用较强,放热量大,品温迅速上升。应控制品温不超过 35～37 ℃。

⑥后期管理 这阶段菌丝生长缓慢,故放出热量少,品温开始下降,应降低湿度,提高培养温度,将品温提高到 37～38 ℃,以利于水分排除。这是制曲很重要的排潮阶段,对酶的形成和成品曲的保存都很重要。出曲水分应控制在 25%以下。总培养时间约 24 h。

⑦糖化曲感官鉴定 要求菌丝粗壮浓密,无干皮或“夹心”,没有怪味或酸味,曲呈米黄色,孢子尚未形成,有曲清香味,曲块结实。

2. 糖化酶活力测定

(1)浸出液的制备 称取 5.0 g 固体曲(干重),置入 250 mL 烧杯中,加 90 mL 水和 10 mL pH4.6 乙酸-乙酸钠缓冲液,摇匀,于 40 ℃水浴中保温 1 h,每隔 15 min 搅拌一次。用脱脂棉过滤,滤液为 5%固体曲浸出液。

(2)糖化液的制备 吸取 2%可溶性淀粉溶液 25 mL,置入 50 mL 比色管中,于 40 ℃水浴预热 5 min。准确加入 5 mL 固体曲浸出液，摇匀，立即记下时间。于 40 ℃水浴准确保温糖化 1 h。而后迅速加入 0.1 mol/L 氢氧化钠溶液 15 mL，终止酶解反应。冷却至室温，用水定容至刻度。

同时做一空白液：吸取 2%可溶性淀粉 25 mL，置入 50 mL 比色管中，先加入 0.1 mol/L 氢氧化钠溶液 15 mL，然后准确加入 5%固体曲浸出液 5 mL，40 ℃水浴中准确保温 1 h 后用水定容至刻度。

(3)葡萄糖测定　空白液测定：吸取斐林试剂甲、乙液各 5 mL，置入 150 mL 三角瓶中，加空白液 5 mL，并用滴定管预先加入适量的 0.1%标准葡萄糖溶液，滴定时消耗 0.1%标准葡萄糖溶液在 1 mL 以内，加热至沸，立即用 0.1%标准葡萄糖溶液滴定至蓝色消失。此滴定操作在 1 min 内完成。

糖化液测定：准确吸取 5 mL 糖化液代替 5 mL 空白液，其余操作同上。

## 五、数据处理

固体曲糖化酶活力定义：1 g 干重固体曲，40 ℃、pH4.6、1 h 内水解可溶性淀粉为葡萄糖的毫克数。

$$糖化酶活力=(V_0-V)\times C\times\frac{50}{5}\times\frac{100}{5}\times\frac{1}{W}\times 1\,000$$

式中：$V_0$——5 mL 空白液消耗 0.1%标准葡萄糖溶液的体积，mL；

$V$——5 mL 糖化液消耗 0.1%标准葡萄糖溶液的体积，mL；

$C$——标准葡萄糖溶液的浓度，g/ mL；

$\frac{50}{5}$——5 mL 糖化液中的糖量换算成 50 mL 糖化液中的糖量；

$\frac{100}{5}$——5 mL 浸出液中的糖量换算成 100 mL 浸出液中的糖量；

$W$——干曲称取量，g；

1 000——将 g 换算成 mg 的系数。

## 六、结果与讨论

1. 记录制曲过程中观察到的现象。
2. 酶活力测定结果列表记录。
3. 固体曲和液体曲相比，各有何优缺点？
4. 糖化酶活力测定中应注意哪些因素？
5. 在实验报告中给出完整的实验步骤，讨论各步骤的注意事项与必要性。

# 参 考 文 献


［1］周奇迹.农业微生物.北京:中国农业出版社,2006.

［2］张曙,唐玉琴,周希华,等.微生物学.北京:中国农业出版社,2006.

［3］黄敏,吕小迅,徐威,等.微生物学与免疫学.北京:人民卫生出版社,2007.

［4］钱存柔,黄仪秀.微生物学实验教程.2版.北京:北京大学出版社,2008.

［5］克罗姆林,辛德拉尔.制药生物技术.吉爱国,等译.北京:化学工业出版社,2005.

［6］沈萍,卫扬保,王静怡,等.微生物学.北京:高等教育出版社,2002.

［7］焦瑞身,陈远童,储炬,等.微生物工程.北京:化学工业出版社,2003.

［8］刘仲敏,林兴兵,杨生玉,等.现代应用生物技术.北京:化学工业出版社,2004.

［9］朱宝泉,陈代杰,龚炳永,等.生物制药技术.北京:化学工业出版社,2004.

［10］何建勇,顾觉奋,王凤山,等.生物制药工艺学.北京:人民卫生出版社,2007.

［11］周珮,王余蓉.生物技术制药.北京:人民卫生出版社,2007.

［12］郭勇.生物制药技术.北京:中国轻工业出版社,2005.

［13］吴剑波.微生物制药.北京:化学工业出版社,2002.

［14］朱威.生物制品基础及技术.北京:人民卫生出版社,2002.

［15］于文国.微生物制药工艺及反应器.北京:化学工业出版社,2005.

［16］吴梧桐.生物制药工艺学.北京:中国医药科技出版社,1992.

［17］辛秀兰.现代生物制药工艺学.北京:化学工业出版社,2006.

［18］熊宗贵.发酵工艺原理.北京:中国医药科技出版社,1995.

［19］熊宗贵.生物技术制药.北京:高等教育出版社,1999.

［20］张致平.微生物药物学.北京:化学工业出版社,2003.

［21］俞文和.新编抗生素工艺学.北京:中国建材工业出版社,1996.

［22］吴根福.发酵工程实验指导.北京:高等教育出版社,2006.

［23］耿海义.维生素C发酵工艺的研究:硕士论文.天津:天津大学化工学院,2003.

［24］谢萍.补料分批发酵工艺在维生素C二步发酵中的应用研究:硕士论文.天津:天津大学研究生院,2004.

[25] 庞巧兰.玉米浆对青霉素发酵生产的影响.中国医药工业杂志,2006,37(8):528-530.
[26] 庞巧兰.青霉素发酵罐的接种工艺改进.食品与药品,2007,7(9A):26-29.
[27] 仪宏.青霉素发酵液过滤工艺的革新.河北科技大学学报,1999,20(2):43-46.
[28] 王晓林.青霉素发酵中还原糖浓度的测定.黑龙江医药,2000,15(3):162-163.
[29] 郑裕国,薛亚平,金利群,等.生物加工过程与设备.北京:化学工业出版社,2004.
[30] 党建章.发酵工艺原理.北京:中国轻工业出版社,2005:79-88,108-121.
[31] 邓毛程,张邦建.发酵工艺原理.北京:中国轻工业出版社,2007:108-118.
[32] 严希康.生化分离工程.北京:化学工业出版社,2001.
[33] 岑沛霖,蔡谨.工业微生物学.北京:化学工业出版社,2000.
[34] 宫锡坤.生物制药设备.北京:中国医药科技出版社,2005.
[35] 姚汝华.微生物工程工艺原理.广州:华南理工大学出版社,2001.
[36] 朱宝泉.生物制药技术.北京:化学工业出版社,2004.
[37] 梁世中.生物制药理论与实践.北京:化学工业出版社,2005.
[38] 张致平,姚天爵.抗生素与微生物产生的生物活性物质.北京:化学工业出版社,2005.
[39] 徐积恩,朱明珍.抗生素.北京:科学出版社,1982.
[40] 姜成林,徐丽华.微生物资源开发与利用.北京:中国轻工业出版社,2001.
[41] 李勇.生物活性肽研究现况和进展.食品工业与发酵,2007,33(1):3-9.
[42] 王晓雷.浅谈蒽环类抗肿瘤抗生素研究进展.临床与药物,2007,4(6):208-209.
[43] 沈炜明,胡洁.蒽环类抗生素研究进展.国外医药:抗生素分册,2003,24(6):269-273.
[44] 杨鸣琦,张福良,路宏朝.抗肿瘤抗生素研究进展.西北农林科技大学学报(自然科学版),2005,33(12):27-33.
[45] 顾觉奋,袁瑞瑛.烯二炔类抗生素的研究新进展.药学进展,2005,29(10):433-439.
[46] 邵荣光,甄永苏.烯二炔类高效抗肿瘤抗生素研究新进展.国外医药:抗生素分册,1995,16(3):194-199.
[47] 李卓荣,朱锦桃,张致平,等.烯二炔类抗肿瘤抗生素的前药研究.国外医药:抗生素分册,1998,19(1):15-19.
[48] 张维西,戚长菁.新克拉维烷抗生素G0069A的研究.中国抗生素杂志,1991,16:1-8.

[49] 陈丽华,马庆. α-葡萄糖苷酶抑制剂研究进展. 食品科技,2005,8:91-94.
[50] 张庆成,田毅华,梅琪. 血小板膜受体拮抗剂抑制血栓形成的实验研究. 武警医学,2003,14(3):250-252.
[51] 许津. 微生物来源的受体拮抗剂. 国外医药. 抗生素分册,1995,16(3):221.
[52] 宇红,栾新慧. 微生物来源的受体拮抗剂或激动剂的研究进展. 国外医药:药学分册,1998,25(1):4-19.
[53] 汤慧,郑珩,劳兴珍,等. 微生物来源的受体拮抗剂研究进展. 国外医药:抗生素分册,2007,28(1):19-24.
[54] 秦枫,孙红祥. 免疫抑制剂作用机理的研究进展. 中国兽药杂志,2004,38(11):41-43.
[55] 程远荣. 微生物产生的免疫抑制剂. 中国抗生素杂志,1996,21:21-35.
[56] 李晚虹,龚炳永,朱宝采. 微生物来源的免疫抑制剂研究现状. 国外医药:抗生素分册,2000,21(6):271-277.